普通高等院校计算机基础教育“十三五”规划教材

计算机技术基础教程（Access）

李　潜　主编

中国铁道出版社
CHINA RAILWAY PUBLISHING HOUSE

内 容 简 介

本书根据教育部高等学校大学计算机课程教学指导委员会提出的《大学计算机基础课程教学基本要求》编写而成。全书采用“理论+实训”的编写结构，分为基础理论和操作实训两篇。第1篇共8章，分别为数据库基础与Access 2010、创建与管理数据库、表、查询、窗体、报表、宏、模块与VBA编程。第2篇共6章，分别为表操作实训、查询操作实训、窗体操作实训、报表操作实训、宏操作实训、模块与VBA编程操作实训。

本书配套网络教学资源，对全书中的重点案例及实训操作辅以教学视频演示，并且以二维码的形式呈现，尽可能地为读者提供数据库技术和技能的训练，旨在提高读者的计算机应用能力。

本书适合作为普通高等院校文科类各专业计算机技术基础课程的教材，也可作为其他计算机爱好者的自学用书。

图书在版编目（CIP）数据

计算机技术基础教程：Access/李潜主编. — 北京：中国铁道出版社，2018.1（2018.12重印）
普通高等院校计算机基础教育“十三五”规划教材
ISBN 978-7-113-24051-6

Ⅰ.①计… Ⅱ.①李… Ⅲ.①电子计算机-高等学校-教材
Ⅳ.①TP3

中国版本图书馆CIP数据核字(2017)第314857号

书　　名：计算机技术基础教程（Access）
作　　者：李　潜　主编

策　　划：魏　娜　　　　**读者热线：**（010）63550836
责任编辑：陆慧萍　徐盼欣
封面设计：刘　颖
责任校对：张玉华
责任印制：郭向伟

出版发行：中国铁道出版社（100054，北京市西城区右安门西街8号）
网　　址：http://www.tdpress.com/51eds/
印　　刷：三河市宏盛印务有限公司
版　　次：2018年1月第1版　　2018年12月第2次印刷
开　　本：787 mm×1 092 mm　1/16　**印张：**17.5　**字数：**415千
书　　号：ISBN 978-7-113-24051-6
定　　价：45.00元

PREFACE

前　言

教育部高等学校大学计算机课程教学指导委员会提出的《大学计算机基础课程教学基本要求》中明确指出：培养学生具备一定的计算机基础知识，掌握相关硬件软件技术，以及利用计算机解决本专业领域中问题的能力。数据库是应用计算机技术解决专业领域中问题必不可少的工具。Access是Microsoft Office系列办公软件中的数据库管理系统软件，适合作为文科类各专业计算机技术基础课程的教学软件，因此我们组织编写了本书。

本书语言精练、概念清晰、深入浅出、通俗易懂，注重实用性和可操作性。本书采用“理论+实训”的编写结构，共分为两篇。第1篇为基础理论，共8章，分别为数据库基础与Access 2010、创建与管理数据库、表、查询、窗体、报表、宏、模块与VBA编程。本篇以“教学管理”数据库为例，从建立空数据库开始，逐步建立数据库中的各种对象，直至完成一个完整的小型数据库管理系统。第2篇为操作实训，共6章，分别为表操作实训、查询操作实训、窗体操作实训、报表操作实训、宏操作实训、模块与VBA编程操作实训。

本书采用“纸质教材+数字课程”的出版形式。纸质教材内容精练适当，版式和内容编排新颖。数字课程即配套网络教学资源，对全书中的重点案例及实训操作辅以教学视频演示，并且以二维码的形式呈现，尽可能地为读者提供数据库技术和技能的训练，以提高读者的计算机应用能力。

本书由李潜任主编，由李潜和赵洪帅共同编写。感谢中央民族大学公共计算机教学部的各位老师对本书写作方面的支持和帮助，感谢中国铁道出版社编辑的悉心策划和指导。

为了帮助教师使用本书进行教学工作，编者准备了教学辅导课件，包括各章的电子教案（PPT文档）、书中实例数据库等，需要者可从http://www.tdpress.com/51eds/免费下载。

由于时间仓促，加之编者水平有限，书中疏漏与不足之处在所难免，请广大读者批评指正。

编　者

2017年9月

CONTENTS 目录

第1篇 基础理论

第 2 篇 操作实训

第 1 篇 基础理论

第 1 章 数据库基础与 Access 2010

学习目标

通过本章的学习，应该掌握以下内容：

（1）数据库基础知识。

（2）Access 2010 的启动和退出。

（3）Access 2010 的工作界面。

（4）Access 2010 的六大对象以及对象间的关系。

（5）Access 2010 的数据类型、表达式和函数。

（6）Access 2010 帮助系统的使用。

1.1 数据库系统概述

数据库技术是数据管理技术，是计算机科学的一个重要分支。在计算机应用的三大领域（科学计算、数据处理和过程控制）中，数据处理约占其中的 70%，而数据库技术就是作为一门数据处理技术发展起来的，且是目前应用最广的技术之一，已成为计算机信息系统的核心技术和重要基础。

1.1.1 数据库系统相关概念

学习数据库系统相关概念是学习和掌握数据库具体应用的基础和前提，掌握基本概念对学习和使用数据库管理系统有十分重要的意义。数据、数据库、数据库管理系统、数据库管理员、数据库系统、数据库应用系统是与数据库系统密切相关的 6 个基本概念。

1. 数据

数据（Data）是描述事物的符号记录，是数据库中存储的基本对象。

提到数据，人们首先想到的是数字，其实数字只是数据的一种。数据的类型很多，在日常生活中数据无处不在：文字、声音、图形、图像、档案记录、仓储情况……这些都是数据。

为了认识世界、交流信息，人们需要描述事物，而数据是描述事物的符号记录。在日常生活中，人们直接用自然语言描述事物。在计算机中，为了存储和处理这些事物，要抽出这些事物的某些特征组成一条记录来描述。例如，在学生档案中，如果对学生的学号、姓名、性别、出生日期、所在院系等感兴趣，就可以这样描述：

（201301001，李文建，男，1996-11-23，计算机科学与技术学院）

对于上面这条由数据构成的信息记录，了解其语义的人会得到如下信息：李文建是个大学生，男，1996年11月23日出生，在计算机科学与技术学院读书，学号为201301001；而不了解其语义的人则无法理解其含义。可见，数据的形式本身并不能全面表达其内容，还需要经过语义解释，数据与其语义是不可分的。

软件中的数据是有一定结构的。首先，数据有型（Type）与值（Value）之分。数据的型给出了数据表示的类型，如整型、实型、字符型等，而数据的值给出了符合给定型的具体值。例如，数字30，按型讲它是整型，按值讲它是30。

计算机中的数据一般分为两部分：其中一部分与程序仅有短时间的交互关系，随着程序的结束而消亡，称为临时性数据，这类数据一般存放于计算机内存中；另一部分数据则对系统起着长期持久的作用，称为持久性数据。数据库系统中处理的是持久性数据。

2. 数据库

数据库（DataBase，DB），顾名思义，就是存放数据的仓库。只不过这个仓库位于计算机存储设备，而且数据是按一定的格式存放的。也就是说，数据库是具有统一的结构形式并存放于统一的存储介质内的多种应用数据的集成，并可被各个应用程序所共享。

数据库是按数据所提供的数据模式存放数据的，它能构造复杂的数据结构，以建立数据间的内在联系与复杂的关系，从而构成数据的全局结构模式。

3. 数据库管理系统

数据库管理系统（DataBase Management System，DBMS）是位于用户与操作系统之间的一层数据管理软件。

数据库管理系统使用户能方便地定义和操纵数据，并能保证数据的安全性、完整性，多用户对数据的并发使用及发生故障后的系统恢复。

数据库管理系统是数据库系统的核心，它的主要功能包括以下几个方面：

（1）数据模式定义。数据库管理系统负责为数据库构建模式，也就是为数据库构建其数据框架。

（2）数据存取的物理构建。数据库管理系统负责为数据模式的物理存取及构建提供有效的存取方法与手段。

（3）数据操纵。数据库管理系统为用户使用数据库中的数据提供方便，一般提供查询、插入、修改及删除数据的功能。此外，它自身具有进行简单算术运算及统计的能力，而且可以与某些过程性语言结合，使其具有强大的过程性操作能力。

（4）数据的完整性、安全性定义与检查。数据库中的数据具有内在语义上的关联性与一致性，它们构成了数据的完整性。数据的完整性是保证数据库中数据正确的必要条件，因此必须经常检查以维护数据。数据库中的数据具有共享性，而数据共享可能会引发数据的非法使用，因此必须对正确使用数据做出必要的规定，并在使用时做检查，这就是数据的安全性。

（5）数据库的并发控制与故障恢复。数据库是一个集成、共享的数据集合体，它能为多个应用程序服务，所以存在多个应用程序对数据库的并发操作。在并发操作中，如果不加入控制

和管理，多个应用程序间就会相互干扰，从而对数据库中的数据造成破坏。因此，数据库管理系统必须对多个应用程序的并发操作做必要的控制以保证数据不受破坏，这就是数据库的并发控制。并发控制与故障恢复数据库中的数据一旦遭受破坏，数据库管理系统必须有能力及时进行恢复，这就是数据库的故障恢复。

（6）数据的服务。数据库管理系统提供对数据库中数据的多种服务功能，如数据复制、转存、重组、性能检测、分析等。

为完成以上6个功能，数据库管理系统提供了相应的数据语言，分别如下：

（1）数据定义语言（Data Definition Language，DDL）：该语言负责数据的模式定义与数据的物理存取构建。

（2）数据操纵语言（Data Manipulation Language，DML）：该语言负责数据的操纵，包括查询及增、删、改等操作。

（3）数据控制语言（Data Control Language，DCL）：该语言负责数据完整性、安全性的定义与检查以及并发控制、故障恢复等功能，包括系统初启程序、文件读写与维护程序、存取路径管理程序、缓冲区管理程序、安全性控制程序、完整性检测程序、并发控制程序、事务管理程序、运行日志管理程序、数据库恢复程序等。

目前流行的DBMS均为关系数据库系统，如甲骨文公司的Oracle、Sybase公司的PowerBuilder、IBM公司的DB2、微软公司的SQL Server等，均为严格意义上的DBMS。另外一些小型的数据库，如微软公司的Visual FoxPro和Access等，只具备数据库管理系统的一些简单功能。

4. 数据库管理员

由于数据库的共享性，对数据库的规划、设计、维护、监视等需要有专人管理，称他们为数据库管理员（DataBase Administrator，DBA）。其主要工作如下：

（1）数据库设计（DataBase Design）。DBA的主要任务之一是进行数据库设计，具体地说是进行数据模式的设计。由于数据库的集成性与共享性，因此需要有专门人员对多个应用的数据需求进行全面的规划、设计与集成。

（2）数据库维护。DBA必须对数据库中的数据安全性、完整性、并发控制及系统恢复、数据定期转存等进行实施与维护。

（3）改善系统性能，提高系统效率。DBA必须随时监视数据库运行状态，不断调整内部结构，使系统保持最佳状态与最高效率。当效率下降时，DBA需要采取适当的措施，如进行数据的重组、重构等。

5. 数据库系统

数据库系统（DataBase System，DBS）由数据库（数据）、数据库管理系统（软件）、数据库管理员（人员）、系统平台之一——硬件平台（硬件）、系统平台之二——软件平台（软件）组成。这5个部分构成一个完整的运行实体，称为数据库系统。

6. 数据库应用系统

数据库应用系统（DataBase Application System，DBAS）由数据库系统、应用软件及应用界面组成。其中，应用软件是由数据库系统所提供的数据库管理系统（软件）及数据库系统开发工具书写而成的，而应用界面大多由相关的可视化工具开发而成。

数据库应用系统中各部分以一定的逻辑层次结构方式组成一个有机的整体。如果不计数据库管理员（人员），并将应用软件与应用界面作为应用系统，则数据库应用系统的层次结构如图 1-1 所示。

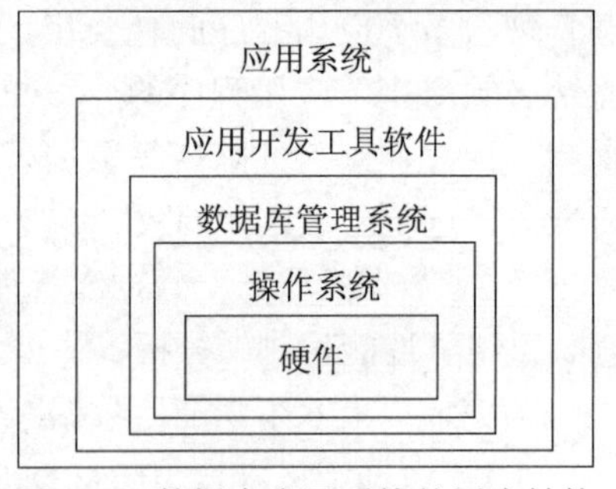

图 1-1 数据库应用系统的层次结构

1.1.2 数据库系统的发展

数据管理发展至今经历了 3 个阶段：人工管理阶段、文件系统阶段和数据库系统阶段。

1. 人工管理阶段

20 世纪 50 年代中期之前，计算机的软硬件均不完善。硬件存储设备只有磁带、卡片和纸带，软件方面还没有操作系统，当时的计算机主要用于科学计算。这个阶段由于还没有软件系统对数据进行管理，程序员在程序中不仅要规定数据的逻辑结构，而且要设计其物理结构，包括存储结构、存取方法、输入 / 输出方式等。当数据的物理组织或存储设备改变时，用户程序必须重新编制。由于数据的组织面向应用，不同的计算程序之间不能共享数据，使得不同的应用之间存在大量的重复数据，很难维护应用程序之间数据的一致性。

人工管理阶段应用程序与数据之间的关系如图 1-2 所示。

2. 文件系统阶段

文件系统阶段的主要标志是计算机中有了专门管理数据的软件——操作系统（文件管理）。

20 世纪 50 年代中期到 60 年代中期，由于计算机大容量存储设备（如硬盘）的出现，推动了软件技术的发展，而操作系统的出现标志着数据管理步入一个新的阶段。在文件系统阶段，数据以文件为单位存储在外存储器上，并且由操作系统统一管理。操作系统为用户使用文件提供了友好界面。文件的逻辑结构与物理结构脱钩，程序和数据分离，使数据与程序有了一定的独立性。用户的程序与数据可分别存放在外存储器上，各个应用程序可以共享一组数据，实现了以文件为单位的数据共享。

由于数据的组织仍然是面向程序，所以存在大量的数据冗余。而且数据的逻辑结构不能方便地修改和扩充，数据逻辑结构的每一点微小改变都会影响到应用程序。由于文件之间互相独立，因而它们不能反映现实世界中事物之间的联系，操作系统不负责维护文件之间的联系信息。如果文件之间有内容上的联系，则只能由应用程序去处理。

文件系统阶段应用程序与数据之间的关系如图 1-3 所示。

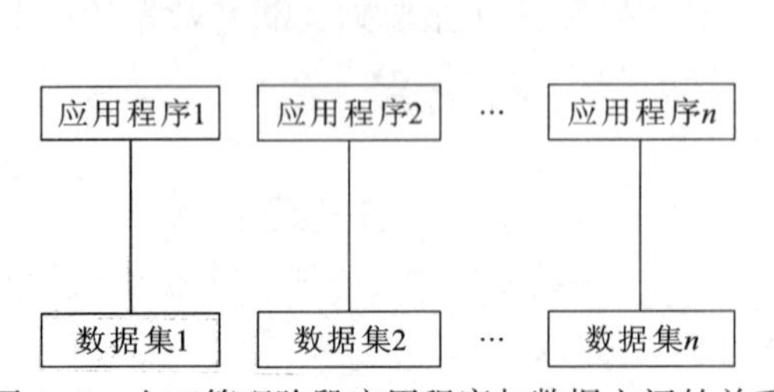

图 1-2 人工管理阶段应用程序与数据之间的关系

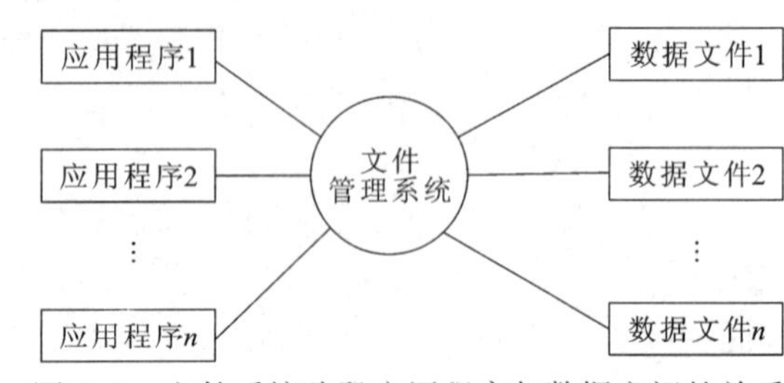

图 1-3 文件系统阶段应用程序与数据之间的关系

3. 数据库系统阶段

20 世纪 60 年代以后，随着计算机在数据管理领域的普遍应用，人们对数据管理技术提出了更高的要求：希望面向企业或部门，以数据为中心组织数据，减少数据的冗余，提供更高的数据共享能力，同时要求程序和数据具有较高的独立性，当数据的逻辑结构改变时，不涉及数据的物理结构，也不影响应用程序，从而降低应用程序研制与维护的费用。数据库技术正是在这样一个应用需求的基础上发展起来的。

数据库系统阶段应用程序与数据的关系通过数据库管理系统（DBMS）来实现，如图 1–4 所示。

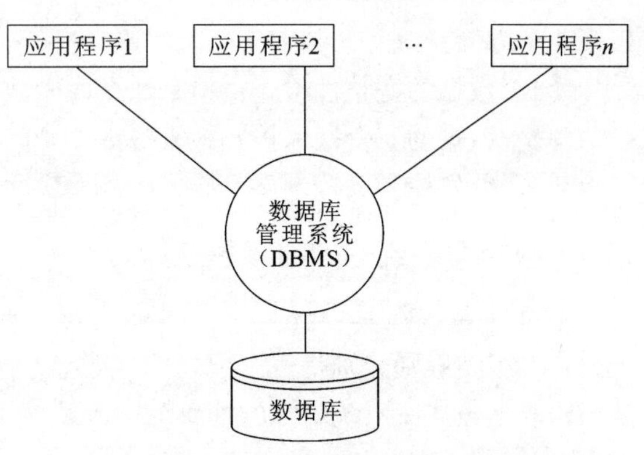

图 1–4　数据库系统阶段应用程序与数据的关系

随着软件环境和硬件环境的不断改善，数据处理应用领域需求持续扩大，数据库技术与其他软件技术加速融合，到 20 世纪 80 年代，更高一级的数据库技术相继出现并得到长足的发展，分布式数据库系统、面向对象数据库系统、并行数据库系统等数据库系统应运而生，使数据处理有了进一步的发展。

1.1.3　数据库系统的基本特点

数据库技术是在文件系统基础上发展产生的，两者都以数据文件的形式组织数据，由于数据库系统在文件系统之上加入了 DBMS 对数据进行管理，因而使得数据库系统具有以下特点：

1. 数据的集成性

数据库系统的数据集成主要表现在以下几个方面：

（1）在数据库系统中采用统一的数据结构方式，如在关系数据库中采用二维表作为统一结构方式。

（2）在数据库系统中按照多个应用的需要组织全局的、统一的数据结构（即数据模式），数据模式不仅可以建立全局的数据结构，而且可以建立数据间的语义联系，从而构成一个内在紧密联系的数据整体。

（3）数据库系统中的数据模式是多个应用共同的、全局的数据结构，而每个应用的数据则是全局结构中的一部分，称为局部结构（即视图），这种全局与局部的结构模式构成了数据库系统数据集成性的主要特征。

2. 数据的高共享性与低冗余性

由于数据的集成性使得数据可为多个应用所共享，特别是在网络发达的今天，数据库与网络的结合扩大了数据关系的应用范围。数据的共享自身又可极大地减少数据冗余性，减少了不必要的存储空间，更为重要的是可以避免数据的不一致性。

3. 数据独立性

数据独立性是数据与程序间的互不依赖性，即数据库中数据独立于应用程序而不依赖于应用程序。也就是说，数据的逻辑结构、存储结构与存取方式的改变不会影响应用程序。

数据独立性包括物理独立性和逻辑独立性两级。

（1）物理独立性：数据的存储结构或存取方法的修改不会引起应用程序的修改。

（2）逻辑独立性：数据库总体逻辑结构的改变，如修改数据模式、增加新的数据类型、改变数据间联系等，不需要修改应用程序。

4. 数据统一管理与控制

数据库系统不仅为数据提供高度集成环境，而且为数据提供统一管理的手段，这主要包含以下 3 个方面：

（1）数据的完整性检查：检查数据库中数据的正确性以保证数据的正确。

（2）数据的安全性保护：检查数据库访问者以防止非法访问。

（3）并发控制：控制多个应用的并发访问所产生的相互干扰以保证其正确性。

1.1.4 数据库系统的内部体系结构

数据库系统在其内部具有三级模式及二级映射，三级模式分别是概念模式、内模式与外模式，二级映射则分别是概念模式 / 内模式映射和外模式 / 概念模式映射。这种三级模式与二级映射构成了数据库系统内部的抽象结构体系，如图 1–5 所示。

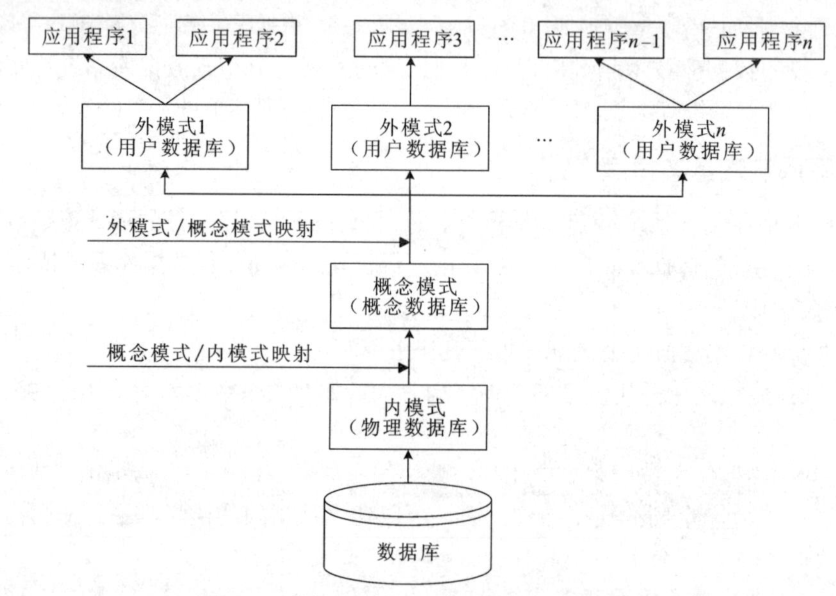

图 1–5 数据库系统的三级模式与二级映射

1. 数据库系统的三级模式结构

数据模式是数据库系统中数据结构的一种表示形式，它具有不同的层次与结构方式。

（1）概念模式（Conceptual Schema）也称模式，是数据库中全体数据的逻辑结构和特征的描述，是所有用户的公共数据视图。它是数据库系统模式结构的中间层，不涉及数据的物理存储细节和硬件环境，与具体的应用程序、所使用的应用开发工具及高级程序设计语言无关。

实际上概念模式是数据库数据在逻辑级上的视图。一个数据库只有一个概念模式。数据库模式以某一种数据模型为基础，统一综合地考虑了所有用户的需求，并将这些需求有机地结合成一个逻辑整体。

（2）外模式（External Schema）又称子模式或用户模式，它是数据库用户（包括应用程序员和最终用户）看见和使用的局部数据的逻辑结构和特征的描述，是数据库用户的数据视图，是与某一应用有关的数据的逻辑表示。

外模式通常是模式的子集。一个数据库可以有多个外模式。由于它是各个用户的数据视图，如果不同的用户在应用需求、看待数据的方式、对数据保密的要求等方面存在差异，则他们的外模式描述就是不同的。即使是对模式中同一数据，在外模式中的结构、类型、长度、保密级别等都可以不同。另外，同一外模式可以为某一用户的多个应用系统所使用，但一个应用程序只能使用一个外模式。

外模式是保证数据库安全性的一个有力措施。每个用户只能看见和访问所对应的外模式中的数据，数据库中的其余数据对他们来说是不可见的。

（3）内模式（Internal Schema）又称物理模式，它是数据物理结构和存储结构的描述，是数据在数据库内部的表示方式。一个数据库只有一个内模式。

数据模式给出了数据库的数据框架结构，数据是数据库中真正的实体，但这些数据必须按框架所描述的结构组织。以概念模式为框架所组成的数据库称为概念数据库（Conceptual DataBase），以外模式为框架所组成的数据库称为用户数据库（User's Database），以内模式为框架所组成的数据库称为物理数据库（Physical Database）。这 3 种数据库中只有物理数据库是真实存在于计算机外存中的，其他两种数据库并不真正存在于计算机中，而是通过两种映射由物理数据库映射而成。

模式的 3 个级别层次反映了模式的 3 个不同环境以及它们的不同要求，其中内模式处于内层，它反映了数据在计算机物理结构中的实际存储形式，概念模型处于中层，它反映了设计者的数据全局逻辑要求，而外模式处于外层，它反映了用户对数据的要求。

2. 数据库系统的二级映射

数据库系统的三级模式是对数据的 3 个抽象级别。它把数据的具体组织留给数据库管理系统（DBMS）管理，使用户能逻辑地、抽象地处理数据，而不必关心数据在计算机中的具体表示方式与存储方式。为了能够在内部实现这 3 个抽象层次的联系和转换，数据库系统在这三级模式之间提供了二级映射：外模式 / 概念模式映射和概念模式 / 内模式映射。正是这二级映射保证了数据库系统中的数据能够具有较高的逻辑独立性和物理独立性。

（1）外模式 / 概念模式映射。对于每一个外模式，数据库系统都有一个外模式 / 概念模式映射，它定义了该外模式与概念模式之间的对应关系。当概念模式改变时，由数据库管理员对各个外模式 / 模式映像进行相应改变，也可以使外模式保持不变，因为应用程序是依据数据的外模式编写的，从而不必修改应用程序，保证了数据与程序的逻辑独立性。

（2）概念模式 / 内模式映射。概念模式 / 内模式映射定义了数据全局逻辑结构与物理存储结构之间的对应关系。当数据库的存储结构改变时，由数据库管理员对概念模式 / 内模式映射进行相应改变，可以使概念模式保持不变，从而保证了数据的物理独立性。

1.2　数据模型

数据库需要根据应用系统中数据的性质、内在联系，按照管理的要求来设计和组织。数据模型就是从现实世界到机器世界的一个中间层。现实世界的事物反映到人的大脑，人们把这些事物抽象为一种既不依赖于具体的计算机系统又不为某一数据库管理系统支持的概念模型，然后把概念模型转换为计算机上某一数据库管理系统支持的数据模型。

1.2.1　组成要素

数据模型通常由数据结构、数据操作和数据的完整性约束三部分组成。

1. 数据结构

数据结构研究存储在数据库中的对象类型的集合，这些对象类型是数据库的组成部分。数据模型中的数据结构主要描述数据的类型、内容、性质以及数据间的联系等。数据结构是数据模型的基础，数据操作与约束均建立在数据结构上。不同数据结构有不同的操作与约束，因此一般数据模型均根据数据结构的不同进行分类。

数据库系统是按数据结构的类型来组织数据的，因此，数据库系统通常按照数据结构的类型来命名数据模型，如层次结构、网状结构和关系结构的模型分别命名为层次模型、网状模型和关系模型。

2. 数据操作

数据操作是指对数据库中各种对象的实例允许执行的操作的集合，包括操作和有关操作的规则。例如，插入、删除、修改、检索、更新等操作，数据模型要定义这些操作的确切含义、操作符号、操作规则以及实现操作的语言等。

3. 数据的完整性约束

数据的完整性约束条件是完整性规则的集合，用以限定符合数据模型的数据库状态以及状态的变化，以保证数据的正确、有效和相容。数据模型中的数据及其联系都要遵循完整性规则的制约。

另外，数据模型应该提供定义完整性约束条件的机制以反映某一应用所涉及的数据必须遵守的特定的语义约束条件。

1.2.2 概念模型

1. 基本概念

数据的描述既要符合客观现实，又要适应数据库原理与结构，同时也要适应计算机原理与结构。进一步说，由于计算机不能够直接处理现实世界中的具体事物，所以，人们必须将客观存在的具体事物进行有效的描述与刻画，转换成计算机能够处理的数据，这一转换过程可分为3个数据范畴：现实世界、信息世界和计算机世界。

从客观现实到计算机的描述，数据的转换过程如图1–6所示。

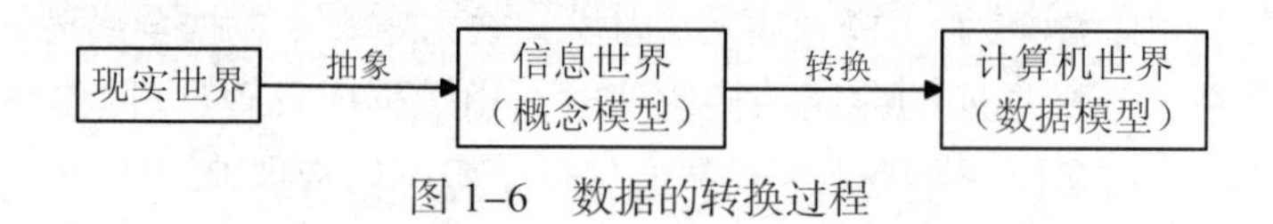

图1–6 数据的转换过程

1）现实世界

用户为了某种需要，需将现实中的部分需求用数据库实现，这样，我们所见到的是客观世界中的画定边界的一部分环境，称为现实世界。

2）信息世界

信息世界又称概念世界，是通过抽象对现实世界进行数据库级上的刻画所构成的逻辑模型。信息世界与数据库的具体模型有关，如层次模型、网状模型、关系模型等。

人们从现实世界抽象各种事物到信息世界时，通常采用实体来描述现实世界中具体的事物或事物之间的联系。

（1）实体。客观存在并可相互区别的事物称为实体。实体可以是具体的人、事、物，也可以是抽象的概念或联系。例如，学生、课程、教师都是属于实际存在的事物，而学生选课就是比较抽象的事物，是由学生和课程之间的联系而产生的。

（2）实体的属性。描述实体的特性称为属性。一个实体可以由若干属性来刻画。例如，一个学生实体有学号、姓名、性别、出生日期等方面的属性。属性有属性名和属性值，属性的具体取值称为属性值。例如，对某一学生的"性别"属性取值"女"，其中"性别"为属性名，"女"为属性值。

（3）实体集和实体型。

同类型的实体的集合称为实体集。例如，对于"学生"实体来说，全体学生就是一个实体集。

属性的集合表示一个实体的类型，称为实体型。例如，学生（学号，姓名，性别，出生日期，所属院系）就是一个实体型。

属性值的集合表示一个实体。例如，属性值的集合（201301001，李文建，男，1996–11–23，计算机科学与技术学院）就是代表一个具体的学生。

3）计算机世界

在信息世界基础上致力于其在计算机物理机构上的描述，从而形成的物理模型称为计算机世界。现实世界的要求只有在计算机世界中才能得到真正的物理实现，而这种实现是通过信息世界逐步转化得到的。

2. 实体联系模型

实体联系模型又称 E–R 模型或 E–R 图，它是描述概念世界、建立概念模型的工具。

E–R 图包括 3 个要素：

（1）实体。用矩形框表示，框内标注实体名称。

（2）属性。用椭圆形框表示，框内标注属性名。E–R 图中用连线将椭圆形框与矩形框（实体）连接起来。

（3）实体之间的联系。用菱形框表示，框内标注联系名称。E–R 图中用连线将菱形框与有关矩形框（实体）相连，并在连线上注明实体间的联系类型。图 1–7 所示为两个简单的 E–R 图。

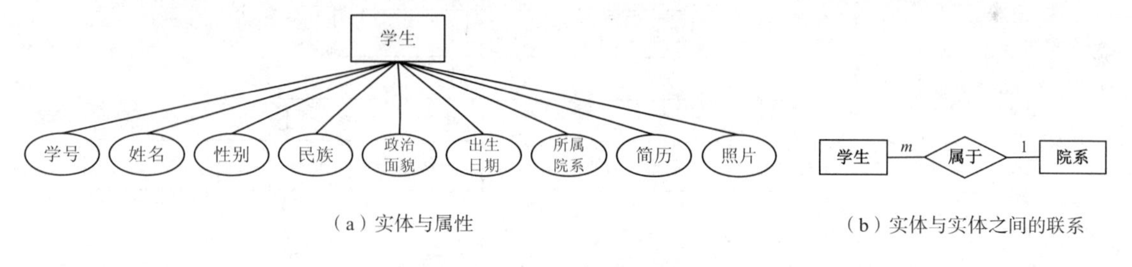

（a）实体与属性　　（b）实体与实体之间的联系

图 1–7　两个 E–R 图

实体之间的对应关系称为联系，它反映现实世界之间的相互联系。两个实体（通常是指两个实体集）间的联系有以下 3 种类型：

（1）一对一联系。实体集 A 中的一个实体至多与实体集 B 中的一个实体相对应，反之亦然，则称实体集 A 与实体集 B 之间为一对一的联系，记作 1∶1。例如，一个学校只有一个校长，一个校长只能管理一个学校。

（2）一对多联系。如果对于实体集 A 中的每一个实体，实体集 B 中有多个实体与之对应；反之，对于实体集 B 中的每一个实体，实体集 A 中至多只有一个实体与之对应，则称实体集 A 与实体集 B 之间为一对多联系，记为 $1:n$。例如，学校的一个系有多个专业，而一个专业只属于一个系。

（3）多对多联系。如果对于实体集 A 中的每一个实体，实体集 B 中有多个实体与之对应；反之，对于实体集 B 中的每一个实体，实体集 A 中也有多个实体与之对应，则称实体集 A 与实

体集 B 之间为多对多联系，记为 $m : n$。例如，一个学生可以选修多门课程，一门课程可以被多名学生选修。

1.2.3 三种数据模型

数据模型是从现实世界到机器世界的一个中间层次。现实世界的事物反映到人的大脑中，人们把这些事物抽象为一种既不依赖于具体的计算机系统又不依赖于具体的DBMS的概念模型，然后，再把该概念模型转换为计算机中某个 DBMS 所支持的数据模型。

数据模型是实现数据抽象的主要工具。它决定了数据库系统的结构、数据定义语言和数据操纵语言、数据库设计方法、数据库管理系统软件的设计与实现。常见的数据模型有 3 种：层次模型、网状模型和关系模型。根据这 3 种数据模型建立的数据库分别为层次数据库、网状数据库和关系数据库。

1. 层次模型

层次模型是数据库系统中最早采用的数据模型，它通过从属关系结构表示数据间的联系，层次模型是有向“树”结构。层次数据库模型的代表是 IBM 公司的 IMS（Information Management System）数据库管理系统。

1）层次模型的数据结构

现实世界中许多实体之间的联系本来就呈现一种很自然的层次关系，如行政机构、家族关系等。

图 1-8 所示为一个层次模型的例子。该模型描述了一个学院的组成情况。该层次模型有 5 个记录类型：学院、系部、班级、教师和学生。一个学院下设多个系部，一个系部里有若干教师，一个学院有若干班级，一个班级有若干学生。

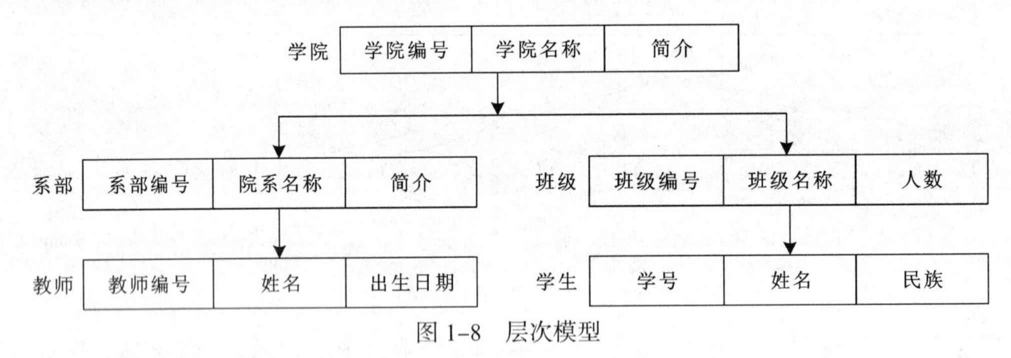

图 1-8 层次模型

2）层次模型的特征

在层次模型中，树状结构的每个结点是一个记录类型，每个记录类型可包含若干字段。记录之间的联系用结点之间的连线表示。上层的结点称为父结点或双亲结点，下层结点称为子结点或子女结点。这些结点有如下特征：

（1）有且仅有一个结点没有父结点，这个结点称为根结点。

（2）根结点以外的子结点，向上有且仅有一个父结点，向下可有若干子结点。

2. 网状模型

网状模型是层次模型的扩展，它表示多个从属关系的层次结构，呈现一种交叉关系的网络结构，网状模型是有向“图”结构。网状数据模型的典型代表是 DBTG（DataBase Task Group）系统，也称 CODASYL 系统。但它并非实际的数据库管理系统，它所提出的基本概念、方法和技术对于网状数据库系统的发展产生了重大影响。

1）网状数据模型的数据结构

网状数据模型是一种比层次模型更具普遍性的数据结构，它去掉了层次模型中的两个限制：

（1）允许多个结点没有父结点。

（2）一个结点可以有多个父结点。

图 1-9 所示是网状模型的一个例子。在该例子中，教师和学生都与课程有联系，教师要讲授课程，学生要学习课程，课程有两个父结点。

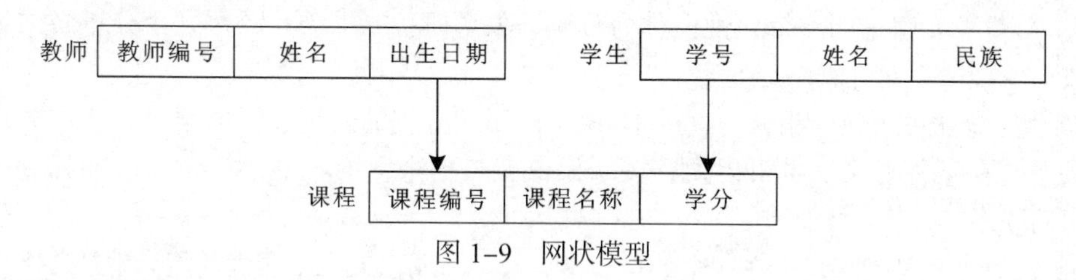

图 1-9　网状模型

2）网状数据模型的特征

网状数据模型的特征如下：

（1）可以有一个以上的结点无父结点。

（2）允许结点有多个父结点。

（3）结点之间允许有两种或两种以上的联系。

3. 关系模型

关系数据模型（简称关系模型）以二维表的方式组织数据，如表 1-1 所示。关系模型建立在严格的数学概念基础之上，发展迅速。20 世纪 80 年代以来，几乎所有的数据库系统都是建立在关系模型之上。

表 1-1　“学生”表

学　号	姓　名	性　别	民　族	政治面貌	出生日期
201301001	李文建	男	蒙古族	团员	1996/1/30
201301002	郭凯琪	女	壮族	群众	1996/7/9
201301003	宋媛媛	女	汉族	团员	1994/12/3
201301004	张丽	女	白族	团员	1995/2/5

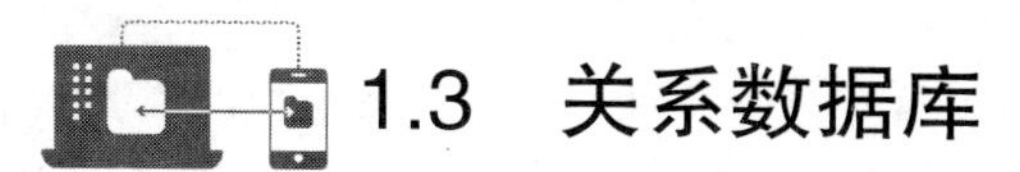

1.3　关系数据库

关系是数学集合论中的一个重要概念。1970 年，E. F. Codd 发表了论文《大型共享数据库数据的关系模型》，把关系的概念引入了数据库，自此人们开始了数据库关系方法和关系数据理论的研究，在层次和网状数据库系统之后，形成了以关系数据模型为基础的关系数据库系统。

1.3.1　关系模型

1. 关系中常用的术语

关系模型用二维表格的形式描述相关数据，也就是把复杂的数据结构归纳为简单的二维表格。表格中的每一个数据都可以看成独立的数据项，它们共同构成该关系的全部内容。在关系模型中，有以下常用的术语：

（1）关系：一个关系就是一张二维表格，每个关系有一个关系名，在 Access 2010 中，一个关系就是一个表对象。

（2）元组：表格中的每一行称为一个元组。在 Access 2010 中，元组称为记录。

（3）属性：表格中的每一列称为一个属性，给每列起一个名称，该名称就是属性名，如表 1-1 中的学号、姓名、性别、出生日期等。在 Access 2010 中，属性称为字段。

（4）分量：元组中的一个属性值称为分量。关系模型要求关系的每一个分量必须是一个不可分的数据项，即不允许表中还有表。

（5）域：属性的取值范围。从总体上说，以属性分类的若干元组的集合，构成关系模式中的一个关系，在某种意义上也可以说，关系模式就是一张二维表格，用来描述客观事物以及不同事物间的联系。

（6）关键字：关键字是指在一个数据表中，若某一属性或几个属性的组合值能够唯一标识一条元组，则称其为关键字（或键）。

（7）候选关键字：关系中的某个属性组（一个属性或几个属性的组合）可以唯一标识一个元组，这个属性组称为候选关键字。

（8）主关键字：从候选关键字中挑选出来，用于唯一地标识一个元组的关键字称为主关键字。每个关系只有一个主关键字。

（9）外部关键字：如果关系中的一个属性不是本关系的关键字，而是另外一个关系的关键字或候选关键字，这个属性就称为外部关键字。

（10）主属性：包含在任一候选关键字中的属性称为主属性。

2. 关系的性质

关系是一个二维表，但并不是所有的二维表都是关系。关系应具有以下性质：

（1）每一列中的分量是同一类型的数据，来自同一个域。

（2）不同的列要给予不同的属性名。

（3）列的顺序无所谓，即列的次序可以任意交换。

（4）任意两个元组不能完全相同。

（5）行的顺序无所谓，即行的次序可以任意交换。

（6）每一个分量都必须是不可再分的数据项。

由上述可知，二维表中的每一行都是唯一的，而且所有行都具有相同类型的字段。关系模型的最大优点是一个关系就是一个二维表格，因此易于对数据进行查询等操作。

3. 关系之间的联系

在关系数据库中，表之间具有相关性。表之间的这种相关性是依靠每一个独立的数据表内部具有相同属性的字段建立的。在两个相关表中，起着定义字段取值范围作用的表称为父表，而另一个引用父表中相关字段的表称为子表。根据父表和子表中相关字段的对应关系，表和表之间的关联存在以下 4 种类型：

（1）一对一联系：父表中每一条记录最多与子表中的一条记录相关联，反之也一样。具有一对一关联的两张表通常在创建表时可以将其合并成为一张表。

（2）一对多联系：父表中每一条记录可以与子表中的多条记录相关联，而子表中的每一条记录都只能与父表中的一条记录相关联。一对多关联是数据库中最为普遍的关联。

（3）多对一联系：父表中多个记录可以与子表中的一条记录相关联。

（4）多对多联系：父表中的每一条记录都与子表中的多条记录相关联，而子表中的每一条记录又都与父表中的多条记录相关联。多对多关联在数据库中比较难实现，通常将多对多关联分解为多个一对多关联。

4. 关系数据库

在关系模型中，实体及实体之间的联系用关系来表示。例如，教师实体、学生实体、课程实体等。在一个给定的应用领域中，所有实体及实体间联系的关系的集合构成一个关系数据库。

关系数据库系统是支持关系模型的数据库系统。它是由若干张二维表组成的，包括二维表的结构以及二维表中的数据两部分。Access 就是一个关系型的数据库管理系统，由 Access 所创建的二维表称为数据表。

1.3.2　关系代数运算

关系代数是一种抽象的查询语言，是关系数据操纵语言的一种传统表达方式，它是用对关系的运算来表达查询要求的。

关系代数的运算对象是关系，运算结果也是关系。关系代数的运算可以分为两大类：传统的集合运算和专门的关系运算。

1. 传统的集合运算

设 R 和 S 均为 n 元关系（元数相同即属性个数相同），且两个关系属性的性质相同。

下面以学生表 A（见表 1–2）和学生表 B（见表 1–3）两个关系为例，说明传统的集合运算：并运算、交运算、差运算和广义笛卡儿积运算。

表 1–2　学 生 表 A

学　号	姓　名	性　别	政治面貌
201301001	李文建	男	团员
201301002	郭凯琪	女	群众
201301003	宋媛媛	女	团员

表 1–3　学 生 表 B

学　号	姓　名	性　别	政治面貌
201301003	宋媛媛	女	团员
201301004	张　丽	女	团员
201301005	马　良	男	团员

1）并运算

两个关系的并运算可以记作 $R \cup S$，运算结果是将两个关系的所有元组组成一个新的关系，若有相同的元组，则只留下一个。

学生表 A ∪学生表 B 的结果如表 1–4 所示。

表 1–4　学生表 A ∪学生表 B

学　号	姓　名	性　别	政治面貌
201301001	李文建	男	团员
201301002	郭凯琪	女	群众
201301003	宋媛媛	女	团员
201301004	张　丽	女	团员
201301005	马　良	男	团员

2）交运算

两个关系的交运算可以记作 $R \cap S$，运算结果是将两个关系中公共元组组成一个新的关系。

学生表 A ∩学生表 B 的结果如表 1–5 所示。

表 1–5　学生表 A ∩学生表 B

学　号	姓　名	性　别	政治面貌
201301003	宋媛媛	女	团员

3）差运算

两个关系的差运算可以记作 $R–S$，运算结果是由属于 R 但不属于 S 的元组组成一个新的关系。

学生表 A– 学生表 B 的结果如表 1–6 所示。

表 1–6　学生表 A- 学生表 B

学　号	姓　名	性　别	政治面貌
201301001	李文建	男	团员
201301002	郭凯琪	女	群众

4）广义笛卡儿积运算

设 R 和 S 是两个关系，如果 R 是 m 元关系，有 i

个元组，S 是 n 元关系，有 j 个元组，则笛卡儿积 $R\times S$ 是一个 $m+n$ 元关系，有 $i\times j$ 个元组。记作：$R\times S$。

例如，教师表和教师授课表两个关系，如表 1–7 和表 1–8 所示。

表 1-7　教　师　表

教师编号	姓名	性别	职称
01	张思宇	男	讲　师
02	李晓旭	女	副教授
03	王子怡	女	副教授

表 1-8　教师授课表

教师编号	课程名称	学时
01	程序设计基础	72
02	计算机网络	54
01	高等数学	108

教师表和教师授课表两个关系的笛卡儿积的结果如表 1–9 所示。

表 1-9　教师表 × 教师授课表

教师编号	姓　名	性　别	职　称	教师编号	课程名称	学　时
01	张思宇	男	讲　师	01	程序设计基础	72
01	张思宇	男	讲　师	02	计算机网络	54
01	张思宇	男	讲　师	01	高等数学	108
02	李晓旭	女	副教授	01	程序设计基础	72
02	李晓旭	女	副教授	02	计算机网络	54
02	李晓旭	女	副教授	01	高等数学	108
03	王子怡	女	副教授	01	程序设计基础	72
03	王子怡	女	副教授	02	计算机网络	54
03	王子怡	女	副教授	01	高等数学	108

2. 专门的关系运算

专门的关系运算包含选择运算、投影运算、连接运算和除运算。这类运算将“关系”看作元组的集合，其运算不仅涉及关系的水平方向（表中的行），而且涉及关系的垂直方向（表中的列）。

1）选择运算

选择（Selection）是根据给定的条件选择关系 R 中的若干元组组成新的关系，是对关系的元组进行筛选。记作：$\sigma_F(R)$。其中 F 是选择条件，是一个逻辑表达式，它由逻辑运算符和比较运算符组成。

选择运算也是一元关系运算，选择运算结果往往比原有关系元组个数少，它是原关系的一个子集，但关系模式不变。

例如，从表 1–2 中，选择性别为“女”的学生名单，可以记成：$\sigma_{性别="女"}$(学生表 A)，结果如表 1–10 所示。

2）投影运算

投影是从指定的关系中选择某些属性的所有值组成一个新的关系，记作：Π_A（R），A 是 R 中的属性列。它是从列的角度进行操作的。

例如，从表 1–2 中列出所有学生的姓名、性别，可以记成：$\Pi_{姓名,性别}$(学生表 A) 结果如表 1–11 所示。

3）连接运算

连接运算用来连接相互之间有联系的两个或多个关系，从而组成一个新的关系。连接运算是一个复合型的运算，包含了笛卡儿积、选择和投影 3 种运算。通常记作：$R\bowtie S$。

表 1-10　选择运算结果

学　号	姓　名	性　别	政治面貌
201301002	郭凯琪	女	群众
201301003	宋媛媛	女	团员

表 1-11　投影运算结果

姓　名	性　别
李文建	男
郭凯琪	女
宋媛媛	女

每一个连接操作都包括一个连接类型和一个连接条件。连接条件决定运算结果中元组的匹配和属性的去留；连接类型决定如何处理不符合条件的元组，有内连接、自然连接、左连接、右连接和完全连接等。

（1）内连接又称等值连接，是按照公共属性值相等的条件连接，并且不消除重复属性。

表 1-7 和表 1-8 的内连接，操作过程是：

首先，形成教师表 × 教师授课表的乘积，共有 9 个元组，如表 1-9 所示。

然后，根据连接条件“教师表 . 教师编号 = 教师授课表 . 教师编号”，从乘积中选择出相互匹配的元组。结果如表 1-12 所示。

表 1-12　内连接结果

教师编号	姓　名	性　别	职　称	教师编号	课程名称	学　时
01	张思宇	男	讲　师	01	程序设计基础	72
01	张思宇	男	讲　师	01	高等数学	108
02	李晓旭	女	副教授	02	计算机网络	54

（2）自然连接是在内连接的基础上，再消除重复的属性，这是最常用的一种连接，自然连接的运算用⋈表示。

表 1-7 和表 1-8 的自然连接的结果如表 1-13 所示。

表 1-13　自然连接结果

教师编号	姓　名	性　别	职　称	课程名称	学　时
01	张思宇	男	讲　师	程序设计基础	72
01	张思宇	男	讲　师	高等数学	108
02	李晓旭	女	副教授	计算机网络	54

此外，还有左连接、右连接和完全连接，这里不再赘述。

4）除运算

关系 R 与关系 S 的除法运算应满足的条件是：关系 S 的属性全部包含在关系 R 中，关系 R 的一些属性不包含在关系 S 中。关系 R 与关系 S 的除法运算表示为 $R \div S$。除法运算的结果也是关系，而且该关系中的属性由 R 中除去 S 中的属性之外的全部属性组成，元组由 R 与 S 中在所有相同属性上有相等值的那些元组组成，如表 1-14 所示。

表 1-14　关系 R 与关系 S 的除运算结果

关系 R

A	B	C
a	1	2
b	2	1
c	3	1

÷

关系 S

A	B
c	3

=

关系 $R \div S$

C
1

1.3.3 关系的完整性

关系模型允许定义 3 种完整性约束，即实体完整性、参照完整性和用户定义完整性约束。其中，实体完整性约束和参照完整性约束统称关系完整性约束，是关系模型必须满足的完整性约束条件，它由关系数据库系统自动支持。用户定义完整性约束是应用领域需要遵循的约束条件。

1. 实体完整性约束

由于每个关系的主键是唯一决定元组的，所以，实体完整性约束要求关系的主键不能为空值，组成主键的所有属性都不能取空值。

例如，“学生”关系：学生（学号、姓名、性别、出生日期），其中学号是主键，因此，学号不能为空值。

又如，“成绩”关系：成绩（学号、课程编号、分数），其中学号和课程编号共同构成主键，因此，学号和课程编号都不能为空值。

2. 参照完整性约束

参照完整性约束是关系之间相关联的基本约束，它不允许关系引用不存在的元组，即在关系中的外键取值只能是关联关系中的某个主键值或者为空值。

例如，院系编号是“院系（院系编号、名称、简介）”关系的主键，是“学生（学号、姓名、院系编号）”关系的外键。“学生”关系中的“院系编号”必须是“院系”关系中一个存在的“院系编号”的值，或者是空值。

3. 用户定义的完整性约束

实体完整性约束和参照完整性约束是关系数据模型必须要满足的，而用户定义的完整性约束是与应用密切相关的数据完整性的约束，不是关系数据模型本身所要求的。用户定义的完整性约束是针对具体数据环境与应用环境由用户具体设置的约束，它反映了具体应用中数据的语义要求，它的作用就是要保证数据库中数据的正确性。

例如，限定某属性的取值范围，学生成绩的取值必须是 0 ~ 100 的数值。

1.3.4 关系规范化

关系模型是建立在严格的数学关系理论基础之上的，通过确立关系中的规范化准则，既可以方便数据库中数据的处理，又可以给程序设计带来方便。在关系数据库设计过程中，使关系满足规范化准则的过程称为关系规范化（Relation Normalization）。

关系规范化就是将数据库中不太合理的关系模型转化为一个最佳的数据模型，因此，它要求对于关系数据库中的每一个关系都要满足一定的规范，根据满足规范的条件不同，可以划分为 6 个范式（Normal Form，NF），分别为：第一范式（1NF）、第二范式（2NF）、第三范式（3NF）、BCNF、第四范式（4NF）和第五范式（5NF）。

下面简要阐述前 3 个范式：

（1）第一范式：若一个关系模式 *R* 的所有属性都是不可再分的基本数据项，则该关系模式属于第一范式。

第一范式是指数据库表的每一列都是不可再分割的基本数据项，同一列不能有多个值，即实体中的某个属性不能有多个值或者不能有重复的属性。如果出现重复的属性，就可能需要定义一个新的实体，新的实体由重复的属性构成，新实体与原实体之间为一对多关系。在第一范

式中表的每一行只包含一个实例的信息。

简而言之，第一范式就是无重复的列。在任何一个关系数据库中，第一范式是对关系模型的基本要求，不满足第一范式的数据库就不是关系数据库。

（2）第二范式：若关系模式 R 属于第一范式，且每个非主属性都完全函数依赖于主键，则该关系模式属于第二范式，第二范式不允许关系模式中的非主属性部分函数依赖于主键。

第二范式是在第一范式的基础上建立起来的，即满足第二范式必须先满足第一范式。第二范式要求数据库表中的每个实例或行必须可以被唯一地区分。这个唯一属性列被称为主关键字或主键。

第二范式要求实体的属性完全依赖于主关键字。所谓“完全依赖”，是指不能存在仅依赖主关键字一部分的属性，如果存在，那么这个属性和主关键字的这一部分应该分离出来形成一个新的实体，新实体与原实体之间是一对多的关系。

（3）第三范式：若关系模式 R 属于第一范式，且每个非主属性都不传递依赖于主键，则该关系模式属于第三范式。

满足第三范式必须先满足第二范式。也就是说，第三范式要求一个数据库表中不包含已在其他表中包含的非主关键字信息。

简而言之，第三范式就是属性不依赖于其他非主属性。

1.3.5　数据库的设计方法

在数据库设计中有两种方法：一种是以信息需求为主，兼顾处理需求，称为面向数据的方法（Data-Oriented Approach）；另一种是以处理需求为主，兼顾信息需求，称为面向过程的方法（Process-Oriented Approach）。这两种方法目前都有使用，在早期由于应用系统中处理多于数据，因此以面向过程的方法使用较多；近期由于大型系统中数据结构复杂、数据量庞大，而相应处理流程趋于简单，因此用面向数据的方法较多。由于数据在系统中稳定性高，数据已成为系统的核心，因此面向数据的设计方法已成为主流方法。

根据规范化理论，数据库设计的步骤可以分为以下阶段：

1. 需求分析阶段

需求分析是数据库设计的第一阶段，也是数据库应用系统设计的起点。准确了解与分析用户需求（包括数据与处理），是整个设计过程的基础。这里所说的需求分析只针对数据库应用系统开发过程中数据库设计的需求分析。

2. 概念设计阶段

概念设计是数据库设计的关键，是对现实世界的第一层面的抽象与模拟，最终设计出描述现实世界的概念模型。概念模型是面向现实世界的，它的出发点是有效和自然地模拟现实世界，给出数据的概念化结构。长期以来被广泛使用的概念模型是 E–R 图。E–R 图将现实世界的要求转化成实体、属性、联系等几个基本概念，以及它们之间的基本连接关系，并且非常直观地表示出来。

3. 逻辑设计阶段

逻辑设计是将所得到的概念模型转换为某个数据库管理系统所支持的数据模型，并对其进行优化。

4. 物理设计阶段

物理设计的主要目标是对数据库内部物理结构进行调整并选择合理的存取路径，以提高数据库访问速度并有效利用存储空间。

5. 数据库实施阶段

在数据库实施阶段，运用数据库管理系统提供的数据语言、工具及宿主语言，根据逻辑设计和物理设计的结果建立数据库，编制与调试应用程序，组织数据入库，并进行试运行。

6. 数据库运行与维护阶段

数据库应用系统经过试运行后即可投入正式运行。在数据库系统运行过程中必须不断地对其进行评价、调整与修改。

设计一个完善的数据库应用系统是不可能一蹴而就的，它往往是上述 6 个阶段不断反复修改、完善的过程。

1.4 初识 Access 2010

Access 2010 是微软公司推出的 Access 版本，是微软办公软件包 Office 2010 的一个组件。Access 2010 是一个数据库应用程序设计和部署工具，可用它来跟踪重要信息。可以将完成的数据库保存在计算机上，也可以将其发布到网站上，以便其他用户可以通过 Web 浏览器来使用该数据库。

1.4.1 Access 2010 的启动和退出

安装完 Office 2010（典型安装）之后，Access 2010 也将成功安装到系统中，这时启动 Access 就可以创建数据库。

1. Access 2010 应用程序的启动

（1）单击“开始”→“所有程序”→ Microsoft Office → Microsoft Office Access 2010 命令，即可启动 Access 2010 应用程序。

（2）如果在桌面上或任务栏中建立了 Access 2010 的快捷方式，可直接双击桌面上的快捷方式图标，或单击任务栏中的快捷方式图标，即可启动 Access 2010 应用程序。

微视频1–1
启动Access 2010

2. Access 2010 应用程序的退出

（1）单击已打开的应用程序窗口右上角的“关闭”按钮。

（2）单击“文件”选项卡→“退出”按钮。

（3）直接按【Alt+F4】组合键。

（4）双击打开的应用程序左上角的控制菜单图标。

微视频1–2
退出Access 2010

1.4.2 Access 2010 的工作界面

Access 2010 应用程序启动后，即打开系统的主界面，界面布局随操作对象的变化而不同。例如，当打开表对象后，界面布局如图 1–10 所示。

Access 2010 主窗口由 4 部分组成，分别是标题栏、功能区、工作区和状态栏。其中，工作区是数据库操作窗口，对数据库所有对象的操作均在此区域内完成。

1. 标题栏

标题栏由控制图标、快速访问工具栏、标题和“控制”按钮组成。

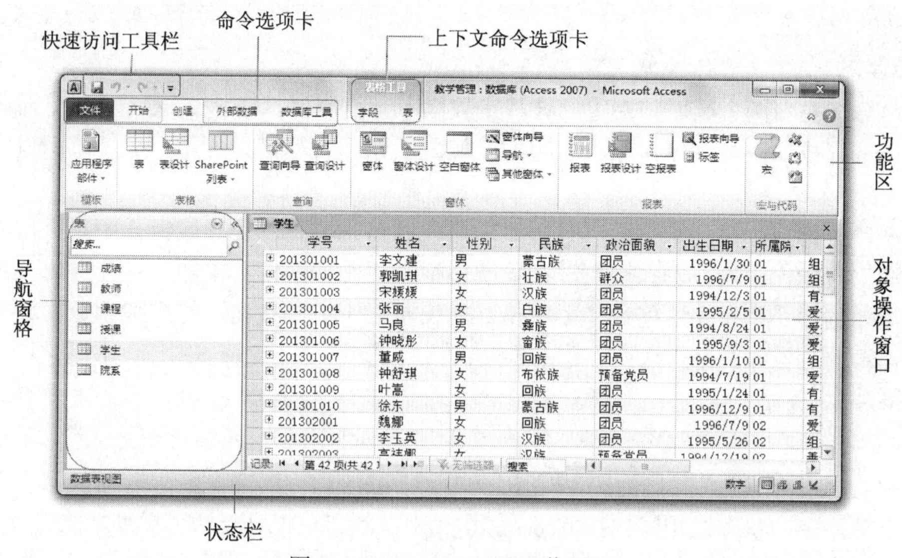

图 1-10　Access 2010 工作界面

快速访问工具栏是与功能区相邻的工具栏，提供了常用文件操作命令。通过快速访问工具栏，只需一次单击即可访问命令。默认命令集包括“保存”“撤销”和“恢复”。可以自定义快速访问工具栏，将常用的其他命令包含在内。可以修改快速访问工具栏的位置，以及将其从默认的小尺寸更改为大尺寸。小尺寸工具栏显示在功能区中命令选项卡的旁边。切换为大尺寸后，该工具栏将显示在功能区的下方，并展开到全宽。

自定义快速访问工具栏的操作步骤如下：

（1）单击工具栏最右侧的下拉箭头。

（2）在下拉列表中单击要添加的命令。如果命令未列出，那么单击“其他命令”按钮，弹出“Access 选项”对话框。

（3）选择要添加的一个或多个命令，然后单击“添加”按钮。

（4）若要删除命令，则在右侧的列表中选择该命令，然后单击“删除”按钮。或者在列表中双击该命令。

（5）完成后单击“确定”按钮。

2. 功能区

功能区是菜单和工具栏的主要替代部分，并提供了 Access 2010 中主要的命令界面，如图 1-11 所示。功能区的主要优势之一是，将需要使用菜单、工具栏、任务窗格和其他用户界面组件才能显示的任务或入口点集中在一个地方。在 Access 2010 中，主要的命令选项卡包括“文件”“开始”“创建”“外部数据”“数据库工具”。每个选项卡都包含多组相关命令。

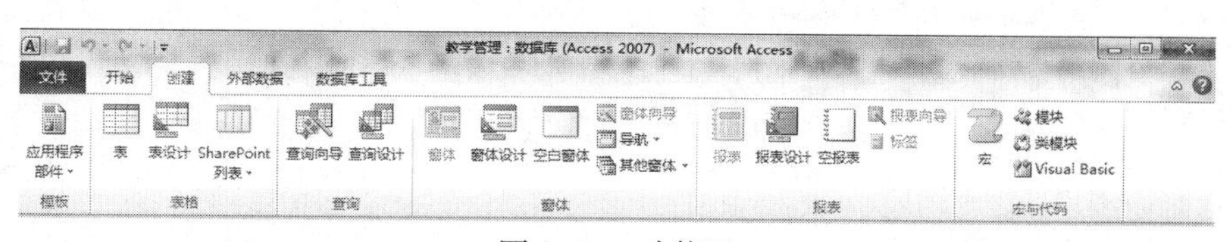

图 1-11　功能区

有时可能需要将更多的空间作为工作区，因此，可将功能区折叠，以便只保留一个包含命令选项卡的矩形条。若要隐藏功能区，可双击活动的命令选项卡。若要再次显示功能区，可再次双击活动的命令选项卡。

3. 工作区

工作区分为左右两个区域：左边的区域是数据库导航窗格，显示 Access 的所有对象，用户使用该窗口选择或切换数据库对象；右边的区域是数据库对象窗口，用户通过该窗口实现对数据库对象的操作。

在打开数据库或创建新数据库时，数据库对象的名称将显示在导航窗格中。数据库对象包括表、查询、窗体、报表、宏和模块。在导航窗格中，右击任何对象即可打开快捷菜单，可以从中选择需要的命令执行相应的操作。单击导航窗格右上方的按钮，打开“浏览类别”菜单，选择需要查看的对象即可进行切换。单击导航窗格右上角的按钮«或按【F11】键，可显示或隐藏导航窗格。

4. 状态栏

状态栏在 Access 2010 窗口的底部显示，显示状态消息、属性提示、进度指示等。与其他 Office 2010 程序中的状态栏相同，在 Access 2010 中，状态栏也具有两项标准功能：视图 / 窗口切换和缩放。可以使用状态栏上的可用控件，在可用视图之间快速切换活动窗口。如果要查看支持可变缩放的对象，可以使用状态栏上的滑块，调整缩放比例以放大或缩小对象。

在“Access 选项”对话框中，可以启用或禁用状态栏，操作步骤如下：

（1）单击“文件”选项卡→“选项”按钮，弹出“Access 选项”对话框。

（2）在左侧窗格中，单击“当前数据库”选项。

（3）在“应用程序选项”下，选中或清除“显示状态栏”复选框。清除复选框后，状态栏将关闭。

（4）单击“确定”按钮。

1.4.3 Access 2010 的命令选项卡

Access 2010 的功能区包括“文件”“开始”“创建”“外部数据”“数据库工具”等命令选项卡，此外，在对数据库对象进行操作时，还将打开上下文命令选项卡。

1.“文件”选项卡

“文件”选项卡如图 1–12 所示，可以执行的主要操作包括：新建数据库、保存数据库、保存对象、打开数据库、关闭数据库、查看信息、打印数据、保存并发布数据、退出 Access 等。

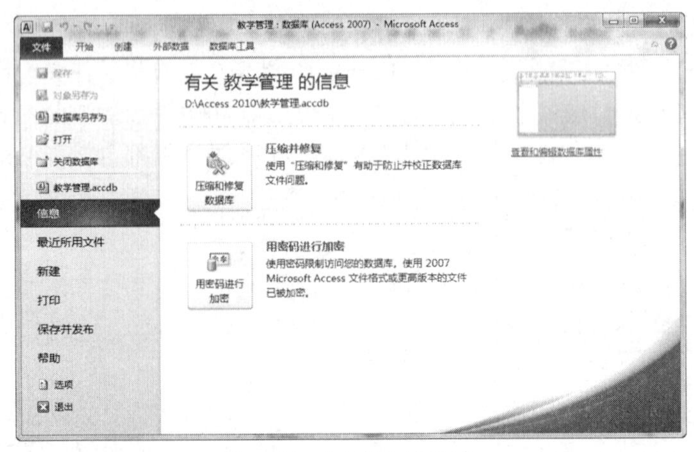

图 1–12 “文件”选项卡

2.“开始”选项卡

“开始”选项卡如图 1–13 所示，可以执行的主要操作包括：选择不同的视图、从剪贴板复制和粘贴、设置当前的字体特性、设置当前的字体对齐方式、使用记录（刷新、新建、保存、删除、汇总）、对记录进行排序和筛选、查找记录等。

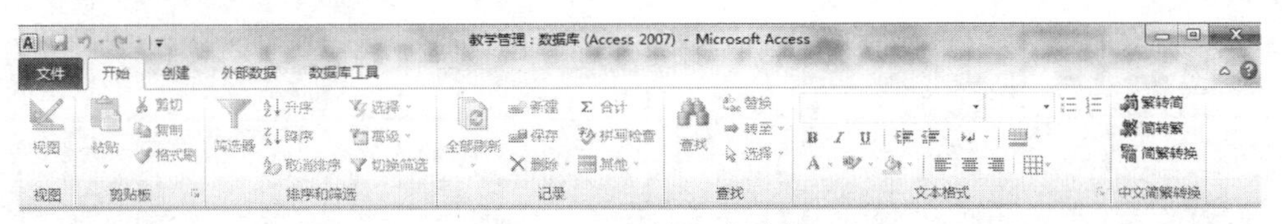

图 1–13 “开始”选项卡

3.“创建”选项卡

使用“创建”选项卡可快速创建新窗体、报表、表、查询及其他数据库对象。“创建”选项卡如图 1–14 所示，可以执行的主要操作包括：插入新的空白表、使用表模板创建新表、在 SharePoint 网站上创建列表，在设计视图中创建新的空白表，基于活动表或查询创建新窗体，创建新的数据透视表或图表，基于活动表或查询创建新报表，创建新的查询、宏、模块或类模块。

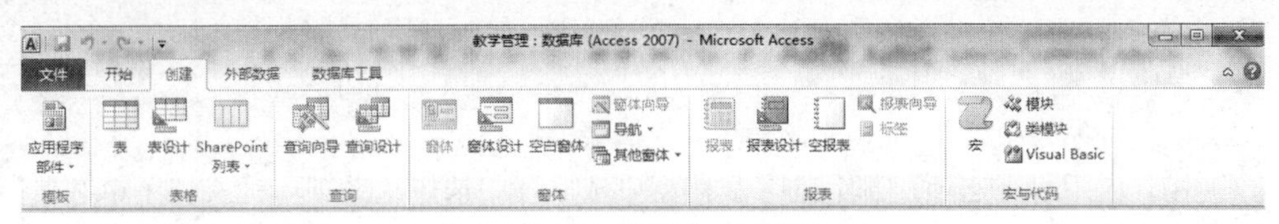

图 1–14 “创建”选项卡

4.“外部数据”选项卡

“外部数据”选项卡如图 1–15 所示，可以执行的主要操作包括：导入或链接到外部数据、导出数据、通过电子邮件收集和更新数据、创建保存的导入和保存的导出、运行链接表管理器。

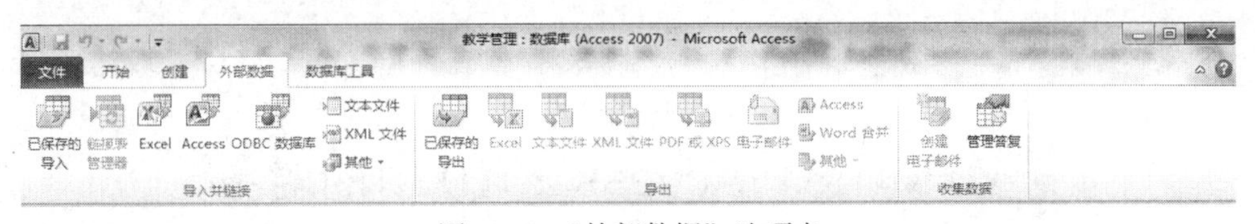

图 1–15 “外部数据”选项卡

5.“数据库工具”选项卡

“数据库工具”选项卡如图 1–16 所示，可以执行的主要操作包括：将部分或全部数据库移至新的或现有 SharePoint 网站、启动 Visual Basic 编辑器或运行宏、创建和查看表关系、显示 / 隐藏对象相关性、运行数据库文档或分析性能、将数据移至 Microsoft SQL Server 或 Access（仅限于表）数据库、管理 Access 加载项、创建或编辑 Visual Basic for Applications（VBA）模块。

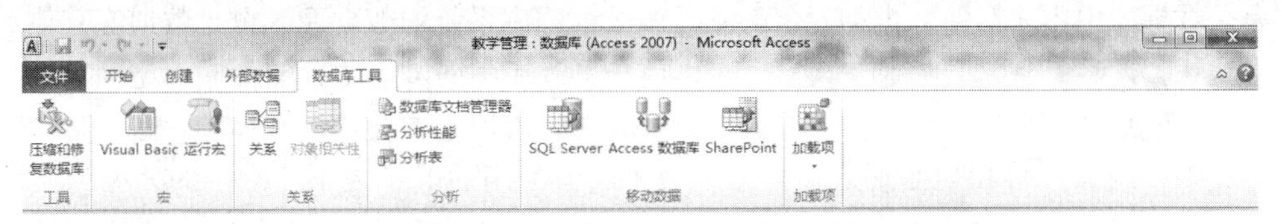

图 1–16 “数据库工具”选项卡

6. 上下文命令选项卡

除标准命令选项卡之外，Access 2010 中还有上下文命令选项卡。根据上下文（即进行操作的对象以及正在执行的操作）的不同，标准命令选项卡旁边可能会出现一个或多个上下文命令选项卡。图 1–17 所示为“表格工具”上下文命令选项卡。

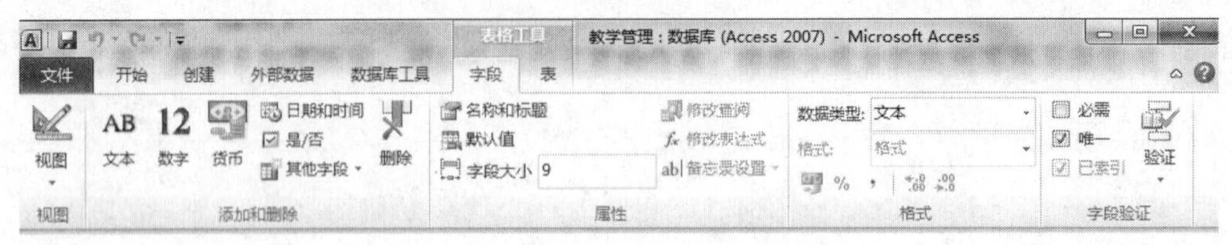

图 1–17 “表格工具”上下文命令选项卡

1.4.4 Access 2010 的选项卡式文档

启动 Office Access 2010 后，可以用选项卡式文档代替重叠窗口来显示数据库对象。为便于日常的交互使用，可以采用选项卡式文档，如图 1–18 所示。

图 1–18 选项卡式文档

通过设置 Access 选项可以启用或禁用选项卡式文档。显示或隐藏文档选项卡的操作步骤如下:

（1）单击“文件”→“选项”按钮，弹出“Access 选项”对话框。

（2）在左侧窗格中，单击“当前数据库”选项。

（3）在“应用程序选项”部分的“文档窗口选项”中选择“选项卡式文档”单选按钮。

（4）选中或清除“显示文档选项卡”复选框。清除复选框后，文档选项卡将关闭。

（5）单击“确定”按钮。

注意：“显示文档选项卡”的设置是针对单个数据库的，必须为每个数据库单独设置此选项。更改“显示文档选项卡”设置之后，必须关闭数据库然后重新打开，更改才能生效。使用 Access 2010 创建的新数据库默认显示文档选项卡。

1.5 Access 2010 中的对象

在 Access 2010 中，数据库有“表”“查询”“窗体”“报表”“宏”和“模块”6 个对象。每个对象在数据库中的作用和功能是不同的，各种数据库对象之间存在某种特定的依赖关系。所有的数据库对象都保存在扩展名为 .accdb 的同一个数据库文件中。

1.5.1 表

表是数据库中用来存储数据的对象，它是整个数据库系统的数据源，也是数据库其他对象的基础。Access 允许一个数据库中包含多个表，用户可以在不同的表中存储不同类型的数据。通过在表之间建立关联，可以将不同表中的数据联系起来，以便用户使用。

在表中，数据以行和列的形式保存，类似于通常使用的电子表格。表中的列称为字段，字段是 Access 信息的最基本载体，说明了一条信息在某一方面的属性。表中的行称为记录，记录是由一个或多个字段组成的。一条记录就是一个完整的信息。

在 Access 数据库中，应该为每个不同的主题创建一个表，这样可以提高数据库的工作效率，同时可以减少因数据输入而产生的错误。

使用表对象主要是通过数据表视图和设计视图来完成的。

图 1–19 所示为表对象“学生”的数据表视图。

学号	姓名	性别	民族	政治面貌	出生日期	所属院
201301001	李文建	男	蒙古族	团员	1996/1/30	01
201301002	郭凯琪	女	壮族	群众	1996/7/9	01
201301003	宋媛媛	女	汉族	团员	1994/12/3	01
201301004	张丽	女	白族	团员	1995/2/5	01
201301005	马良	男	彝族	团员	1994/8/24	01
201301006	钟晓彤	女	畲族	团员	1995/9/3	01
201301007	董威	男	回族	团员	1996/1/10	01
201301008	钟舒琪	女	布依族	预备党员	1994/7/19	01
201301009	叶蒿	女	回族	团员	1995/1/24	01
201301010	徐东	男	蒙古族	团员	1996/12/9	01
201302001	魏娜	女	回族	团员	1996/7/9	02
201302002	李玉英	女	汉族	团员	1995/5/26	02

记录：第 42 项(共 42 项)　无筛选器　搜索

图 1–19　数据表视图

其对应的设计视图如图 1–20 所示。

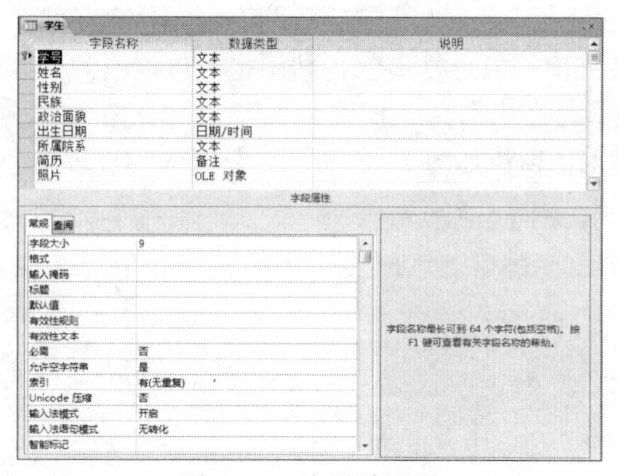

图 1–20　表设计视图

1.5.2　查询

查询是数据库设计目的的体现，数据库建立完成以后，数据只有被使用者查询才能真正实现它的价值。查询也是一个“表”，它是以“表”或“查询”为基础数据源的“虚表”，查询本身存放的只是设计的查询结构。查询设计视图窗口如图 1–21 所示。只有在运行查询时，才将满足条件的数据显示出来。查询数据表视图窗口如图 1–22 所示。

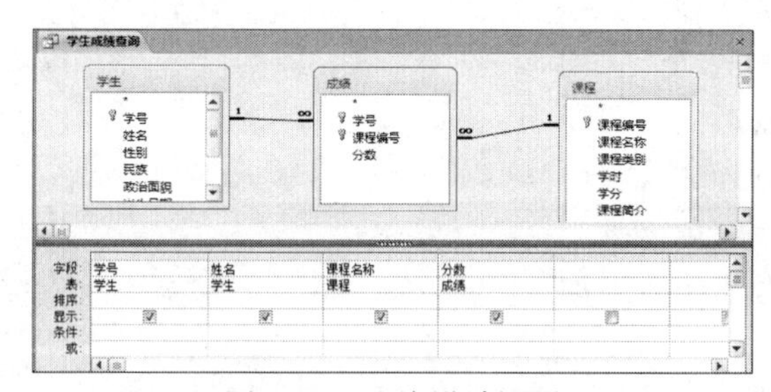

图 1–21　查询设计视图

学号	姓名	课程名称	分数
201301001	李文建	大学英语	67
201301001	李文建	程序设计基础	56
201301001	李文建	系统结构	96
201301002	郭凯琪	计算机导论	67
201301002	郭凯琪	汇编语言	87
201301003	宋媛媛	程序设计基础	67
201301003	宋媛媛	数值分析	81
201301004	张丽	汇编语言	56
201301004	张丽	经济预测	82
201301005	马良	数值分析	55
201301005	马良	专业英语	75

记录：第 1 项(共 60 项)　无筛选器　搜索

图 1–22　查询数据表视图

在 Access 中，利用不同的查询方式，可以方便、快捷地浏览数据库中的数据，还可以实现数据的统计分析与计算等操作。

1.5.3 窗体

窗体是用户与数据库进行交互的图形界面，它提供一种方便用户浏览、输入和更改数据的窗口，以及应用程序的执行控制界面。在窗体中可以运行宏和模块，以实现更加复杂的功能。窗体是 Access 数据库对象中最灵活的一个对象，其数据源可以是表或查询。

对数据进行维护的窗体视图如图 1–23 所示，其对应的窗体设计视图如图 1–24 所示。

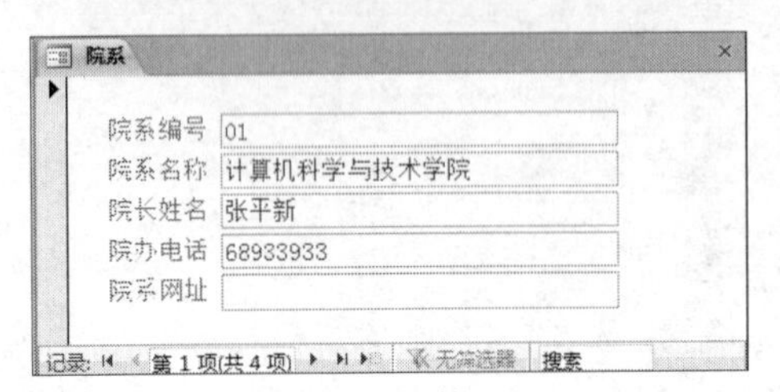

图 1–23　窗体视图

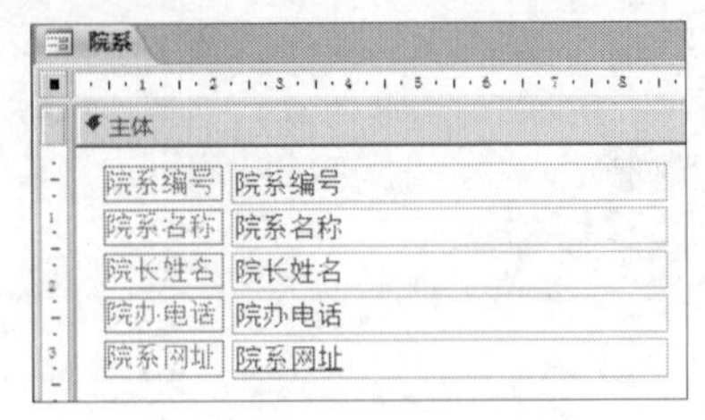

图 1–24　窗体设计视图

1.5.4 报表

报表是数据库中数据输出的另一种形式，利用报表可以将数据库中需要的数据提取出来进行分析、整理和计算，然后打印出来。

预览报表输出格式的工作窗口如图 1–25 所示，其对应的报表设计视图如图 1–26 所示。

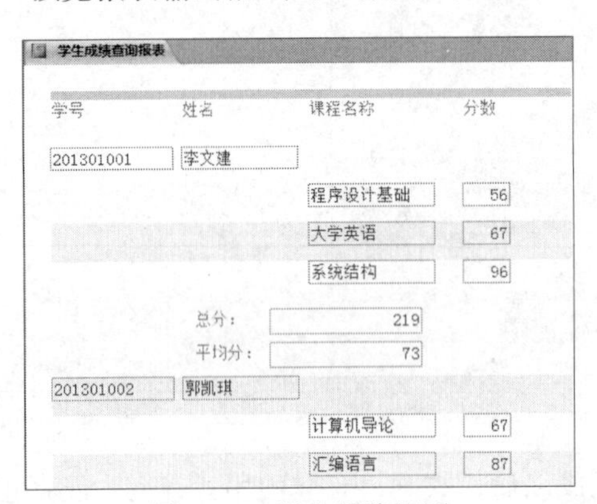

图 1–25　报表预览视图

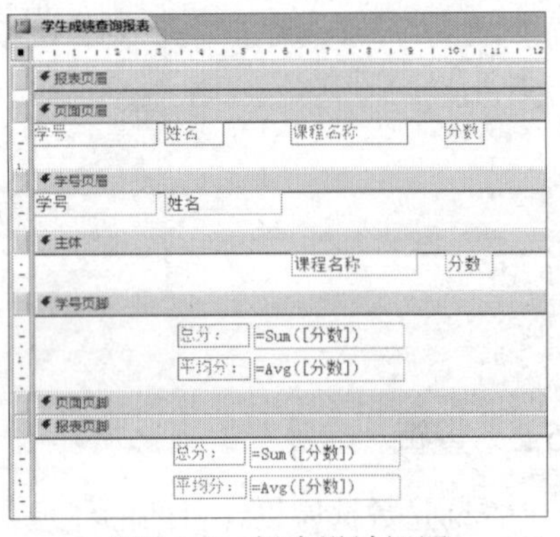

图 1–26　报表设计视图

1.5.5 宏

宏是 Access 数据库对象中的一个基本对象。宏是指一个或多个操作的集合，其中每一个操作实现特定的功能，如打开某个窗体或打印某个报表。宏可以使某些普通的、需要多个指令连续执行的任务能够通过一条指令自动地完成，而这条指令就称为宏。例如，可设置某个宏，在用户单击某个命令按钮时运行该宏，以打印某个报表。宏的设计视图如图 1–27 所示。

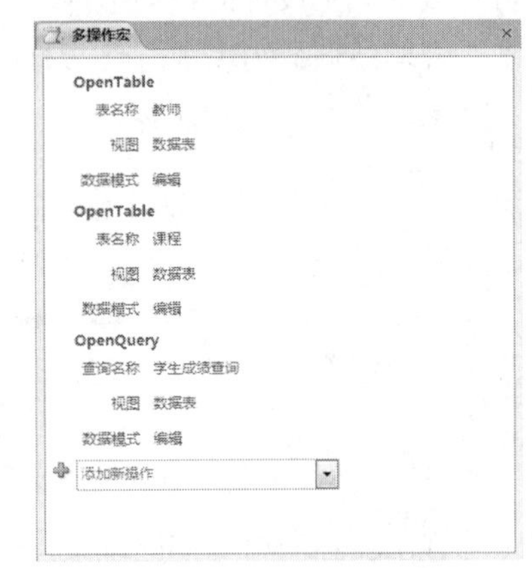

图 1–27　宏的设计视图

Microsoft Office 提供的所有工具中都提供了宏的功能。利用宏可以简化操作，使大量的重复性操作自动完成，从而使管理和维护 Access 数据库更加简单。

1.5.6　模块

模块用来实现数据的自动操作，是应用程序开发人员的工作环境，用于创建完整的数据库应用程序。

模块是用 Access 所提供的 VBA（Visual Basic for Application）语言所编写的程序。模块有两个基本类型：对象类型模块和标准模块。模块中的每一个过程都可以是一个函数过程或者一个子过程。宏对象虽然能实现很多对数据库的处理，但与 VBA 相比，它无法完成对数据库细致、复杂的操作，因此，VBA 是完成代码的主要方式。

模块对象的编辑窗口如图 1-28 所示。

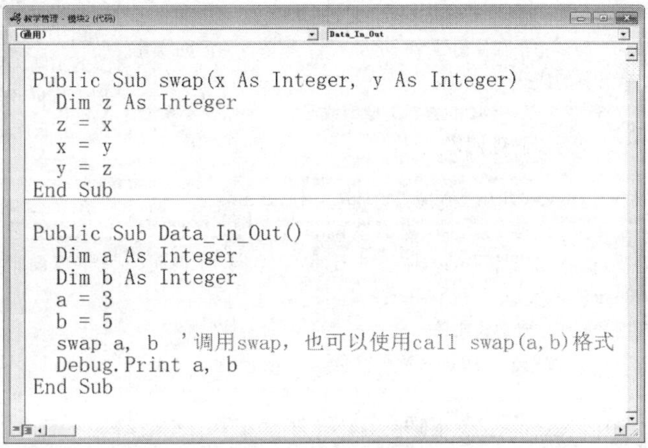

```
Public Sub swap(x As Integer, y As Integer)
  Dim z As Integer
  z = x
  x = y
  y = z
End Sub

Public Sub Data_In_Out()
  Dim a As Integer
  Dim b As Integer
  a = 3
  b = 5
  swap a, b  '调用swap，也可以使用call swap(a,b)格式
  Debug.Print a, b
End Sub
```

图 1-28　模块对象的编辑窗口

1.5.7　对象间的关系

通过上述观察可以看出：不同的数据库对象在数据库中起着不同的作用，其中表是数据库的核心和基础，它存放数据库中的全部数据；查询、窗体和报表都是从数据库中获得信息，以实现用户某一特定的需求，如查找、计算统计、打印、编辑修改等；窗体可以提供一种良好的用户操作界面，通过它可以直接或间接地调用宏或模块，并执行查询、打印、预览、计算等功能，甚至可以对数据库进行编辑修改。

Access 中表、查询、窗体、报表、宏和模块对象之间的关系如图 1-29 所示（注：粗实线代表数据流，细实线代表控制流）。

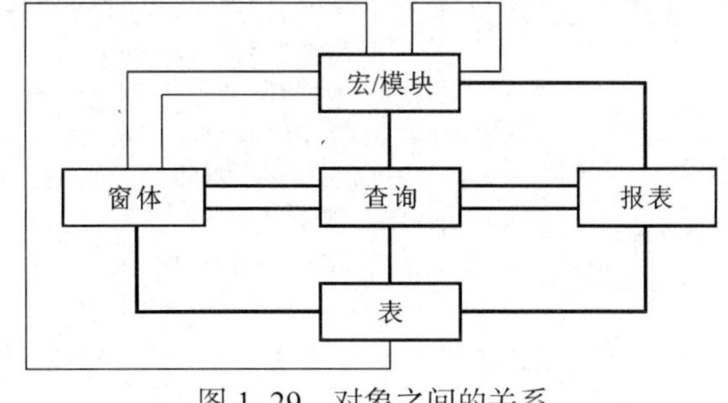

图 1-29　对象之间的关系

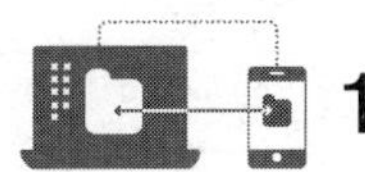

1.6　Access 2010 中的数据

作为数据库管理系统，Access 中的数据也有类型之分。在设计表的过程中，相应的字段必须使用明确的数据类型，同时操作数据库的过程中会随时使用表达式和函数。

1.6.1 字段的数据类型

Access 2010 中定义了 12 种数据类型：文本、备注、数字、日期 / 时间、货币、自动编号、是 / 否、OLE 对象、超链接、附件、计算、查阅向导。各字段的数据类型及其说明如表 1–15 所示。

表 1-15 字段的数据类型及其说明

数据类型	说 明	大 小
文本	Access 系统的默认数据类型，用来存储由文字字符及不具有计算能力的数字字符组成的数据，是最常用的字段数据类型之一	文本字段数据的最大长度为 255 个字符
备注	备注字段数据类型为长文本或文本和数字的组合，是文本字段数据类型的特殊形式	最多为 63 999 个字符。备注字段的大小受数据库大小的限制
数字	数字字段数据类型是用来存储由数字（0 ~ 9）、小数点和正负号组成的，并可进行计算的数据。 在 Access 中，确定了某一字段的数据类型为数字型时，Access 系统默认该字段数据类型为长整型字段	由于数字数据类型表现形式和存储形式的不同，数字字段数据类型又分为整型、长整型、单精度型、双精度型等类型，其长度由系统设置，分为 1、2、4、8 个字节
日期 / 时间	日期 / 时间字段数据类型是用来存储表示日期 / 时间数据的。 根据日期 / 时间字段数据类型存储的数据显示格式的不同，日期 / 时间字段数据类型又分为常规日期、长日期、中日期、短日期、长时间、中时间、短时间等类型	Access 系统将日期 / 时间字段数据类型长度设置为 8 个字节
货币	货币字段数据类型用来存储货币值。 给货币型字段输入数据，不用输入货币符号及千位分隔符，Access 系统会根据所输入的数据自动添加货币符号及千位分隔符，当数据的小数部分超过 2 位时，Access 系统会根据输入的数据自动完成四舍五入	Access 系统将货币型字段长度设置为 8 个字节
自动编号	自动编号字段数据类型用来存储递增数据和随机数据。 自动编号字段数据类型的数据无须输入，每增加一条新记录，Access 系统将自动编号型字段的数据自动加 1 或随机编号。 用户不用给自动编号字段数据类型输入数据，也不能编辑自动编号型字段的数据	Access 系统将自动编号字段数据类型长度设置为 4 个字节
是 / 否	是 / 否字段数据类型用来存储只包含两个值的数据。 是 / 否字段数据类型的数据常用来表示逻辑判断结果	1 位
OLE 对象	OLE 对象字段数据类型用于链接和嵌入其他应用程序所创建的对象。其他应用程序所创建的对象可以是电子表格、文档、图片等	OLE 对象字段数据类型最大长度可为 1 GB
超链接	超链接字段数据类型用于存放超链接地址。 文本或文本和以文本形式存储的数字的组合，用作超链接地址。超链接地址最多包含 3 部分： 显示的文本：在字段或控件中显示的文本。 地址：指向文件（UNC 路径）或页（URL）的路径。 子地址：位于文件或页中的地址	超链接数据类型 3 个部分中的每一部分最多只能包含 2 048 个字符
附件	任何支持的文件类型	可以将图像、电子表格文件、文档、图表和其他类型的支持文件附加到数据库的记录
计算	用于函数、数值计算	—
查阅向导	创建字段，该字段可以使用列表框或组合框从另一个表或值列表中选择一个值。单击该选项将启动“查阅向导”，它用于创建一个“查阅”字段。在向导完成之后，Microsoft Access将基于在向导中选择的值来设置数据类型	与用于执行查阅的主键字段大小相同，通常为 4 个字节

1.6.2 表达式

表达式是各种数据、运算符、函数、控件和属性的组合，其运算结果是某个确定数据类型的值。表达式能实现数据计算、条件判断、数据类型转换等许多作用。在后续的内容中，许多操作如筛选条件、有效性规则、查询条件、计算控件等都要用到表达式。

1. 运算符

运算符和操作数构成了表达式。运算符是用来表明运算性质的符号，它指明了多操作数进行运算的方法和规则。根据运算不同，Access 中常用的运算符有 4 种类型，即算术运算符、关系运算符、逻辑运算符和连接运算符。

1）算术运算符

算术运算符用于实现常见的算术运算。表 1-16 所示为常见的算术运算符及示例。

表 1-16 常见的算术运算符及示例

运 算 符	含 义	示 例	
		表 达 式	结 果
+	加法	1+1	2
−	减法	3−2	1
*	乘法	2*3	6
/	浮点除法	6/2	3
^	指数	2^2	4
\	整数除法	10\4	2
Mod	取余	12 mod 5	2

2）关系运算符

关系运算符用于比较两个运算量之间的关系。关系表达式的运算结果为逻辑量。若关系成立，结果为True；若关系不成立，结果为False。关系运算符及示例如表1-17所示。

表 1-17 关系运算符及示例

运 算 符	含 义	示 例	
		表 达 式	结 果
>	大于	"abc">"ABC"	True
>=	大于或等于	"a">="ab"	False
<	小于	2<3	True
<=	小于或等于	"12"<="3"	True
<>	不等于	"abc"<>"ABC"	True
=	等于	"abc"="ABC"	False

关系运算的规则如下：

（1）数值型数据按数值大小比较。

（2）日期型数据按照日期的先后顺序比较，日期大则大，日期小则小。

（3）字符型数据按照字符的 ASCII 码值的大小从左到右一一比较，直到出现不同的字符为止。

3）逻辑运算符

逻辑运算符用于逻辑运算，主要有与（And）、或（Or）和非（Not）。逻辑运算符及示例如表 1-18 所示。

表 1-18　逻辑运算符及示例

运 算 符	含　义	示　例	
		表 达 式	结　果
Not	非（求反）	Not (10<4)	True
And	与（同时成立）	10>4 And 5>3	True
Or	或（或者成立）	10>4 Or 3>5	True

注意： 在数学上表示某个数在某个区域时用表达式 10 ≤ *X*<20，在 Access 中应写成 X>=10 And X<20，如果写成 10<=X<20 的形式则是错误的。

逻辑运算的规则如下：

（1）运算结果为逻辑值 True 或 False。

（2）优先级不相同：Not > And > Or。

（3）可用来描述复杂的关系表达式。

4）连接运算符

连接运算符用于字符串连接。常见的连接运算符有“+”和“&”。

（1）+（连接运算）：两个操作数均应为字符串类型；当两旁的操作量都为数字时，它就变成了加法符号，执行加法运算。当两旁的操作量有一个是数字，另外一个是字符时，则会出现出错信息。

（2）&（连接运算）：两个操作数既可为字符型也可为数值型，当操作数是数值型时，系统自动先将其转换为数字字符，然后进行连接操作。当连接符两旁的操作量都为字符串时，两个连接符等价。

连接运算符示例如表 1-19 所示。

表 1-19　连接运算符示例

示　例	结　果	示　例	结　果
"100" + "123"	"100123"	100 & 123	“100123”
"Abc" + 123	出错	"Abc" & "123"	“Abc123”
"100" & 123	"100123"	"Abc" & 123	“Abc123”

5）特殊运算符

特殊运算符及示例如表 1-20 所示。

表 1-20　特殊运算符及示例

运 算 符	含　义	示　例
Like	像……一样	Like "张 *"
In	在集合中	In("男","女")
Between … And …	在……与……之间	Between 15 And 30

6）项目访问符

此外，Access 中还有一种特殊的运算符，专门用于访问数据库对象及其所属控件属性，即叹号“！”和点号“.”，一般称其为项目访问符。使用格式为：

```
对象类型！对象名称！属性名称［.属性值］
```

2. 运算符的优先级

在一个表达式中进行若干操作时，每一部分都会按预先确定的顺序进行计算求解，称这个顺序为运算符的优先级。Access 2010 中常用运算符的优先级如表 1-21 所示。

表 1-21　常用运算符的优先级

<table>
<tr><th>优 先 级</th><th colspan="4">高 ←——— 低</th></tr>
<tr><td rowspan="7">高
↑
低</td><td>算术运算符</td><td>连接运算符</td><td>关系运算符</td><td>逻辑运算符</td></tr>
<tr><td>指数运算（^）</td><td rowspan="6">字符串连接（&）
字符串连接（+）</td><td rowspan="6">相等（=）
不等于（<>）
小于（<）
大于（>）
小于或等于（<=）
大于或等于（>=）</td><td rowspan="2">非（Not）</td></tr>
<tr><td>负数（–）</td></tr>
<tr><td>乘法和除法（*、/）</td><td rowspan="2">与（And）</td></tr>
<tr><td>整数除法（\）</td></tr>
<tr><td>求模运算（Mod）</td><td rowspan="2">或（Or）</td></tr>
<tr><td>加法和减法（+、–）</td></tr>
</table>

运算符优先级说明如下：

（1）优先级：算术运算符 > 连接运算符 > 关系运算符 > 逻辑运算符。

（2）所有的关系运算符的优先级相同，也就是说，按从左到右顺序处理。

（3）算术运算符和逻辑运算符必须按表 1-21 中所列的优先顺序处理。

（4）括号优先级最高。可以用括号改变优先顺序，强令表达式的某些部分优先运行。

运算符优先级示例如表 1–22 所示。

表 1–22　运算符优先级示例

示　例	结　果
5+2*10 mod 10\9/3 +2^2	11
3*3\3/3	9
(3*3\3)/3	1

1.6.3　函数

函数由事先定义好的一系列确定功能的语句组成，并最终返回一个确定类型的值。在后续的 VBA 模块实现中，也可以将一些用于实现特殊计算的表达式抽象出来自定义为函数，调用时，只需按相应的格式应用即可。Access 中提供了近百个内置的标准函数，可以方便用户完成许多操作。

标准函数一般用于表达式中，有的能和语句一样使用。其使用形式如下：

```
函数名（<参数1><，参数2>[，参数3][，参数4][，参数5]）
```

其中，函数名必不可少，函数的参数放在函数名后的圆括号中，参数可以是常量、变量或表达式，可以有一个或多个，少数函数为无参函数。

使用函数一般要注意 3 个方面的内容，即函数名、参数和返回值。

（1）函数名起标识作用，根据名字可知其基本功能。

（2）参数就是函数名称后圆括号内的常量、变量、表达式和函数，使用时要理解其位置、类型、含义及默认值等。

（3）返回值就是函数运行后的结果，既要关注其类型又要关注其具体值。

下面按分类介绍一些常用标准函数的使用。

1. 算术函数

算术函数完成数学计算功能，主要包括以下算术函数：

（1）绝对值函数：Abs（<数值表达式>）。

功能：返回数值表达式的绝对值。例如：

```
Abs(－3)=3
```

（2）向下取整函数：Int（< 数值表达式 >）。

功能：返回数值表达式向下取整数的结果，参数为负数时返回小于等于参数值的第一个负数。例如：

```
Int(5.6)=5, Int(-5.6)=-6
```

（3）取整函数：Fix（< 数值表达式 >）。

功能：返回数值表达式的整数部分，参数为负值时返回大于等于参数值的第一个负数。例如：

```
Fix(5.6)=5, Fix(-5.6)=-5
```

（4）四舍五入函数：Round（< 数值表达式 >[,< 表达式 >]）。

功能：按照指定的小数位数进行四舍五入运算的结果。[< 表达式 >] 是进行四舍五入运算小数点右边应保留的位数，如果省略，则为 0。例如：

```
Round(3.152)=3
Round(3.152,1)=3.2
Round(3.752)=4
Round(3.752,1)=3.8
```

（5）开平方函数：Sqr（< 数值表达式 >）。

功能：计算数值表达式的平方根。例如：

```
Sqr(9)=3
```

（6）符号函数：Sgn（< 数值表达式 >）。

功能：返回数值表达式的符号值。当数值表达式值大于 0 时，返回值为 1；当数值表达式值等于 0 时，返回值为 0；当数值表达式值小于 0 时，返回值为 -1。例如：

```
Sgn(-3)=-1
Sgn(3)=1
Sgn(0)=0
```

（7）产生随机数函数：Rnd（< 数值表达式 >）。

功能：产生一个 [0,1) 的随机数，为单精度类型。如果数值表达式值小于 0，每次产生相同的随机数；如果数值表达式大于 0，每次产生新的随机数；如果数值表达式等于 0，产生最近生成的随机数，且生成的随机数序列相同；如果省略数值表达式参数，则默认参数值大于 0。例如：

```
Int(100*Rnd())                 '产生 [0,99] 的随机整数
Int(101*Rnd())                 '产生 [0,100] 的随机整数
Int(Rnd()*6)+1                 '产生 [1,6] 的随机整数
```

2. 字符串函数

（1）字符串检索函数：InStr([Start,]<Str1>,<Str2>[,Compare])。

功能：检索子字符串 Str2 在字符串 Str1 中最早出现的位置，返回一个整型数。Start 为可选参数，为数值式，设置检索的起始位置。如省略，则从第一个字符开始检索；如包含 Null 值，则发生错误。Compare 也为可选参数，指定字符串比较方法。值可以为 1、2 和 0（默认）。指定 0 则进行二进制比较，指定 1 则进行不区分大小写的文本比较，指定 2 则进行基于数据库中包含信息的比较。如值为 Null，会发生错误。如指定了 Compare 参数，则 Start 一定要有参数。例如：

```
s=Instr("54321","32")              '返回值为：3
s=Instr(3,"aSsiAB","a",1)          '返回值为：5
```

（2）字符串长度检测函数：Len(<字符串表达式>)。

功能：返回字符串所含有字符数。例如：

```
Len(" This is a book!")=15
```

（3）字符串截取函数。

Left(<字符串表达式>,N)：返回从字符串左边起截取 N 个字符构成的子串。

Right(<字符串表达式>,N)：返回从字符串右边起截取 N 个字符构成的子串。

Mid(<字符串表达式>,<N1>,<N2>)：返回从字符串左边第 N1 个字符起截取 N2 个字符所构成的字符串，如果 N1 大于字符串的字符数，返回零长度字符串；如果省略 N2，返回字符串中左边起 N1 个字符串开始的所有字符。

例如：

```
Left("abcdef",2)                    '返回值为："ab"
Right("abcdef",2)                   '返回值为："ef"
Mid("abcdef",2,3)                   '返回值为："bcd"
```

（4）生成空格字符函数：Space (<字符表达式>)。

功能：返回数值表达式的值指定的空格字符数。例如：

```
Space(5)                            '将返回 5 个空格字符
```

（5）删除空格函数。

Ltrim(<字符表达式>)：返回字符串去掉左边空格后的字符串。

Rtrim(<字符表达式>)：返回字符串去掉右边空格后的字符串。

Trim(<字符表达式>)：返回删除前导和尾随空格符后的字符串。

例如：

```
Ltrim(" abc ")                      '返回值为："abc "
Rtrim(" abc ")                      '返回值为：" abc"
Trim(" abc ")                       '返回值为："abc"
```

（6）大小写转换函数。

Ucase(<字符表达式>)：将字符串中小写字母转换成大写字母。

Lcase(< 字符表达式 >)：将字符串中大写字母转换成小写字母。

例如：

```
Ucase("abCDe")                    '返回值为："ABCDE"
Lcase("abCDe")                    '返回值为："abcde"
```

3. 日期 / 时间函数

（1）返回系统日期和时间函数。

Date()：返回当前系统日期。

Time()：返回当前系统时间。

Now()：返回当前系统日期和系统时间。

（2）截取日期分量函数。

Year(< 日期表达式 >)：返回日期表达式年份的整数。

Month(< 日期表达式 >)：返回日期表达式月份的整数。

Day(< 日期表达式 >)：返回日期表达式日期的整数。

WeekDay(< 表达式 >[,W])：返回 1 ~ 7 的整数，表示星期几。返回的星期常数如表 1-23 所示。在 Weekday() 函数中，参数 W 可以指定一个星期的第一天是星期几。默认周日是一个星期的第一天，W 的值为 vbSunday 或 1。

表 1-23 星 期 常 数

常　数	值	描　述
vbSunday	1	星期日（默认）
vbMonday	2	星期一
vbTuesday	3	星期二
vbWednesday	4	星期三
vbThursday	5	星期四
vbFirday	6	星期五
vbSaturday	7	星期六

例如：

```
Year(#2017-9-10#)                 '返回 2017
Month(#2017-9-10#)                '返回 9
Day(#2017-9-10#)                  '返回 10
WeekDay(#2017-9-10#)              '返回 1，因为 2017-9-10 为星期日
```

（3）返回包含指定年月日的日期函数。

DateSerial(表达式 1, 表达式 2, 表达式 3)：返回指定年月日的日期，其中表达式 1 为年，表达式 2 为月，表达式 3 为日。

注意：每个参数的取值范围应该是可接受的，即日的取值范围应在 1 ~ 31 之间，月的取值范围应该在 1 ~ 12 之间。此外，当任何一个参数的取值范围超出可接受的范围时，它会适时进位到下一个较大的时间单位。例如，如果指定了 35 天，则这个天数被解释成一个月加上多出来的日数，多出来的日数将由其年份与月份来决定。

例如：

```
DateSerial(2017,5,2)                    '返回 #2017-5-2#
DateSerial(2017-1,8-2,0)                '返回 #2016-5-31#
```

4. 类型转换函数

类型转换函数的功能是将数据类型转换成指定数据类型。

（1）字符串转换字符代码函数：Asc(< 字符串表达式 >)。

功能：返回首字符的 ASCII 码值。例如：

```
s=Asc("abcde")                          '返回 97
```

（2）字符代码转换字符函数：Chr(< 字符代码 >)。

功能：返回与字符代码相关的字符。例如：

```
s=Chr(97)                               '返回 a
s=Chr(13)                               '返回回车符
```

（3）数字转换成字符串函数：Str(< 数值表达式 >)。

功能：将数值表达式值转换成字符串。注意，当一个数字转成字符串时，总会在前面保留一个空格来表示正负。表达式值为正，返回的字符串包含一个前导空格表示有正号。例如：

```
s=Str(99)                               '返回 " 99"，99 有一个前导空格
s=Str(-6)                               '返回 "-6"
```

（4）字符串转换成数字函数：Val(< 字符串表达式 >)。

功能：将数字字符串转换成数值型数字。数字串转换时可自动将字符串中的空格、制表符和换行符去掉，当遇到不能识别为数字的第一个字符时，停止读入字符串。当字符串不是以数字开头时，函数返回 0。例如：

```
s=Val(" 18")                            '返回 18
s=Val("123 45")                         '返回 12345
s=Val("12ab3")                          '返回 12
s=Val("ab123")                          '返回 0
```

（5）字符串转换成日期函数：DateValue(< 字符串表达式 >)。

功能：将字符串转换成日期值。例如：

```
D=DateValue("May 15,2013")              '返回 "#2013-5-15#"
```

1.7　Access 2010 的帮助系统

Access 提供了完善的帮助系统，该系统帮助对于解决疑难问题、熟悉 Access 系统、学习和研究 Access 有十分重要的作用。

1. 全面系统的目录式帮助

单击“文件”选项卡→“帮助”按钮，再单击“Microsoft Office Access 帮助”按钮，弹出“Access 帮助”窗口，如图 1-30 所示。选择其中的项目即可获得全面系统的帮助。

2. 随时随地的帮助

在使用 Access 的过程中，如建表、创建宏时，对当前不了解的内容可随时使用帮助获取信息。按【F1】键可随时随地获取帮助。

图 1-30 “Access 帮助”窗口

习　题　1

一、选择题

1. 下列叙述中正确的是（　　）。

A. 数据库系统是一个独立的系统，不需要操作系统的支持

B. 数据库技术的根本目标是要解决数据的共享问题

C. 数据库管理系统就是数据库系统

D. 以上 3 种说法都不对

2. 数据库管理系统是（　　）。

A. 操作系统的一部分　　B. 在操作系统支持下的系统软件

C. 一种编译系统　　D. 一种操作系统

3. 数据库系统的核心是（　　）。

A. 数据模型　　B. 数据库管理系统　　C. 软件工具　　D. 数据库

4. 数据库（DB）、数据库系统（DBS）、数据库管理系统（DBMS）之间的关系是（　　）。

A. DB 包含 DBS 和 DBMS　　B. DBMS 包含 DB 和 DBS

C. DBS 包含 DB 和 DBMS　　D. 没有任何关系

5. 数据库管理系统中负责数据模式定义的数据库语言是（　　）。

A. 数据定义语言　　B. 数据管理语言

C. 数据操纵语言　　D. 数据控制语言

6. 数据库管理系统中负责查询操作的数据库语言是（　　）。

A. 数据定义语言　　B. 数据管理语言

C. 数据操纵语言　　D. 数据控制语言

7. 数据模型反映的是（　　）。

A. 事物本身的数据和相关事物之间的联系　　B. 事物本身所包含的数据

C. 记录中所包含的全部数据　　D. 记录本身的数据和相关关系

8. 常见的数据模型有 3 种，它们是（　　）。

A. 网状、关系和语义　　B. 层次、关系和网状
C. 环状、层次和关系　　D. 字段名、字段类型和记录

9. 层次型、网状型和关系型数据库的划分原则是（　　）。
A. 记录长度　　B. 文件的大小
C. 联系的复杂程度　　D. 数据之间的联系方式

10. 用二维表来表示实体及实体之间联系的数据模型是（　　）。
A. 实体联系模型　　B. 层次模型　　C. 网状模型　　D. 关系模型

11. 用树形结构表示实体之间联系的模型是（　　）。
A. 关系模型　　B. 网状模型
C. 层次模型　　D. 以上 3 个都是

12. 在关系数据库中，能够唯一标识一个记录的属性或属性的组合，称为（　　）。
A. 关键字　　B. 属性　　C. 关系　　D. 域

13. 在满足实体完整性约束的条件下（　　）。
A. 一个关系中必须有多个候选关键字
B. 一个关系中只能有一个候选关键字
C. 一个关系中应该有一个或多个候选关键字
D. 一个关系中可以没有候选关键字

14. 假设一个书店用（书号，书名，作者，出版社，出版日期，库存数量…）这一组属性来描述图书，可以作为"关键字"的是（　　）。
A. 书号　　B. 书名　　C. 作者　　D. 出版社

15. 一间宿舍可住多个学生，则实体宿舍和学生之间的联系是（　　）。
A. 一对一　　B. 一对多　　C. 多对一　　D. 多对多

16. 在关系运算中，选择运算的含义是（　　）。
A. 在基本表中，选择满足条件的元组组成一个新的关系
B. 在基本表中，选择需要的属性组成一个新的关系
C. 在基本表中，选择满足条件的元组和属性组成一个新的关系
D. 以上 3 种说法均是正确的

17. 在关系运算中，投影运算的含义是（　　）。
A. 在基本表中选择满足条件的记录组成一个新的关系
B. 在基本表中选择需要的字段（属性）组成一个新的关系
C. 在基本表中选择满足条件的记录和属性组成一个新的关系
D. 上述说法均是正确的

18. 将两个关系拼接成一个新的关系，生成的新关系中包含满足条件的元组，这种操作称为（　　）。
A. 选择　　B. 投影　　C. 连接　　D. 并

19. 设有如下关系表：

R

A	*B*	*C*
1	1	2
2	2	3

S

A	*B*	*C*
3	1	3

T

A	*B*	*C*
1	1	2
2	2	3
3	1	3

则下列操作中正确的是（　　）。

A. $T=R\cap S$　　B. $T=R\cup S$　　C. $T=R\times S$　　D. $T=R/S$

20. 有两个关系 *R* 和 *S* 如下：

R

A	*B*	*C*
a	1	2
b	2	1
c	3	1

S

A	*B*	*C*
c	3	1

则由关系 *R* 得到关系 *S* 的操作是（　　）。

A. 选择　　B. 投影　　C. 自然连接　　D. 并

21. 有 3 个关系 *R*、*S* 和 *T* 如下：

R

A	*B*	*C*
a	1	2
b	2	1
c	3	1

S

A	*B*	*C*
a	1	2
d	2	1

T

A	*B*	*C*
b	2	1
c	3	1

则由关系 *R* 和 *S* 得到关系 *T* 的操作是（　　）。

A. 差　　B. 自然连接　　C. 交　　D. 并

22. 有 3 个关系 *R*、*S* 和 *T* 如下：

R

A	*B*
m	1
n	2

S

B	*C*
1	3
3	5

T

A	*B*	*C*
m	1	3

由关系 *R* 和 *S* 通过运算得到关系 *T*，则所使用的运算为（　　）。

A. 笛卡儿积　　B. 交　　C. 并　　D. 自然连接

23. 有 3 个关系 *R*、*S* 和 *T* 如下：

R

A	*B*	*C*
a	1	2
b	2	1
c	3	1

S

A	*B*
c	3

T

C
1

则由关系 R 和 S 得到关系 T 的操作是（　　）。

A. 自然连接　　B. 交　　C. 除　　D. 并

24. 在 E–R 图中，用来表示实体的图形是（　　）。

A. 矩形　　B. 椭圆形　　C. 菱形　　D. 三角形

25. 在 E–R 图中，用来表示实体之间联系的图形是（　　）。

A. 矩形　　B. 椭圆形　　C. 菱形　　D. 平行四边形

26. 在以下叙述中，正确的是（　　）。

A. Access 只能使用系统菜单创建数据库应用系统

B. Access 不具备程序设计能力

C. Access 只具备模块化程序设计能力

D. Access 具有面向对象的程序设计能力，并能创建复杂的数据库应用系统

27. 下列属于 Access 对象的是（　　）。

A. 文件　　B. 数据　　C. 记录　　D. 查询

28. Access 数据库最基础的对象是（　　）。

A. 表　　B. 宏　　C. 报表　　D. 查询

29. 在 Access 数据库对象中，体现数据库设计目的的对象是（　　）。

A. 报表　　B. 模块　　C. 查询　　D. 表

30. 在 Access 中，可用于设计输入界面的对象是（　　）。

A. 窗体　　B. 报表　　C. 查询　　D. 表

31. 数据类型是（　　）。

A. 字段的另一种说法

B. 决定字段能包含哪类数据的设置

C. 一类数据库应用程序

D. 一类用来描述 Access 表向导允许从中选择的字段名称

32. Access 提供的数据类型中不包括（　　）。

A. 备注　　B. 文字　　C. 货币　　D. 日期 / 时间

33. 如果字段内容为声音文件，则该字段的数据类型应定义为（　　）。

A. 文本　　B. 备注　　C. 超链接　　D. OLE 对象

34. 如果在创建表中建立字段“性别”，并要求用汉字表示，其数据类型应当是（　　）。

A. 是 / 否　　B. 数字　　C. 文本　　D. 备注

35. 以下关于运算符优先级比较，正确的是（　　）。

A. 算术运算符 > 逻辑运算符 > 关系运算符

B. 逻辑运算符 > 关系运算符 > 算术运算符

C. 算术运算符 > 关系运算符 > 逻辑运算符

D. 以上选项均是错误的

36. 下列表达式计算结果为数值类型的是（　　）。

A. #5/5/2010# – #5/1/2010#　　B. "102" > "11"

C. 102=98+4　　D. #5/1/2010# + 5

37. 表达式 Fix(–3.25) 和 Fix(3.75) 的结果分别是（　　）。

A. –3，3　　B. –4，3　　C. –3，4　　D. –4，4

38. 表达式 B = Int(A + 0.5) 的功能是（　　）。

A. 将变量 A 保留小数点后 1 位　　B. 将变量 A 四舍五入取整

C. 将变量 A 保留小数点后 5 位　　D. 舍去变量 A 的小数部分

39. 用于获得字符串 S 最左边 4 个字符的函数是（　　）。

A. Left(S,4)　　B. Left(S,1,4)

C. Leftstr(S,4)　　D. Leftstr(S,0,4)

40. 从字符串 s 中的第 2 个字符开始获取 4 个字符的子字符串函数是（　　）。

A. Mid (s,2,4)　　B. Left(s,2,4)　　C. Right(s,2,4)　　D. Left(s,4)

41. 要将一个数字字符串转换成对应的数值，应使用的函数是（　　）。

A. Val()　　B. Single()　　C. Asc()　　D. Space()

42. 将一个数转换成相应字符串的函数是（　　）。

A. Str()　　B. String()　　C. Asc()　　D. Chr()

43. 如果 x 是一个正的实数，保留两位小数，则将千分位四舍五入的表达式是（　　）。

A. 0.01*Int(x+0.05)　　B. 0.01*Int(100*(x+0.005))

C. 0.01*Int(x+0.005)　　D. 0.01*Int(100*(x+0.05))

44. 表达式 Int(100*Rnd) 的值是（　　）。

A. [0,99] 的随机整数　　B. [0,100] 的随机整数

C. [1,99] 的随机整数　　D. [1,100] 的随机整数

45. 给定日期 DD，可以计算该日期当月最大天数的正确表达式是（　　）。

A. Day(DD)

B. Day(DateSerial(Year(DD),Month(DD),day(DD)))

C. Day(DateSerial(Year(DD),Month(DD),0))

D. Day(DateSerial(Year(DD),Month(DD)+1,0))

46. 下列逻辑表达式中，能正确表示条件“x 和 y 都是奇数”的是（　　）。

A. x Mod 2 = 1 Or y Mod 2 = 1　　B. x Mod 2 = 0 Or y Mod 2 = 0

C. x Mod 2 = 1 And y Mod 2 = 1　　D. x Mod 2 = 0 And y Mod 2 = 0

二、填空题

1. 表达式 3*3\3/3 的结果为________。

2. 表达式 5+2*10 Mod 10 \9 /3 + 2^2 的结果为________。

3. Int(−3.25) 的结果是________。

4. 函数 mid(" 学生信息管理系统 ",3,2) 的结果是________。

三、操作题

1. 启动 Access 2010 应用程序，观察其界面特征。

2. 熟悉 Access 2010 的六大数据库对象。

3. 学会使用 Access 2010 的帮助功能。

第2章 创建与管理数据库

学习目标

通过本章的学习，应该掌握以下内容：

（1）创建数据库。

（2）打开和关闭数据库。

（3）设置默认的数据库格式和文件夹。

（4）查看数据库属性、备份数据库、压缩和修复数据库。

（5）设置和撤销数据库密码。

2.1 创建数据库

开发数据库应用系统首先要对数据库进行设计，然后再进行创建。Access 2010 提供了两种创建新数据库的方法：一种是使用模板来完成创建任务；另一种是先创建一个空数据库，然后再添加表、查询、报表、窗体及其他对象。无论选择哪一种方法，在数据库创建之后，都可以在任何时候修改或扩展数据库。

2.1.1 设计示例——“教学管理”数据库

以学校为例，创建一个对学生、院系、课程、成绩、授课和教师进行管理的“教学管理”系统数据库，按数据库设计的方法，可按如下步骤进行设计。

1. 进行需求分析，确定数据库的目的

在这个数据库中，教学管理人员的主要工作内容包括教师信息管理、学生信息管理、课程信息管理、教师授课管理、学生成绩管理、院系信息管理几项，如图 2-1 所示。

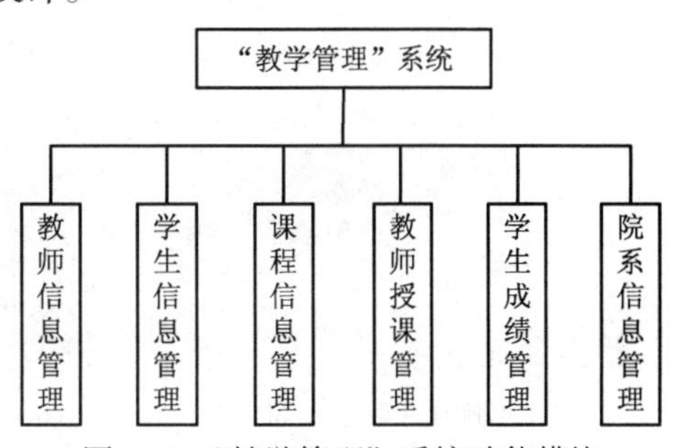

图 2-1 “教学管理”系统功能模块

2. 确定数据库中需要的数据表

确定数据库中的表就是把需求信息划分为各个独立的实体，并用 E-R 图表示出来，如图 2-2 ~ 图 2-8 所示。

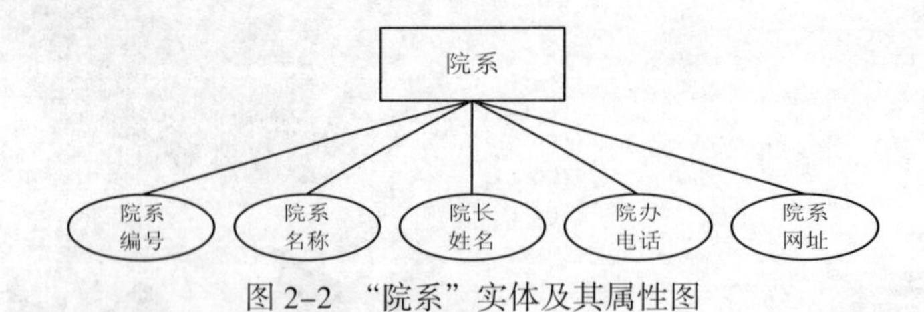

图 2-2 “院系”实体及其属性图

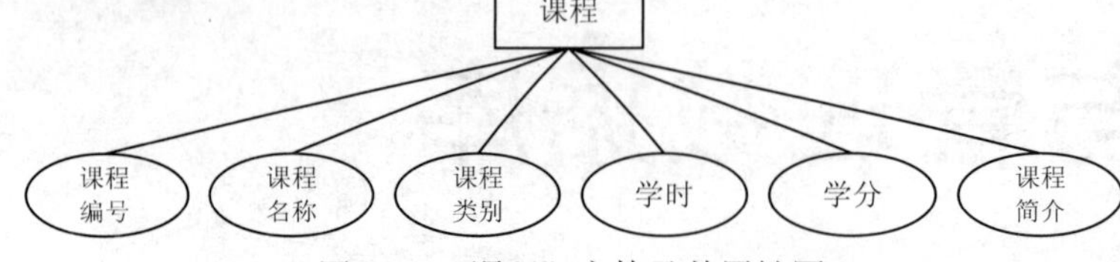

图 2-3 “课程”实体及其属性图

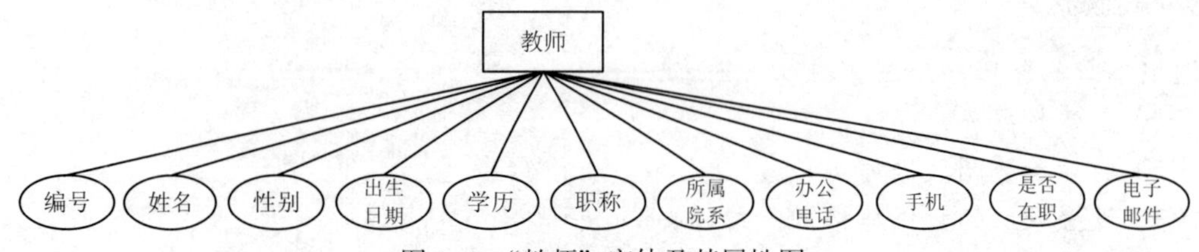

图 2-4 “教师”实体及其属性图

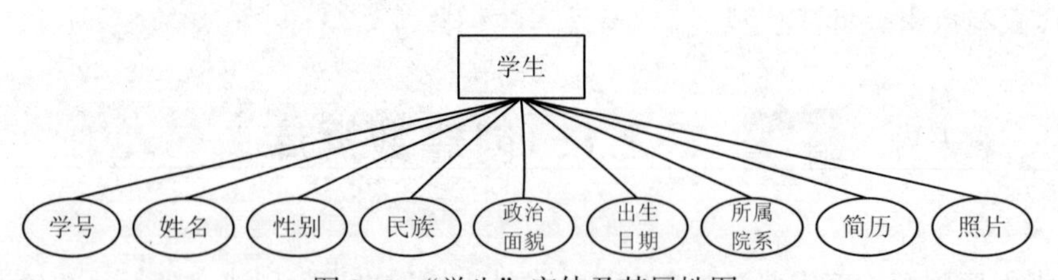

图 2-5 “学生”实体及其属性图

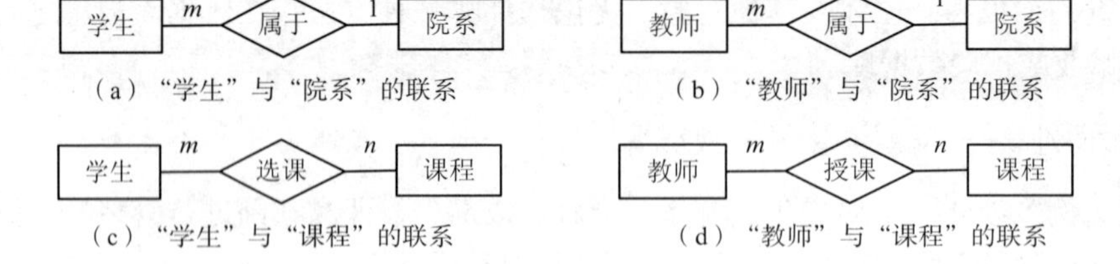

（a）“学生”与“院系”的联系　（b）“教师”与“院系”的联系

（c）“学生”与“课程”的联系　（d）“教师”与“课程”的联系

图 2-6 实体之间联系图

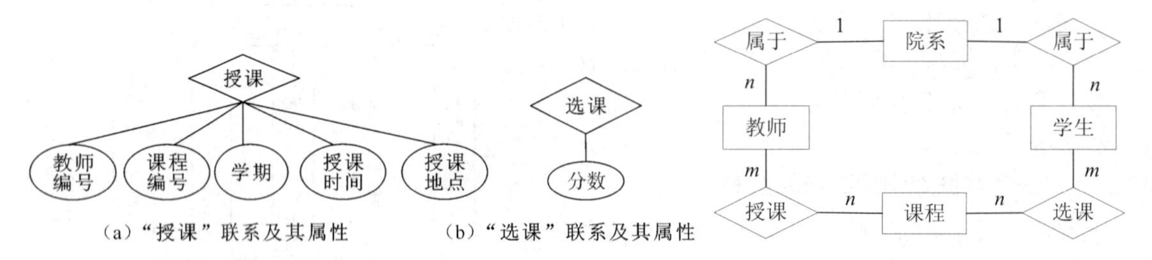

（a）“授课”联系及其属性　（b）“选课”联系及其属性

图 2-7 联系及其属性图

图 2-8 全局 E-R 图

3. 确定每个表中需要的字段

确定每个表中需要的字段就是把所得到的E-R图转换为关系数据模型，并用关系规范化理论对关系模式进行优化。确定每个实体的属性即每个表所需的字段，用关系模式表示如下：

- 院系（院系编号、院系名称、院长姓名、院办电话、院系网址）
- 课程（课程编号、课程名称、课程类别、学时、学分、课程简介）
- 教师（编号、姓名、性别、出生日期、学历、职称、所属院系、办公电话、手机、是否在职、电子邮件）
- 学生（学号、姓名、性别、民族、政治面貌、出生日期、所属院系、简历、照片）
- 成绩（学号、课程编号、分数）
- 授课（教师编号、课程编号、学期、授课时间、授课地点）

注释： 带下画线的属性是此关系模式的主键。

4. 确定表间的关系

要建立两个表之间一对一联系或一对多联系，就是将一方表的主关键字加入另一方对应表或多方对应表的关系模式中，两个表都有该字段，就可以通过共同的字段建立联系。例如，将院系表的“院系编号”主关键字加入学生表和教师表中，建立院系表和学生表的一对多的联系，院系表和教师表一对多的联系。

多对多联系要变成两个一对多的联系，即产生一个新的关系模式，该关系模式由联系所涉及的表的关键字加上联系的属性组成。例如，将学生表的“学号”关键字和课程表的“课程编号”关键字加入成绩表中，成绩表的主关键字就是“学号”和“课程编号”字段的组合。这样就建立了成绩表和学生表、成绩表和课程表两个一对多的联系，即建立了学生表和课程表多对多的联系。

“教学管理”数据库中各表之间的关系如图2-9所示，每个表中带🔑的字段就是该表的主关键字。表和表之间用连线连起来，表示它们之间按关键字建立了联系。

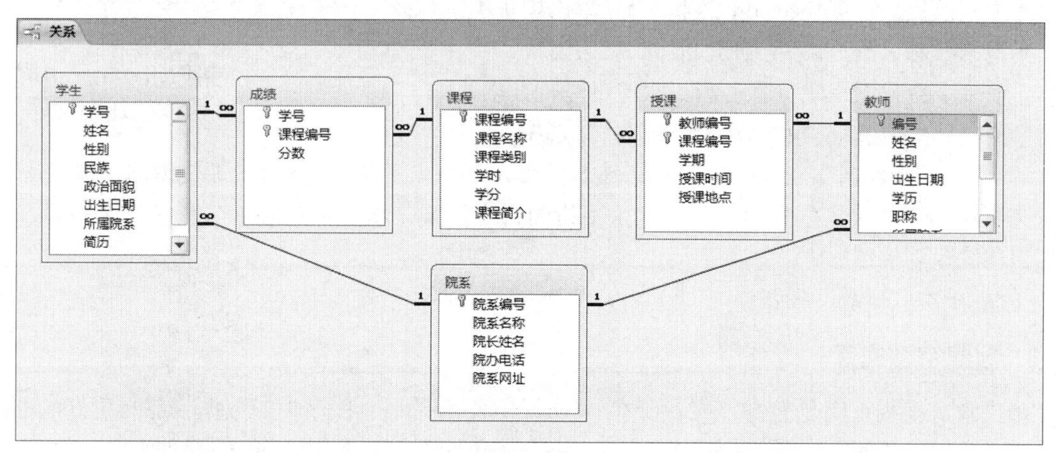

图2-9 表之间关系

5. 优化设计

重新检查设计方案，查看各个表以及表之间的关系，对不足之处进行修改。一般的做法是：

创建表，向表中输入一些实际数据记录，并创建所需的查询、窗体及报表等其他数据库对象以进行实际的检验，看能否从表中得到想要的结果，如果不能达到预期的效果，则还需进一步修改。只有经过反复的修改，才能设计出一个完善的数据库，进而开发出较好的数据库应用系统。

2.1.2 使用 Access 2010 附带的模板创建数据库

Access 提供了种类繁多的模板，使用它们可以加快数据库创建过程。模板是随即可用的数据库，其中包含执行特定任务时所需的所有表、查询、窗体和报表。例如，有的模板可以用来跟踪问题、管理联系人或记录费用；有的模板则包含一些可以帮助演示其用法的示例记录。可以原样使用模板数据库，也可以对它们进行自定义，以便更好地满足需要。

微视频2-1
使用Access 2010附带的模板创建数据库

使用模板的操作步骤如下：

（1）启动 Access 2010 应用程序。

（2）单击“文件”选项卡→“新建”按钮，再单击“样本模板”选项。

（3）在“可用模板”下单击要使用的模板。

（4）在“文件名”文本框中输入文件名。或者单击“文件名”文本框后边的文件夹图标，通过浏览找到要创建数据库的位置。如果不指明特定位置，Access 将在“文件名”文本框下显示的默认位置创建数据库。

（5）单击“创建”按钮，Access 将创建数据库，然后将其打开以备使用。

2.1.3 使用 Office.com 中的模板创建数据库

如果已连接到 Internet，则可以从 Microsoft Office Backstage 视图中浏览或搜索 Office.com 中的模板。操作步骤如下：

微视频2-2
使用Office.com中的模板创建数据库

（1）启动 Access 2010 应用程序。

（2）单击“文件”选项卡→“新建”按钮，执行下列操作之一：

- 浏览模板：在“Office.com 模板”下，单击模板类别（如“商务”）。
- 搜索模板：在“搜索 Office.com 中的模板”文本框中输入一个或多个搜索词，然后单击箭头按钮以进行搜索。

（3）找到要尝试的模板后，单击以将其选中。

（4）在“文件名”文本框中输入文件名。或者单击“文件名”文本框后边的文件夹图标，通过浏览找到要创建数据库的位置。如果不指明特定位置，Access 将在“文件名”文本框下显示的默认位置创建数据库。

（5）单击“下载”按钮。

2.1.4 创建空数据库

如果没有模板可满足需要，或者要在 Access 中使用另一个程序中的数据，那么更好的办法是从头开始创建数据库。在 Access 2010 中，可以选择标准桌面数据库或 Web 数据库。

在 Access 中可以先创建一个空数据库，然后再根据需要进行设计。

【例 2.1】创建一个空数据库，命名为“教学管理”。

操作步骤如下：

（1）启动 Access 2010 应用程序。

（2）单击“文件”选项卡→“新建”按钮，再单击“空数据库”选项。

（3）在右侧的“文件名”文本框中输入数据库的名称“教学管理”。

微视频2-3
创建数据库

注释：若要更改文件的创建位置，可单击“文件名”文本框后边的“浏览”按钮，通过浏览查找并选择新的位置，然后单击“确定”按钮。

（4）单击“创建”按钮，弹出“教学管理”数据库窗口，完成空数据库的创建。

2.2　打开与关闭数据库

在 Access 中，对数据进行数据处理时，数据库文件要经常被打开或关闭，下面介绍打开与关闭数据库的操作。

2.2.1　打开数据库

数据库可以根据不同的用途有 4 种打开方式，即“打开”“以只读方式打开”“以独占方式打开”和“以独占只读方式打开”。

如果选择“打开”命令，被打开的数据库文件可与其他用户共享，这是默认的数据库文件打开方式。若数据库存放在局域网中，为了数据安全，最好不要采用这种方式打开文件。

如果选择“以只读方式打开”命令，只能使用、浏览数据库的对象，不能对其进行修改。这种方式对数据库操作能力较低的用户而言，是一个数据安全的防范方法。

如果选择“以独占方式打开”命令，其他用户不可以使用该数据库。这种方式既可以屏蔽其他用户操纵数据库，又对自己提供了数据修改的环境，是一种常用的数据库文件打开方式。

微视频2-4
以独占方式打开数据库

如果选择“以独占、只读方式打开”命令，只能使用、浏览数据库的对象，不能对其进行修改，其他用户不可以使用该数据库。这种方式既可以屏蔽其他用户操纵数据库，又限制了自己修改数据的操作，一般进行数据浏览、查询操作时常用这种数据库文件打开方式。

【例 2.2】以独占方式打开“教学管理”数据库。

操作步骤如下：

（1）启动 Access 2010 应用程序。

（2）单击“文件”选项卡→“打开”按钮。

（3）在“打开”对话框中，选择“教学管理”数据库文件所在的位置，然后选择“教学管理”数据库文件。

（4）单击“打开”下拉按钮，在弹出的下拉列表中选择“以独占方式打开”命令，如图 2-10 所示。实现了以独占方式打开“教学管理”数据库。

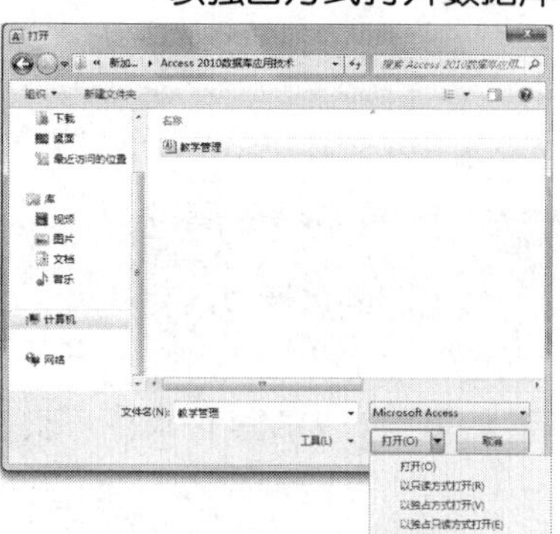

图 2-10　“打开”对话框

2.2.2 关闭数据库

当完成数据库的操作后，需要将其关闭。关闭数据库的常用方法有如下 3 种：

（1）单击“数据库”窗口右上角的“关闭”按钮。

（2）双击“数据库”窗口左上角的控制图标。

（3）单击“文件”选项卡→“关闭数据库”按钮。

2.3 管理数据库

在创建完数据库后，可以对数据库进行一些设置。例如，设置默认的数据库格式，设置默认数据库文件夹，还可以查看数据库属性，备份数据库，压缩并修复数据库，设置和撤销数据库密码等。

2.3.1 设置默认的数据库格式和默认文件夹

设置默认的数据库和默认文件夹的操作步骤如下：

（1）打开数据库。

（2）单击“文件”选项卡→“选项”按钮，弹出“Access 选项”对话框。

（3）选择“常规”选项，在右侧的视图中设置“空白数据库的默认文件格式”和“默认数据库文件夹”，如图 2–11 所示。

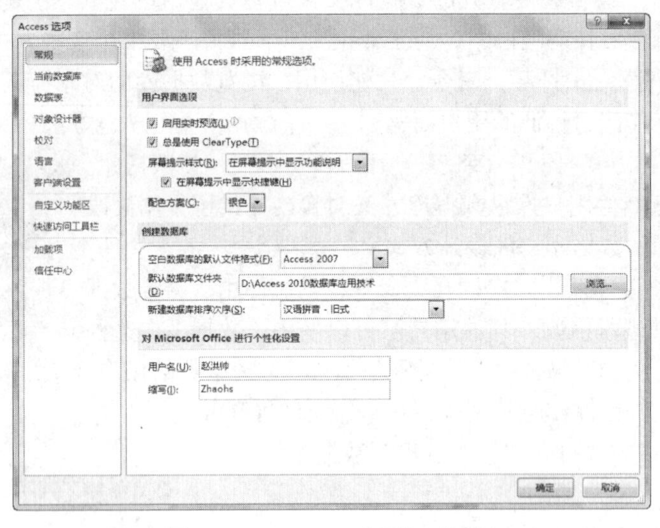

图 2–11 “Access 选项”对话框

2.3.2 查看数据库属性

数据库的属性包括文件名、文件大小、位置、创建时间等。数据库属性分为 5 类，即“常规”“摘要”“统计”“内容”“自定义”。

查看数据库属性的操作步骤如下：

（1）打开数据库。

（2）单击“文件”选项卡→“信息”按钮，在右侧的视图中单击“查看和编辑数据库属性”

超链接，弹出图 2–12 所示的数据库属性对话框的“常规”选项卡。

（3）分别选择“摘要”选项卡、“统计”选项卡、“内容”选项卡和“自定义”选项卡进行查看，如图 2–13 ~ 图 2–16 所示。

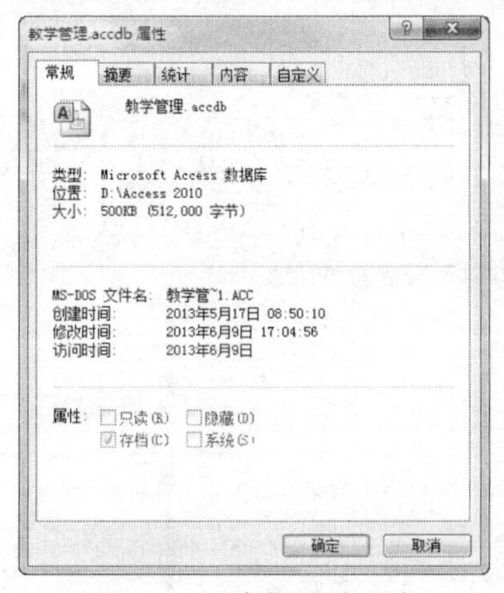

图 2–12 “常规”选项卡

图 2–13 “摘要”选项卡

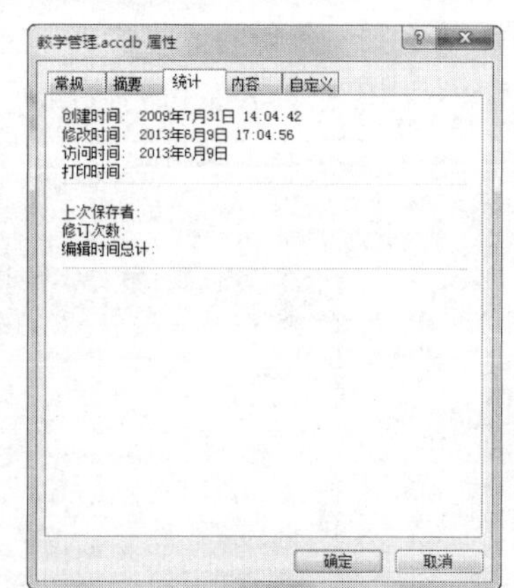

图 2–14 “统计”选项卡

【例 2.3】打开“教学管理”数据库，设置数据库的标题为“教学管理系统”，数据库的单位为本人专业，添加数据库的开发者为自己的姓名。

操作步骤如下：

（1）启动 Access 2010 应用程序，打开“教学管理”数据库。

（2）单击“文件”选项卡→“信息”按钮，在右侧的视图中单击“查看和编辑数据库属性”超链接。

（3）在数据库属性对话框中，选择“摘要”选项卡，如图 2–13 所示填写“标题”“单位”等信息。

（4）在数据库属性对话框中，选择“自定义”选项卡，在“名称”文本框中输入“开发者”，在“取值”文本框中输入自己的姓名，然后单击“添加”按钮，如图 2–17 所示。

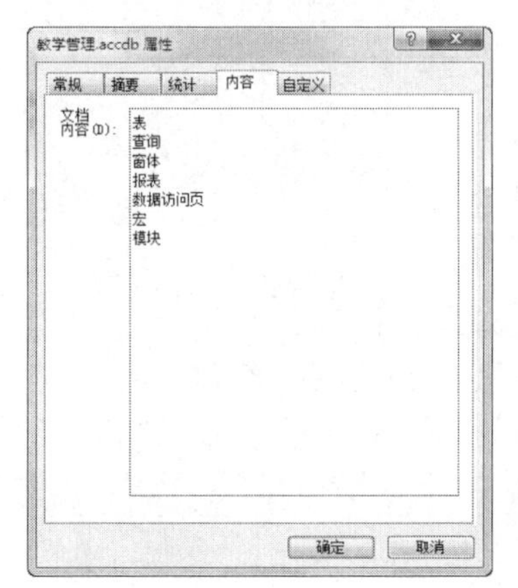

图 2–15 “内容”选项卡

图 2–16 “自定义”选项卡

图 2–17 设置“自定义”选项卡

（5）单击“确定”按钮，关闭数据库属性对话框。

2.3.3 备份数据库

在对当前数据库或项目进行重大更改之前，应先将其备份。该备份将保存在默认的备份位置或当前文件夹中。

数据库备份的操作步骤如下：

（1）打开要备份的数据库。

（2）单击“文件”选项卡→“保存并发布”→“数据库另存为”→“备份数据库”按钮，然后单击“另存为”按钮，如图 2-18 所示。

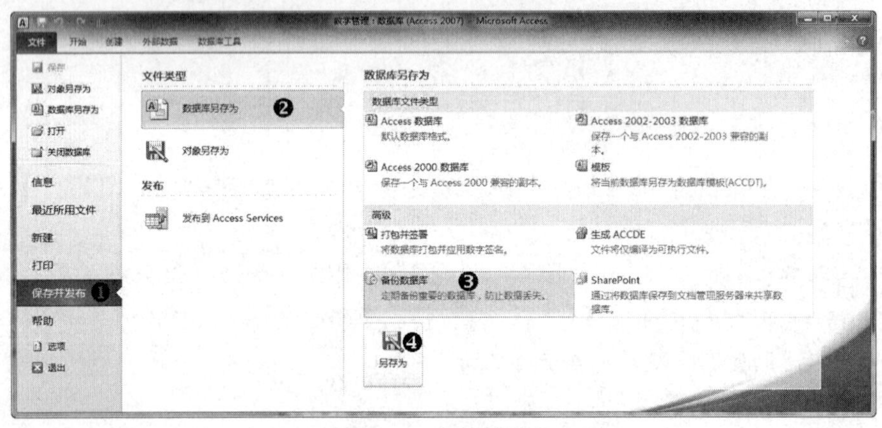

图 2-18　备份数据库

（3）弹出“另存为”对话框，在指定的位置输入备份的文件名（默认为“数据库名称 + 备份日期”），如图 2-19 所示。单击“保存”按钮，完成对数据库的备份。

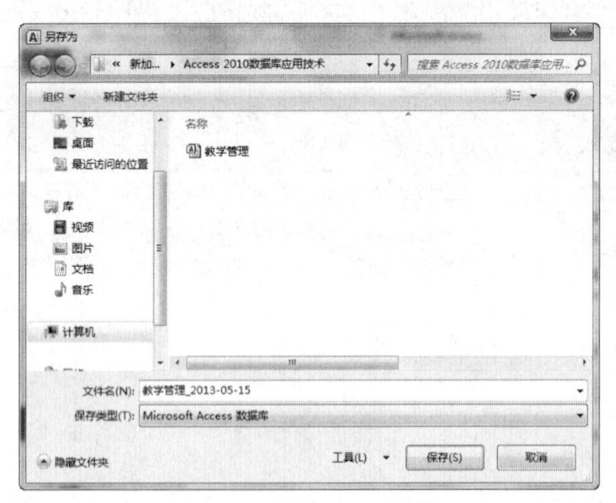

图 2-19 “另存为”对话框

提示： 数据库的备份功能类似于文件的“另存为”功能。利用 Windows 的“复制”功能或者 Access 中的“另存为”功能都可以完成数据库的备份工作。

2.3.4 压缩和修复数据库

如果在 Access 数据库中删除数据或对象，或者在 Access 项目中删除对象，文件可能会变得支离破碎，并使磁盘空间的使用效率降低。用户可以压缩 Access 文件将制作文件的副本，并重新组织文件在磁盘上的存储方式。压缩可以优化 Access 数据库和 Access 项目的性能。

多数情况下，在试图打开 Access 文件时，Microsoft Access 会检测该文件是否损坏，如果是，就会提供修复数据库的选项。如果当前的 Access 文件中含有对另一个已损 Access 文件的引用，Access 就不去尝试修复另一个文件。在某些情况下，Access 可能检测不到文件受损。如果 Access 文件表现得难以捉摸，就要压缩并修复它。

Access 可以修复以下内容：

（1）Access 数据库中表的损坏。

（2）有关 Access 文件的 VBA 工程信息丢失的情况。

（3）窗体、报表或模块中的损坏。

（4）Access 打开特定窗体、报表或模块所需信息的丢失情况。

压缩和修复数据库的操作步骤如下：

（1）打开要压缩和修复的数据库。

（2）单击“文件”选项卡→“信息”→“压缩并修复”按钮，或者单击“数据库工具”选项卡→“工具”选项组→“压缩和修复数据库”按钮。

2.3.5　设置和撤销数据库密码

1. 设置数据库密码

通过添加密码限制哪些用户能打开数据库，可以提供对数据库的有限保护。Microsoft Access 将数据库密码存储在不加密的窗体中。

如果丢失或忘记了数据库密码，将不能恢复，也将无法打开数据库。

设置数据库密码的操作步骤如下：

（1）关闭数据库。如果是共享数据库，请确保所有其他用户都已关闭了该数据库。

（2）为数据库制作一个备份，并将其存储在安全的地方。

（3）以独占方式打开数据库。

（4）单击“文件”选项卡→“信息”→“用密码进行加密”按钮，弹出“设置数据库密码”对话框，如图 2-20 所示。

图 2-20 “设置数据库密码”对话框

（5）在“密码”文本框中输入密码。

密码设置说明：

① 使用由大写字母、小写字母、数字和符号组合而成的强密码。弱密码不混合使用这些元素。例如，Y6dh!et5 是强密码，House27 是弱密码。密码长度应大于或等于 8 个字符，最好使用包括 14 个或更多个字符的密码。

② 记住密码很重要。如果忘记了密码，Microsoft 将无法找回。最好将密码记录下来，保存在一个安全的地方，这个地方应该尽量远离密码所要保护的信息。

③ 密码长度为 1 ~ 20 个字符，可以包含字母、重音符号、数字、空格和符号，但以下字符除外：

- 字符 " \ [ ] : | <> + = ; , ? *。
- 先导空格。
- 控制字符（ASCII 值为 10 ~ 31 的字符）。

④ 密码是区分大小写的。

（6）在“验证”文本框中，再次输入密码以进行确认，然后单击“确定”按钮。

下次打开数据库时，系统会弹出要求输入密码的对话框。

2. 撤销数据库密码

撤销数据库密码的操作步骤如下：

（1）关闭数据库。如果是共享数据库，请确保所有其他用户都已关闭了该数据库。

（2）为数据库制作一个备份，并将其存储在安全的地方。

（3）以独占方式打开数据库。

（4）单击“文件”选项卡→“信息”→“解密数据库”按钮，弹出“撤销数据库密码”对话框，如图 2-21 所示。

（5）在“密码”文本框中输入密码。

（6）单击“确定”按钮，完成撤销数据库密码。

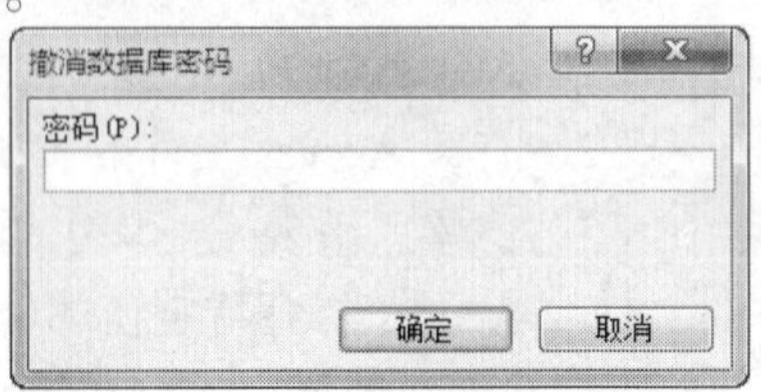

图 2-21 “撤销数据库密码”对话框

习 题 2

一、选择题

1. 利用 Access 2010 创建的数据库文件，其扩展名为（　　）。

A. .adp　　B. .dbf　　C. .accdb　　D. .mdb

2. 退出 Access 数据库管理系统可以使用的组合键是（　　）。

A. Alt+F+X　　B. Alt+X　　C. Ctrl+C　　D. Ctrl+O

3. 下列（　　）不属于压缩和修复数据库的作用。

A. 减少数据库占用空间　　B. 提高数据库打开速度

C. 美化数据库　　D. 提高运行效率

二、填空题

1. 创建数据库方式有________和________。

2. 数据库的 4 种打开方式为________、________、________和________。

三、操作题

1. 利用模板创建一个“联系人”的数据库。

2. 设置默认的数据库格式为 Access 2007，默认文件夹为“D: \Access 2010 数据库应用技术”。

3. 创建一个空数据库，并设置相关属性。数据库的名称为“教学管理”，数据库的标题为“教学管理系统”，数据库的单位为本人所在的专业，添加数据库的开发者为自己的姓名，设置数据库的打开密码为 password。

4. 对新创建的“教学管理”数据库进行压缩和备份操作。

第 3 章 表

学习目标

通过本章的学习，应该掌握以下内容：

（1）表的基本知识（表的结构、字段的数据类型）。

（2）使用数据表视图和设计视图创建数据表。

（3）字段属性的设置（字段大小、格式、输入掩码、默认值、有效性规则和有效性文本等）。

（4）编辑和维护数据表、表外观的调整。

（5）表中记录的操作（查找、替换、排序、筛选）。

（6）表的导入、链接、导出。

（7）表间关系的分类、创建和修改。

3.1 表的基本知识

表是与特定主题（如学生或课程）有关的数据的集合，一个数据库中包括一个或多个表。在 Access 中，表将数据组织成列（称为字段）和行（称为记录）的形式。

表由表结构和表内容两部分组成。表结构就是每个字段的字段名、字段的数据类型和字段属性，表内容就是表的记录。

1. 字段的命名规则

每个字段均具有唯一的名字，称为字段名称。在 Access 中，字段名称的命名规则如下：

（1）长度为 1 ~ 64 个字符。

（2）可以包含字母、汉字、数字、空格和其他符号，但不能以空格开头。

（3）不能包含句号（.）、叹号（!）、方括号（[]）和单引号（'）。

（4）不能使用 ASCII 码值为 0 ~ 32 的 ASCII 字符。

2. 字段的数据类型

在设计表的过程中，相应的字段必须使用明确的数据类型，具体的字段数据类型参见 1.6.1 节。

在“教学管理”数据库中共有 6 张表：“学生”“课程”“成绩”“教师”“授课”和“院系”。“学生”表如图 3-1 所示。

学生

学号	姓名	性别	民族	政治面貌	出生日期	所属院	
201301001	李文建	男	蒙古族	团员	1996/1/30	01	组织能力强，善于表现
201301002	郭凯琪	女	壮族	群众	1996/7/9	01	组织能力强，善于交际，
201301003	宋媛媛	女	汉族	团员	1994/12/3	01	有组织，有纪律，爱好：
201301004	张丽	女	白族	团员	1995/2/5	01	爱好：书法
201301005	马良	男	彝族	团员	1994/8/24	01	爱好：摄影
201301006	钟晓彤	女	畲族	团员	1995/9/3	01	爱好：书法
201301007	董威	男	回族	团员	1996/1/10	01	组织能力强，善于交际，
201301008	钟舒琪	女	布依族	预备党员	1994/7/19	01	爱好：绘画，摄影，运
201301009	叶蕾	女	回族	团员	1995/1/24	01	有组织，有纪律，爱好：
201301010	徐东	男	蒙古族	团员	1996/12/9	01	有上进心，学习努力
201302001	魏娜	女	回族	团员	1996/7/9	02	爱好：绘画，摄影，运
201302002	李玉英	女	汉族	团员	1995/5/26	02	组织能力强，善于交际，

记录：第 36 项(共 42 项) 无筛选器 搜索

图 3-1 “学生”表

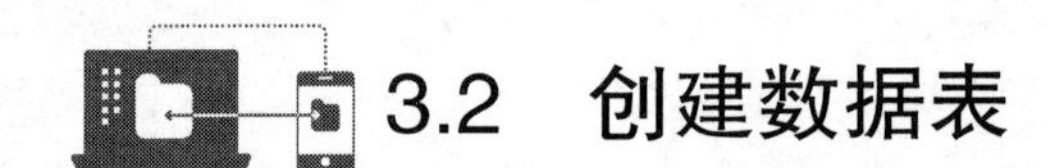

3.2 创建数据表

在 Access 数据库中，大量的数据要存储在表中，如果用户完成了数据的收集及二维表的设计，便可以进行创建表的操作。

在 Access 中，创建表的方法有以下几种：

（1）使用“数据表视图”创建表。

（2）使用“设计视图”创建表。

3.2.1 使用“数据表视图”创建表

使用“数据表视图”创建表的操作步骤如下：

（1）单击“创建”选项卡→“表格”选项组→“表”按钮。

（2）Access 将创建表，然后将光标放在“单击以添加”列中的第一个空单元格中。

（3）若要添加数据，则在第一个空单元格中开始输入，也可以从另一个数据源粘贴数据。若要重命名列（字段），则双击对应的列标题，然后输入新名称。若要移动列，则单击列标题将列选中，然后将它拖到所需位置。还可以选择若干连续列，并将它们全部一起拖到新位置。若要向表中添加更多字段，可以在数据表视图的“单击以添加”列中开始输入，也可以使用“字段”选项卡“添加和删除”组中的命令来添加新字段。

【例 3.1】用“数据表视图”方式创建“学生”表，结构如表 3-1 所示。

表 3-1 “学生”表结构

字段名称	数据类型	字段大小	是否主键
学号	文本	9	主键
姓名	文本	20	
性别	文本	1	
民族	文本	10	
政治面貌	文本	10	
出生日期	日期 / 时间		
所属院系	文本	2	
简历	备注		
照片	OLE 对象		

操作步骤如下：

（1）打开“教学管理”数据库。

（2）单击“创建”选项卡→“表格”选项组→“表”按钮，将显示一个空数据表。

（3）选择“ID”字段列，单击“表格工具”→“字段”选项卡→“属性”选项组→“名称和标题”按钮，如图 3-2 所示。

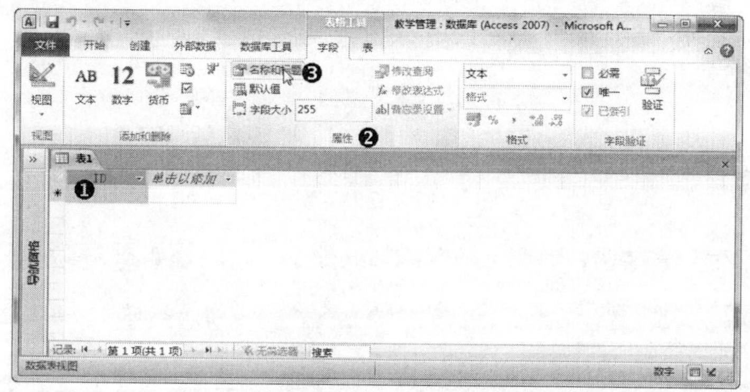

图 3-2　单击“名称和标题”按钮

（4）弹出“输入字段属性”对话框，在“名称”文本框中输入“学号”，如图 3-3 所示，单击“确定”按钮。

图 3-3　“输入字段属性”对话框

（5）选择“学号”字段列，单击“字段”选项卡→“格式”选项组→“数据类型”下拉按钮，从弹出的下拉列表中选择“文本”；在“属性”选项组中的“字段大小”文本框中输入字段大小值 9，如图 3-4 所示。

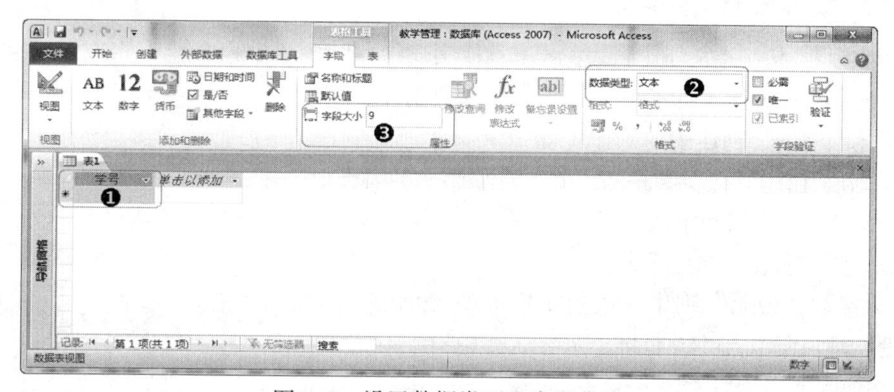

图 3-4　设置数据类型和字段大小

（6）单击“单击以添加”列的下拉按钮，从弹出的下拉列表中选择“文本”，这时 Access 自动为该新字段命名为“字段 1”，如图 3-5 所示。在“字段 1”文本框中输入“姓名”，在“属性”选项组的“字段大小”文本框中输入 20。

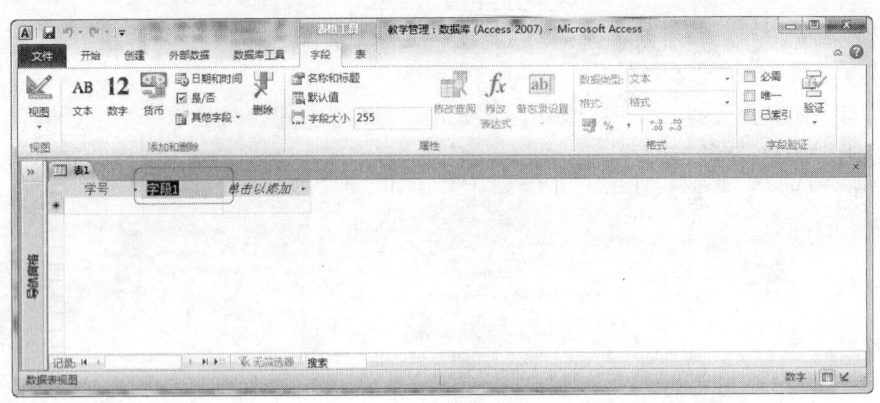

图 3-5　添加新字段

（7）按照“学生”表结构，参照上一步添加其他字段，结果如图 3-6 所示。

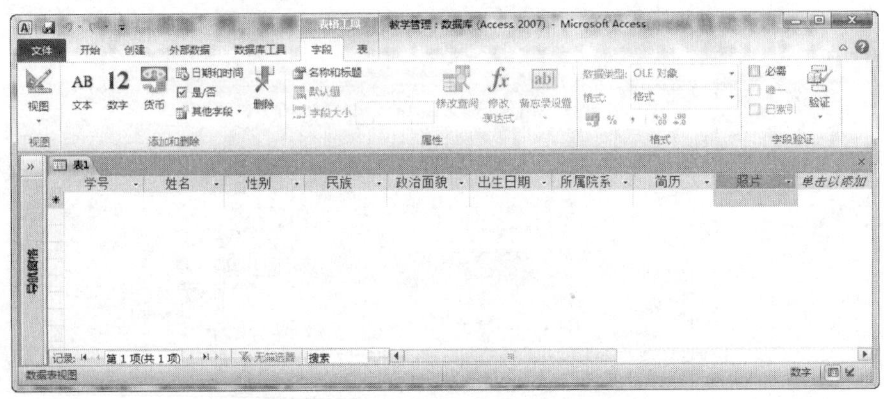

图 3-6　使用“数据表视图”建表结果

（8）单击快速访问工具栏中的“保存”按钮，以“学生”为名称保存数据表。

使用数据表视图建立表结构时无法进行更详细的属性设置。对于比较复杂的表结构，可以在创建完毕后使用设计视图进行修改。

3.2.2　使用“设计视图”创建表

在“设计视图”中，首先创建新表的结构，然后切换到“数据表视图”。既可以手动输入数据，也可以使用某些其他方法（如通过窗体）来输入数据。

使用“设计视图”创建表的操作步骤如下：

（1）单击“创建”选项卡→“表格”选项组→“表设计”按钮。

（2）对于表中的每个字段，在“字段名称”列中输入名称，然后从“数据类型”列表中选择数据类型。

（3）可以在“说明”列中输入每个字段的附加信息。当插入点位于该字段中时，所输入的说明将显示在状态栏中。

（4）添加完所有字段之后，单击“文件”选项卡→“保存”按钮，保存该表。

（5）可以通过以下方式随时开始在表中输入数据：切换到数据表视图，单击第一个空单元格，然后开始输入。

微视频3-1
使用设计视图创建表

【例3.2】使用“设计视图”创建“教师”表，其结构如表3-2所示。

表3-2 “教师”表结构

字段名称	数据类型	字段大小	是否是主键
编号	文本	7	主键
姓名	文本	4	
性别	文本	1	
出生日期	日期/时间		
学历	文本	10	
职称	文本	10	
所属院系	文本	2	
办公电话	文本	8	
手机	文本	11	
是否在职	是/否		
电子邮件	超链接		

操作步骤如下：

（1）单击“创建”选项卡→“表格”选项组→“表设计”按钮，打开表的“设计视图”。

（2）单击“设计视图”的第1行“字段名称”列，并在其中输入“编号”；单击“数据类型”列的下拉按钮，在弹出的下拉列表中选择“文本”数据类型；在字段属性区，设置字段大小为7，如图3-7所示。

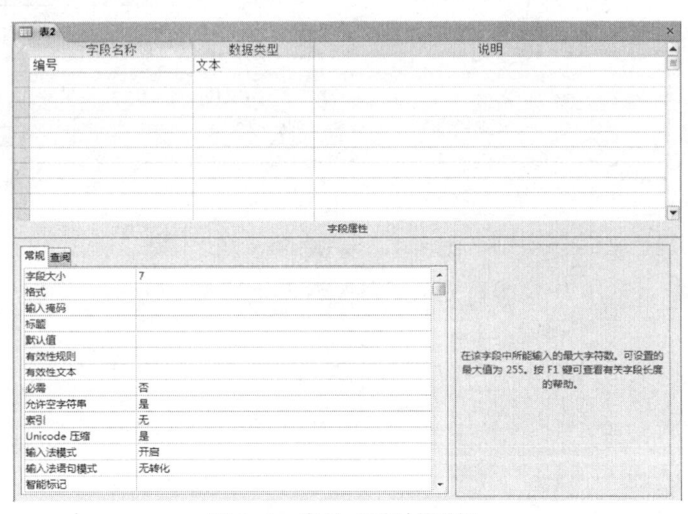

图3-7　表的“设计视图”

（3）单击“设计视图”的第2行“字段名称”列，并在其中输入“姓名”；单击“数据类型”列的下拉按钮，在弹出的下拉列表中选择“文本”数据类型。在字段属性区设置字段大小为4。

（4）按同样的方法，分别设计表中的其他字段。

（5）定义完全部字段后，单击第一个字段（“编号”字段）的字段选定器，然后单击“表格工具”→“设计”选项卡→“工具”选项组→“主键”按钮，为所建表定义一个主键。

说明：在一个数据表中，若某一字段或几个字段的组合值能够唯一标识一个记录，则称其为关键字（或键），当一个数据表有多个关键字时，可从中选出一个作为主关键字（主键）。

（6）单击快速访问工具栏中的“保存”按钮，弹出“另存为”对话框，在对话框中输入表名“教师”，保存该表。

【例 3.3】利用表的“设计视图”，设计“课程”表、“成绩”表、“院系”表和“授课”表，具体结构如表 3-3 ~ 表 3-6 所示。

表 3-3 “课程”表结构

字段名称	数据类型	字段大小	是否是主键
课程编号	文本	5	主键
课程名称	文本	30	
课程类别	文本	10	
学时	数字	整型	
学分	数字	整型	
课程简介	备注		

表 3-4 “成绩”表结构

字段名称	数据类型	字段大小	是否是主键
学号	文本	9	主键
课程编号	文本	5	主键
分数	数字	单精度型	

表 3-5 “院系”表结构

字段名称	数据类型	字段大小	是否是主键
院系编号	文本	2	主键
院系名称	文本	10	
院长姓名	文本	8	
院办电话	文本	8	
院系网址	超链接		

表 3-6 “授课”表结构

字段名称	数据类型	字段大小	是否是主键
教师编号	文本	7	主键
课程编号	文本	5	主键
学期	文本	11	
授课时间	文本	10	
授课地点	文本	20	

操作过程请参照“教师”表的创建过程，这里不再赘述。

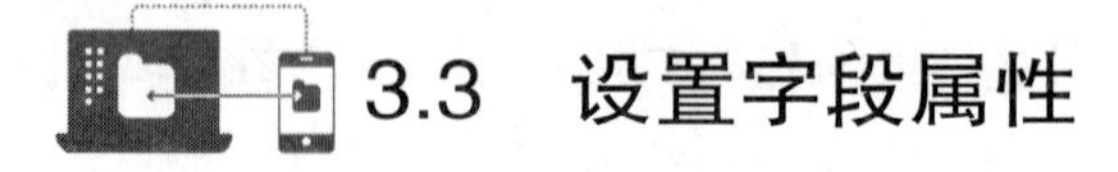

3.3 设置字段属性

在表的“设计视图”中，可对字段进行属性设置，如设置字段类型、字段大小、格式、输入掩码、有效性规则、有效性文本、标题等。

3.3.1　字段大小

使用“字段大小”属性可以设置“文本”“数字”或“自动编号”类型的字段中可保存数据的最大容量。

如果“字段类型”属性设为“文本”，则可输入 0 ~ 255 之间的一个数字（不包括小数）。

如果“字段类型”属性设为“自动编号”，字段大小属性则可设为“长整型”或“同步复制 ID”。

如果“字段类型”属性设为“数字”，则字段大小属性的设置及其值将按表 3-7 所列的方式关联。

表 3-7　数字类型字段大小的设置及说明

设　置	说　明	小数位数	存储量大小
字节	存储 0 ~ 255 之间的数字（不包括小数）	无	1 个字节
小数	存储 $-10^{38}-1$ ~ $10^{38}-1$ 之间的数字（.adp）； 存储 $-10^{28}-1$ ~ $10^{28}-1$ 之间的数字（.mdb、.accdb）	28	2 个字节
整型	存储 –32 768 ~ 32 767 之间的数字（不包括小数）	无	2 个字节
长整型	（默认）存储 –2 147 483 648 ~ 2 147 483 647 之间的数字（不包括小数）	无	4 个字节
单精度	存储 –3.402823E38 ~ –1.401298E–45 之间的负数和 1.401298E –45 ~ 3.402823E38 之间的正数	7	4 个字节
双精度	存储 –1.79769313486231E308 ~ –4.94065645841247E–324 之间的负数和 4.94065645841247E–324 ~ 1.79769313486231E308 之间的正数	15	8 个字节
同步复制 ID	全局唯一标识符（GUID）	不适用	16 个字节

3.3.2　格式

格式只影响数据的显示格式。可以使用预定义的格式，也可以使用格式符号创建自定义格式。有关特定数据类型的信息可参见帮助中的以下主题：

- “时间 / 日期”数据类型。
- “数字”和“货币”数据类型。
- “文本”和“备注”数据类型。
- “是 / 否”数据类型。

【例 3.4】将“教师”表中的“出生日期”字段的格式设置为短日期格式。

操作步骤如下：

（1）打开“教学管理”数据库。

（2）在“导航窗格”中选中“教师”表，然后右击，在弹出的快捷菜单中选择“设计视图”命令，如图 3-8 所示，打开表的“设计视图”。

（3）单击“出生日期”字段，再选中其下面字段属性中的“格式”，在右侧的下拉列表中选择“短日期”，如图 3-9 所示。

微视频3-2
设置字段的格式属性

（4）单击快速访问工具栏中的“保存”按钮，保存该表的修改。

属性设置完后，可查看效果。方法是：单击“表格工具”→“设计”选项卡→“视图”选项组→“视图”下拉列表中的“数据表视图”按钮，如图 3-10 所示，切换到“数据表视图”。在“出生日期”列中输入一个日期，例如“1970-12-26”，查看效果。

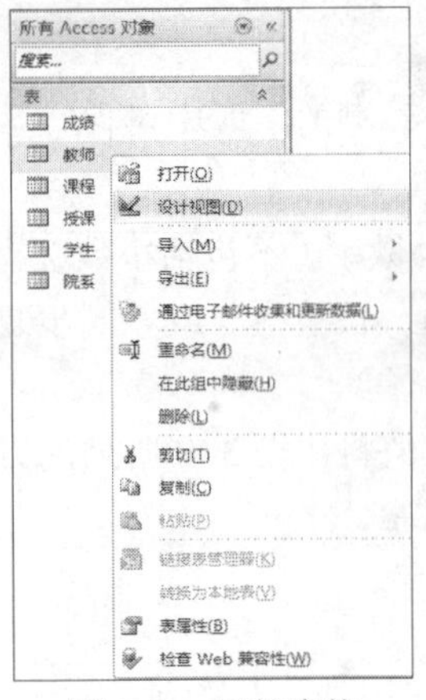

图 3-8 导航窗格

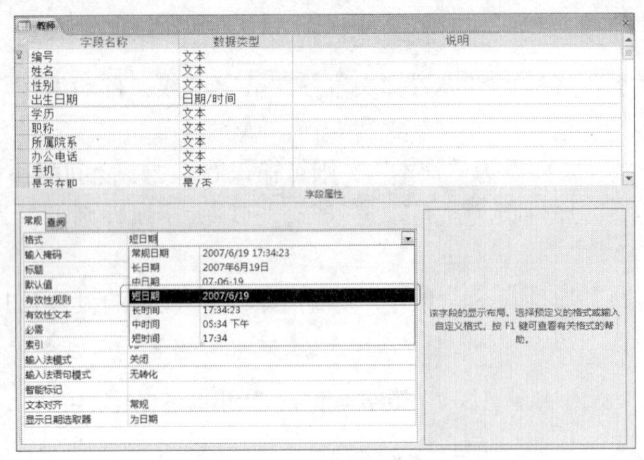

图 3-9 “短日期”格式

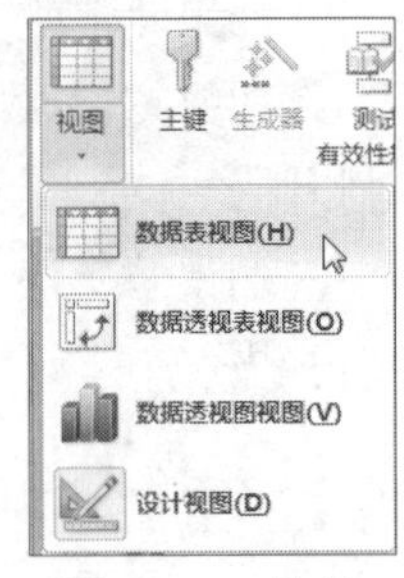

图 3-10 选择“数据表视图”

3.3.3 输入掩码

在输入数据时，如果希望输入的格式标准保持一致，或希望检查输入时的错误，则可以使用输入掩码。定义输入掩码属性所使用的字符及其说明如表 3-8 所示。

表 3-8 输入掩码字符及其说明

字　符	说　明
0	数字（0 ~ 9，必选项；不允许使用加号“+”和减号“-”）
9	数字或空格（非必选项；不允许使用加号和减号）
#	数字或空格（非必选项；空白将转换为空格，允许使用加号和减号）
L	字母（A ~ Z，必选项）
?	字母（A ~ Z，可选项）
A	字母或数字（必选项）
a	字母或数字（可选项）
&	任意一个字符或空格（必选项）
C	任意一个字符或空格（可选项）
. , : ; - /	十进制占位符和千位、日期和时间分隔符（实际使用的字符取决于 Windows 控制面板中指定的区域设置）
<	使其后所有的字符转换为小写
>	使其后所有的字符转换为大写
!	使输入掩码从右到左显示，而不是从左到右显示。输入掩码中的字符始终都是从左到右输入。可以在输入掩码中的任何地方包括感叹号
\	使其后的字符显示为原义字符可用于将该表中的任何字符显示为原义字符（如 \A 显示为 A）
密码	将“输入掩码”属性设置为“密码”，以创建密码项文本框。文本框中输入的任何字符都按字面字符保存，但显示为“*”

【例 3.5】将“教师”表中的“办公电话”字段的输入掩码设置为“010-********”形式。其中，“010-”部分自动输出，后 8 位为 0 ~ 9 的数字显示。

操作步骤如下：

（1）打开“教学管理”数据库。

（2）在“导航窗格”中选中“教师”表，然后右击，在弹出的快捷菜单中选择“设计视图”命令，打开表的“设计视图”。

微视频3-3
设置字段的输入掩码属性

（3）单击“办公电话”字段，再选中其下面的字段属性中的“输入掩码”，在右侧的文本框中输入 "010-"00000000（这里的双引号要在英文状态下输入），如图 3-11 所示。

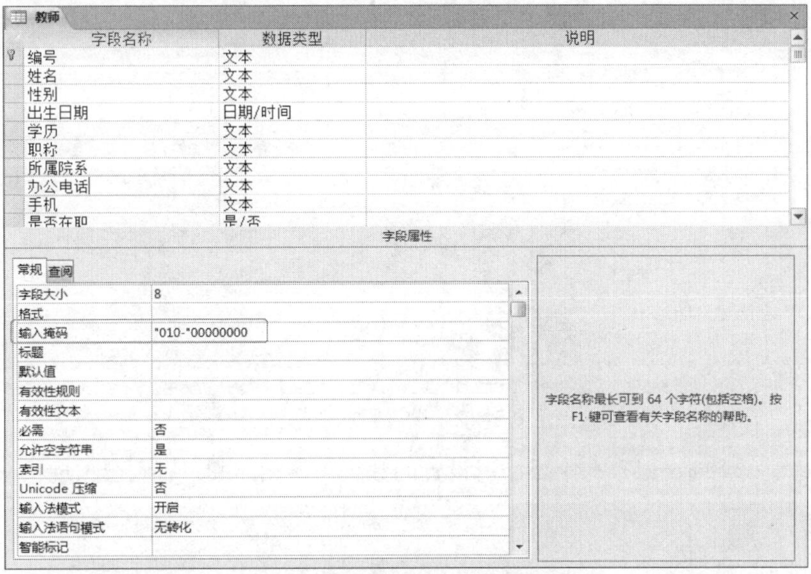

图 3-11　“输入掩码”属性设置

（4）单击快速访问工具栏中的“保存”按钮，保存该表的修改。

属性设置完后，可切换到数据表视图查看效果。方法是单击“表格工具”→“设计”选项卡→“视图”选项组→“视图”下拉列表中的“数据表视图”按钮，切换到表的“数据表视图”。在“办公电话”列中输入数字或字母，查看效果。

3.3.4　默认值

使用默认值属性可以指定一个值，该值在新建记录时会自动输入到字段中。例如，在“学生”表中可以将“性别”字段的默认值设为“男”。当用户在表中添加记录时，既可以接受该默认值，也可以输入其他内容。

【例 3.6】将“教师”表中“是否在职”字段的“默认值”属性设置为真值。

微视频3-4
设置字段的默认值属性

操作步骤如下：

（1）打开“教学管理”数据库。

（2）在“导航窗格”中选中“教师”表，然后右击，在弹出的快捷菜单中选择“设计视图”命令，打开表的“设计视图”。

（3）单击“是否在职”字段，在“默认值”属性框中输入 True，结果如图 3-12 所示。

（4）单击快速访问工具栏中的“保存”按钮，保存该表的修改。

输入文本值时，也可以不加双引号，系统会自动加上双引号。设置默认值后，在生成新记录时，将这个默认值插入到相应的字段中。默认值只能更新新记录，不会自动应用于已有记录。

也可以使用 Access 表达式来定义默认值。例如，若在输入某“日期 / 时间”型字段值时插入当前系统日期，可以在该字段的“默认值”属性框中输入表达式 Date()。

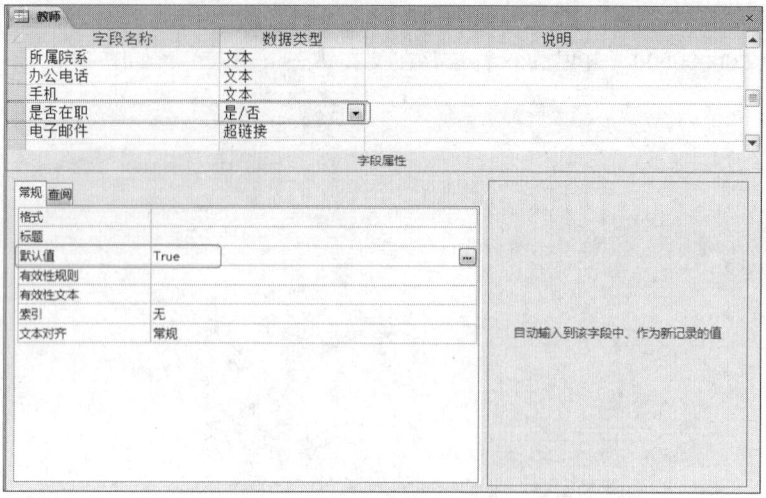

图 3-12　设置默认值属性

设置默认值属性时，必须与字段中所设置的数据类型相匹配，否则会出现错误。

3.3.5　标题

字段标题是字段的别名，它被应用在表、窗体和报表中。

如果某一字段未设置标题，系统将字段名称当成字段标题。因为可以设置字段标题，所以用户在定义字段名称时可以使用简单的符号进行定义，这样大大方便了对表的操作。

3.3.6　有效性规则和有效性文本

定义字段的有效性规则是给表输入数据时设置字段值的约束条件，即用户自定义完整性约束。

在给表输入数据时，若输入的数据不符合字段的有效性规则，系统将显示提示信息，但往往给出的提示信息并不是很明确。因此，可以通过定义有效性文本来解决。

【例 3.7】将“教师”表中“性别”字段的“有效性规则”属性设置为只能输入男或女，有效性文本设置为“请输入男或女”。

操作步骤如下：

（1）打开“教学管理”数据库。

（2）在“导航窗格”中选中“教师”表，然后右击，在弹出的快捷菜单中选择“设计视图”命令，打开表的“设计视图”。

（3）单击“性别”字段，在“有效性规则”属性框中输入“" 男 " Or " 女 "”，在“有效性文本”属性框中输入“请输入男或女”，结果如图 3-13 所示。

微视频3-5
设置字段的有效性规则属性

（4）单击快速访问工具栏中的“保存”按钮，保存该表的修改。

属性设置完后，可对其进行检验。方法是单击“表格工具”→“设计”选项卡→“视图”选项组→“视图”下拉列表中的“数据表视图”按钮，切换到表的“数据表视图”。在性别列中输入一个不在合法范围内的文字，例如“南”，按【Enter】键，这时屏幕上会立即显示提示对话框，如图 3-14 所示。

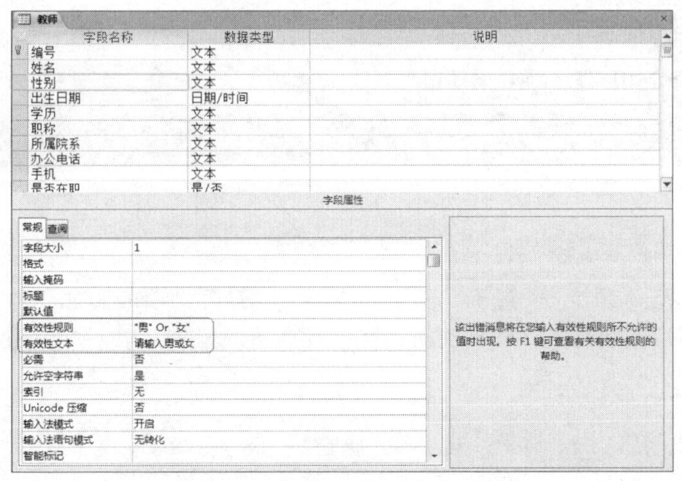

图 3-13　有效性规则和有效性文本的设置

图 3-14　测试有效性规则及有效性文本

输入的值与有效性规则发生冲突时，系统拒绝接收此数值。有效性规则能检查错误的输入或不符合逻辑的输入。

3.3.7　表的索引

1. 索引

索引是按索引字段或索引字段集的值使表中的记录有序排列的一种技术，在 Access 中，通常是借助于索引文件来实现记录的有序排列。索引技术除可以重新排列数据顺序外，还是建立同一数据库内各表间的关联关系的必要前提。换句话说，在 Access 中，对于同一个数据库中的多个表，若想建立多个表间的关联关系，必须以关联字段建立索引，从而建立数据库中多个表间的关联关系。

索引技术为 SQL 查询语言提供相应的技术支持，建立索引可以加快表中数据的查询，给表中数据的查找与排序带来很大的方便。

2. 索引类型

索引按功能可以分为 3 种类型，如表 3-9 所示。

表 3-9　索引类型及功能

索 引 类 型	功　能
唯一索引	索引字段的值不能相同，即没有重复值。若给该字段输入重复值，系统会提示操作错误，若已有重复值的字段要创建索引，则不能创建唯一索引
普通索引	索引字段的值可以相同，即有重复值
主索引	在 Access 中，同一个表可以创建多个唯一索引，其中一个可设置为主索引，且一个表只有一个主索引

3. 创建索引

创建索引的操作步骤如下：

（1）打开数据库。

（2）以“设计视图”方式打开确定要创建索引的表。

（3）在表的“设计视图”中，选定要建立索引的字段，在“索引”下拉列表中选择“索引”选项。

在 Acccss 中，索引属性选项有 3 个，具体说明如表 3–10 所示。

表 3–10 索引属性选项说明

索引属性值	说 明
无	该字段不建立索引
有（有重复）	以该字段建立索引，且字段中的内容可以重复
有（无重复）	以该字段建立索引，且字段中的内容不能重复。这种字段适合做主键

注意：单击“表格工具”→“设计”选项卡→“显示 / 隐藏”选项组→“索引”按钮，弹出“索引”窗口，如图 3–15 所示。用户可以根据需求确定索引名称、字段名称、排序次序（升序、降序）。

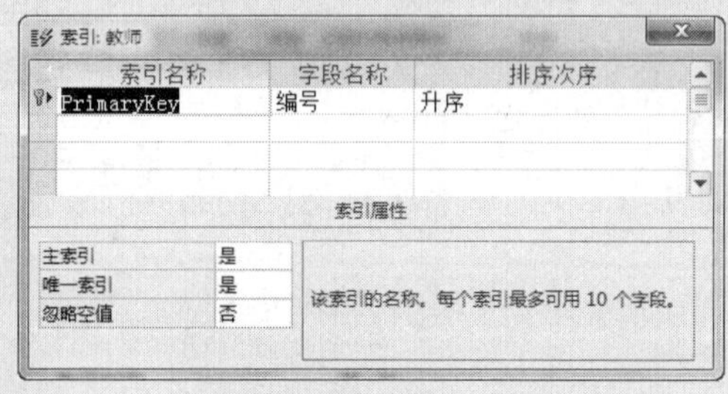

图 3–15 “索引”窗口

（4）保存表，结束表的索引的建立。

【例 3.8】将“教师”表中的“姓名”字段设置为“有（有重复）”索引。

操作步骤如下：

（1）打开“教学管理”数据库。

（2）在“导航窗格”中选中“教师”表，然后右击，在弹出的快捷菜单中选择“设计视图”命令，打开表的“设计视图”。

（3）单击“姓名”字段，再选中其下面字段属性中的“索引”，在右侧的下拉列表中选择“有（有重复）”，如图 3–16 所示。

微视频3–6
设置字段的索引属性

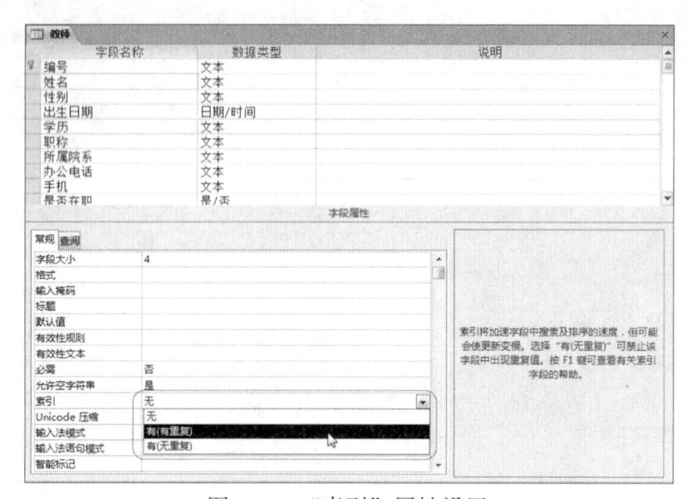

图 3–16 “索引”属性设置

（4）单击快速访问工具栏中的“保存”按钮，保存该表的修改。

3.4 编辑与维护数据表

3.4.1 打开和关闭表

表建好后，如果需要，还可以对其进行修改。例如，修改表的结构、编辑表中的数据、浏览表中的记录等，在进行这些操作之前，要打开相应的表；完成操作后，要关闭表。

1. 打开表

在Access中，可以在“数据表视图”中打开表，也可以在“设计视图”中打开表。

【例3.9】使用“数据表视图”打开“教师”表。

操作步骤如下：

（1）打开“教学管理”数据库。

（2）在“导航窗格”中双击“教师”表，即打开表。

在“数据表视图”中打开表以后，可以在该表中输入新的记录，修改已有的数据，删除不需要的记录，添加字段（插入列操作），删除字段（删除列操作）或修改字段名称（重命名列操作）。如果要修改字段的类型或属性，应切换到表的“设计视图”，或在“设计视图”中打开表。

【例3.10】使用“设计视图”打开“教师”表。

操作步骤如下：

（1）打开“教学管理”数据库。

（2）在“导航窗格”中选中“教师”表，然后右击，在弹出的快捷菜单中选择“设计视图”命令，打开表的“设计视图”。

此时，也可以单击“表格工具”→“设计”选项卡→“视图”选项组→“视图”下拉列表中的“数据表视图”按钮，切换到“数据表视图”。

2. 关闭表

在Access中，表操作结束后，应该将其关闭。无论表是处于“数据表视图”状态，还是在“设计视图”状态，单击窗口右上角的“关闭”按钮都可以将打开的表关闭。在关闭表的过程中，如果先前对表的结构或布局进行了修改，系统会弹出一个提示对话框，询问用户是否保存所做的修改。单击“是”按钮保存所做的修改；单击“否”按钮放弃所做的修改；单击“取消”按钮则取消关闭操作。

3.4.2 修改表结构

在设计表结构时，用户要认真地设计表中每一个字段的属性，除字段名、字段类型、字段大小之外，还要考虑对字段显示格式、字段输入掩码、字段标题、字段默认值、字段有效性规则及有效性文本等属性进行定义。

另外，在设计表结构时，若考虑不周，或不能适应特殊情况的需求时，Access系统允许对表结构进行修改。

1. 修改字段名

操作步骤如下：

（1）打开要修改结构的表的“设计视图”。

（2）选定要修改的字段，更改字段名称。

（3）单击快速访问工具栏中的“保存”按钮，保存表的修改。

2. 插入新字段

操作步骤如下：

（1）打开要修改结构的表的“设计视图”。

（2）选定插入字段的位置，单击“表格工具”→“设计”选项卡→“工具”选项组→“插入行”按钮，插入一个空行，输入字段名称，设置字段类型及属性。

（3）单击快速访问工具栏中的“保存”按钮，保存表的修改。

3. 删除已有的字段

操作步骤如下：

（1）打开要修改结构的表的“设计视图”。

（2）选定要删除的字段行，单击“表格工具”→“设计”选项卡→“工具”选项组→“删除行”按钮，可以删除一个字段。

（3）单击快速访问工具栏中的“保存”按钮，保存表的修改。

4. 更新字段类型

操作步骤如下：

（1）打开要修改结构的表的“设计视图”。

（2）选定要更新类型的字段，在右侧的“数据类型”下拉列表中选择所需的字段类型。

（3）单击快速访问工具栏中的“保存”按钮，保存表的修改。

5. 修改字段大小

操作步骤如下：

（1）打开要修改结构的表的“设计视图”。

（2）选定修改字段长度的字段，在“常规”选项卡“字段大小”右侧的文本框中输入相应的大小或打开其“字段大小”对应的下拉列表，选择所需的字段类型并由系统确定字段长度。

（3）单击快速访问工具栏中的“保存”按钮，保存表的修改。

3.4.3 向表中输入数据

表结构设计完成后，便可以输入数据记录，但必须在“数据表视图”中打开表。

1. 使用“数据表视图”

【例 3.11】为表对象“学生”输入 3 条记录，输入内容如表 3-11 所示。

表 3-11 3 条记录

学号	姓名	性别	民族	政治面貌	出生日期	所属院系	简历	照片
201301001	李文建	男	蒙古族	团员	1996-1-30	01	组织能力强，善于表现自己	
201301002	郭凯琪	女	壮族	群众	1996-7-9	01	组织能力强，善于交际，有上进心	照片
201301003	宋媛媛	女	汉族	团员	1994-12-3	01	有组织，有纪律，爱好相声和小品	

操作步骤如下：

（1）在“数据表视图”中打开“学生”表。

（2）从第一个空记录的第 1 个字段分别开始输入，当输入到照片字段时，将鼠标指针指向要输入照片记录的“照片”字段列，然后右击，在弹出的快捷菜单中选择“插入对象”命令，在弹出的新窗口中选择“由文件创建”单选按钮，单击“浏览”按钮，选择存储图片的文件夹，在列表框中找到并选中所需的图片文件，然后单击“确定”按钮关闭“浏览”对话框，再单击“确定”按钮，完成照片的输入。

（3）全部记录输入完成后，单击快速访问工具栏中的“保存”按钮，保存表中的数据。

2. 创建查阅列表字段

一般情况下，表中大部分字段值都来自直接输入的数据，或从其他数据源导入的数据。如果某个字段值是一组固定数据，如“学生”表中的“政治面貌”字段值为“团员”“预备党员”“群众”和“其他”，那么输入时，通过手工直接输入显然比较麻烦。此时可将这组固定值设置为一个列表，从列表中选择，既可以提高输入效率，又可以降低输入强度。

【例 3.12】为表对象“学生”中的“政治面貌”字段创建查阅列表，列表中显示“团员”“预备党员”“群众”和“其他”。

操作步骤如下：

（1）打开“学生”表的“设计视图”。

（2）选择“政治面貌”字段。

（3）在“数据类型”右侧的下拉列表中选择“查阅向导”，弹出“查阅向导”的第一个对话框，选择“自行键入所需的值”单选按钮，如图 3–17 所示。

微视频3–7
设置字段的数据类型为查阅列表

（4）单击“下一步”按钮，弹出“查阅向导”的第二个对话框。在“第 1 列”的每行中依次输入“团员”“预备党员”“群众”“其他”，每输入完一个值按【Tab】键或向下箭头转到下一行，列表设置结果如图 3–18 所示。

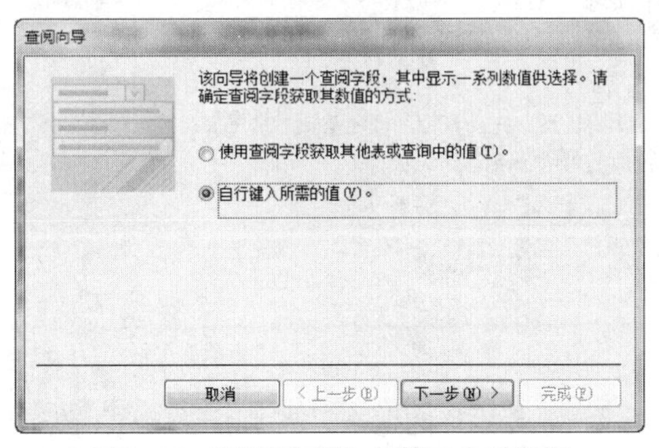

图 3–17　“查阅向导”的第一个对话框

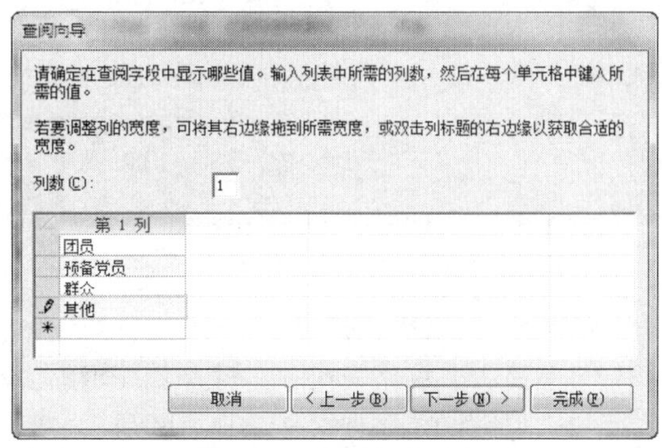

图 3–18　列表设置结果

（5）单击“下一步”按钮，弹出“查阅向导”的最后一个对话框。在该对话框中的“请为查阅列表指定标签”文本框中输入名称，本例使用默认值。单击“完成”按钮。

（6）这时“政治面貌”的查阅列表设置完成，切换到“数据表视图”，可以看到“政治面貌”字段值右侧出现向下箭头，单击此箭头，会弹出一个下拉列表，列表中列出了“团员”“预备党员”“群众”“其他”。

3.4.4 编辑表内容

编辑表中内容是为了确保表中数据的准确，使所建表能够满足实际需要。编辑表中内容的操作主要包括定位记录、选择记录、添加记录、删除记录、修改数据以及复制数据等。

1. 定位记录

数据表中有了数据后，修改是经常要做的操作，其中定位和选择记录是首要工作。在Access中可以使用记录定位器来定位，如图3–19所示。

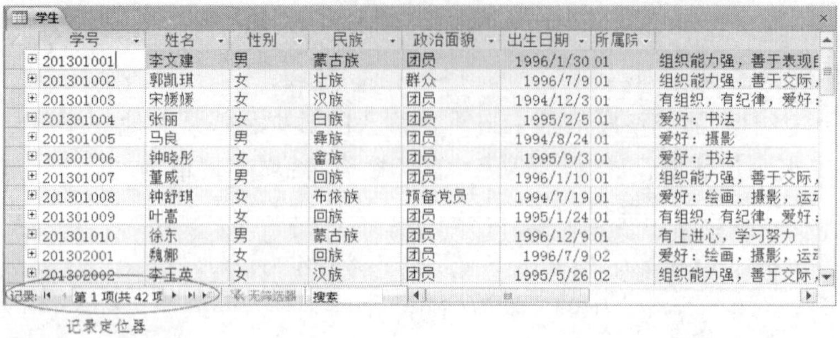

图3–19 记录定位器

2. 选择记录

在“数据表视图”中，选择数据或记录的操作方法如表3–12所示。

表3–12 选择数据或记录的操作方法

数据范围	操作方法
字段中的部分数据	单击数据开始处，拖动鼠标到结尾处
字段中的全部数据	移动鼠标到字段左侧，待鼠标指针变成➡后单击
相邻多字段的数据	移动鼠标到第一个字段左侧，待鼠标指针变成➡后，拖动鼠标到最后一个字段的尾部
一列数据	单击该列的字段选定器
多列数据	移动鼠标到第一个字段左侧，待鼠标变为向下箭头后，拖动鼠标到选定范围的结尾列，或选中第一列，然后按住【Shift】键，再单击选定范围的结尾列
一条记录	单击该记录的记录选定器
多条记录	单击第一条记录的记录选定器，按住鼠标左键，拖动鼠标到选定范围的结尾处；或选中第一条记录，按住【Shift】键，再单击选定范围的最后一条记录
所有记录	单击数据表左上角的“全选”按钮；或按【Ctrl＋A】组合键

3. 添加记录

添加记录的操作步骤如下：

（1）使用“数据表视图”打开要编辑的表。

（2）可以将光标直接移动到表的最后一行，直接输入要添加的数据；或单击“开始”选项卡→“记录”选项组→“新建”按钮，待光标移到表的最后一行后输入要添加的数据；或单击“记录定位器”上的“新（空白）记录”按钮，待光标移到表的最后一行后输入要添加的数据。

4. 删除记录

删除记录的操作步骤如下：

（1）使用“数据表视图”打开要编辑的表。

（2）选中要删除的记录（一条或多条）。

（3）单击“开始”选项卡→“记录”选项组→“删除”按钮，在弹出的“删除记录”提示对话框中单击“是”按钮。

注意： 删除操作是不可恢复的操作，在删除记录前要确认该记录是否是要删除的记录。

5. 修改数据

修改数据的操作步骤如下：

（1）使用“数据表视图”打开要编辑的表。

（2）将光标移到要修改数据的相应字段直接修改。

6. 复制数据

在输入或编辑数据时，有些数据可能相同或相似，这时可以使用复制和粘贴操作将某字段中的部分或全部数据复制到另一个字段中。操作步骤如下：

（1）使用“数据表视图”打开要修改数据的表。

（2）选中要复制的数据或记录。

（3）单击“开始”选项卡→“剪贴板”选项组→“复制”按钮。

（4）找到要复制的位置，单击“开始”选项卡→“剪贴板”选项组→“粘贴”按钮。

3.4.5　表的导入或链接

Access 为使用外部数据源的数据提供了两种选择：导入和链接。

将数据导入到新的 Access 表中，这是一种将数据从不同格式转换并复制到 Access 中的方法。也可以将数据库对象导入到另一个 Access 数据库。

链接到数据是一种链接到其他应用程序中的数据但不将数据导入的方法，在原始应用程序和 Access 文件中都可以查看并编辑这些数据。

可以导入或链接来自于多种受到支持的数据库、程序和文件格式的数据。

在导入电子表格中的数据之前，要确保电子表格中的数据必须以适当的表格形式排列，并且电子表格每一字段（列）中都具有相同的数据类型，每一行中也都具有相同的字段。

操作步骤如下：

（1）打开数据库。

（2）单击“外部数据”选项卡→“导入并链接”选项组→ Excel 按钮。

（3）在“获取外部数据 –Excel 电子表格”对话框的“文件名”文本框中，指定要导入的数据所在的 Excel 文件的文件名。或单击“浏览”按钮，在弹出的对话框中找到想要导入的文件。

（4）指定所导入数据的存储方式。要将数据存储在新表中，则选择“将源数据导入当前数据库的新表中”单选按钮。稍后会提示命名该表。若要将数据追加到现有表中，则选择“向表中追加一份记录的副本”单选按钮，然后从下拉列表中选择表。如果数据库不包含任何表，则此选项不可用。

（5）单击“确定”按钮，将会启动“导入电子表格向导”，并引导用户完成整个导入过程。

可以导入或链接电子表格中的全部数据，或者只是来自指定范围单元格中的数据。尽管用户通常是在 Access 中新建一个表来导入或链接，但只要电子表格列标题与表字段名相匹配，就同样可以在已有表上追加数据。

Access 将试图对导入的字段赋予合适的数据类型，但是应该检查字段，确认它们是否要设置为所希望的数据类型。例如，在 Access 数据库中，电话号码或邮政编码字段可能以数字字段导入，但在 Access 中应该改为文本字段，因为这些类型的字段进行的任何计算都不是所希望的。必要时还应检查和设置字段属性（如设置格式）。

【例 3.13】将 Excel 文件“教师 .xlsx”导入“教学管理”数据库原有的“教师”表中。

操作步骤如下：

（1）打开“教学管理”数据库。

（2）单击“外部数据”选项卡→“导入并链接”选项组→ Excel 按钮，弹出图 3-20 所示的对话框。

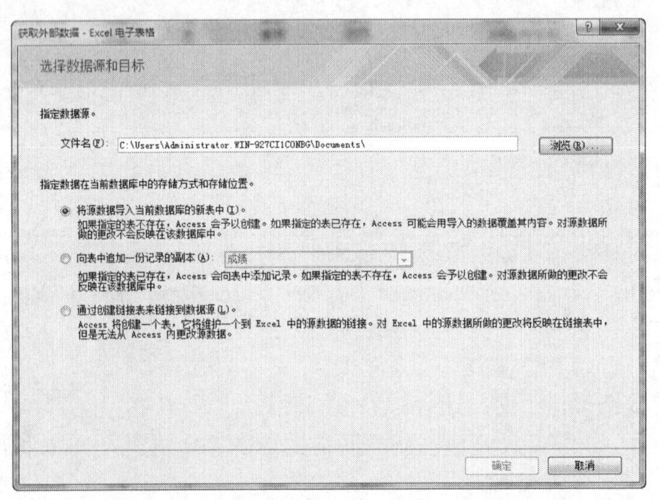

图 3-20 “获取外部数据 -Excel 电子表格”对话框

（3）在“获取外部数据 -Excel 电子表格”对话框的“文件名”文本框中，指定要导入的数据所在的 Excel 文件的文件名，这里选择“教师 .xlsx”文件。

（4）选择“向表中追加一份记录的副本”单选按钮，并在右侧的下拉列表框中选择“教师”，单击“确定”按钮，弹出“导入数据表向导”对话框，然后按照提示即可完成导入工作。

注意：“链接”操作和“导入”操作类似，只是在“获取外部数据 -Excel 电子表格对话框”对话框中选择的是“通过创建链接表来链接到数据源”单选按钮，其他操作和“导入”操作类似，这里不再赘述。

【例 3.14】将 Excel 文件“学生 .xlsx”“课程 .xlsx”“成绩 .xlsx”“院系 .xlsx”“授课 .xlsx”导入“教学管理”数据库中。

操作过程不再赘述，请读者自行完成。

3.4.6 表的导出

导出是一种将数据和数据库对象输出到其他数据库、电子表格或其他格式文件中，以便其他数据库、应用程序或程序可以使用该数据或数据库对象。导出在功能上与复制和粘贴相似。可以将数据导出到各种支持的数据库、程序和文件中，也可以将数据库对象从 Access 数据库导出到其他 Access 数据库中。

【例 3.15】将“教师”表数据导出到 C 盘根目录下，文件格式为“Excel 工作簿（*.xlsx）”，命名为“教师”。

操作步骤如下：

（1）打开“教学管理”数据库。

（2）在“导航窗格”窗口中选中“教师”表。

（3）单击“外部数据”选项卡→“导出”选项组→ Excel 按钮。

（4）在弹出的“导出 –Excel 电子表格”对话框中，设置文件名、文件格式以及指定导出选项，如图 3–21 所示。

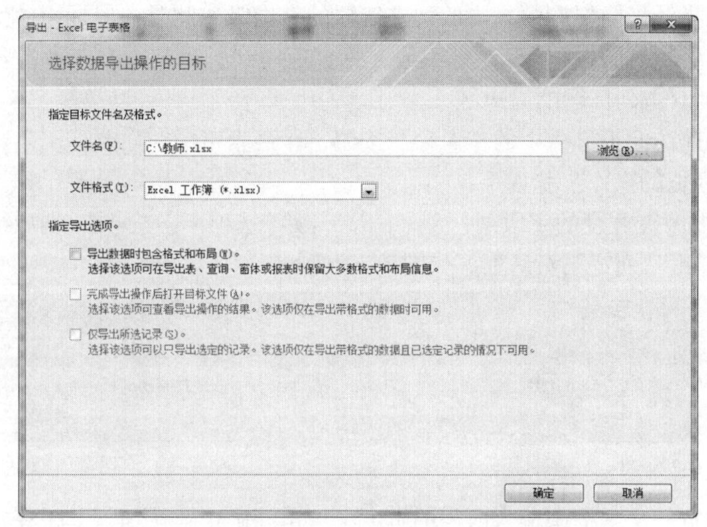

图 3–21　“导出 –Excel 电子表格”对话框

（5）单击“确定”按钮，完成导出操作。

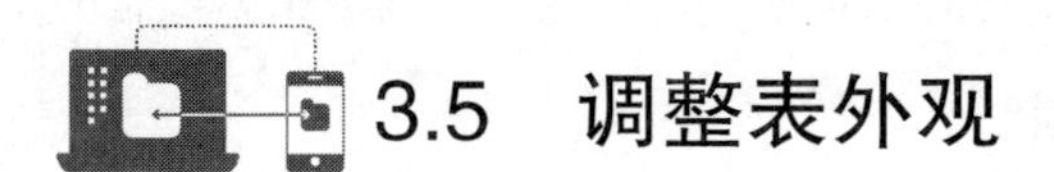

3.5　调整表外观

调整表的结构和外观是为了使表看上去更清楚、美观。调整数据表外观的操作包括调整行高和列宽、改变字段显示次序、隐藏字段、冻结字段、调整表中网格线样式及背景颜色、设置字体等。

3.5.1　调整表的行高和列宽

根据需要，用户可以调整数据表的行高或字段宽度。调整行高和列宽有两种方法：鼠标和命令。

1. 调整行高

用鼠标调整行高的操作步骤如下：

（1）在“数据表视图”下打开表。

（2）将鼠标指针放在数据表左侧任意两个记录的选定器之间，此时，鼠标指针变成十字形并带有上下双向箭头形状，然后按住鼠标左键不放，一直拖动到所需行高后释放鼠标。

（3）单击快速访问工具栏中的“保存”按钮，保存表布局的修改。

用命令调整行高的操作步骤如下：

（1）单击“数据表”中任一单元格，然后单击“开始”选项卡→“记录”选项组→“其他”→“行高”按钮，弹出“行高”对话框，如图3-22所示。

（2）在“行高”文本框中输入所需的行高值，单击“确定”按钮。

2. 调整列宽

用鼠标调整列宽的操作步骤如下：

（1）在“数据表视图”下打开表。

（2）将鼠标指针指向要调整大小的列选定器的右边缘，此时，鼠标指针变成十字形并带有左右双向箭头形状，然后按住鼠标左键不放，一直拖动到所需列宽。或者，若要调整列宽以适合其中的数据，则双击列标题的右边缘。

（3）单击快速访问工具栏中的“保存”按钮，保存表布局的修改。

用命令调整列宽的操作步骤如下：

（1）先选择要改变宽度的字段列，然后单击“开始”选项卡→“记录”选项组→“其他”→“字段宽度”按钮，弹出“列宽”对话框，如图3-23所示。

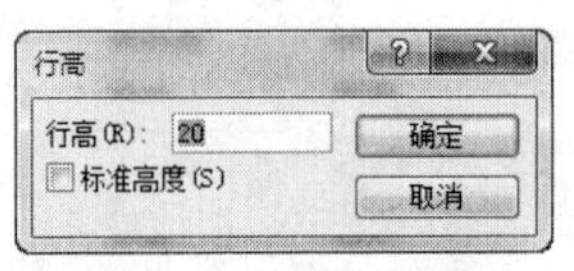

图3-22 “行高”对话框

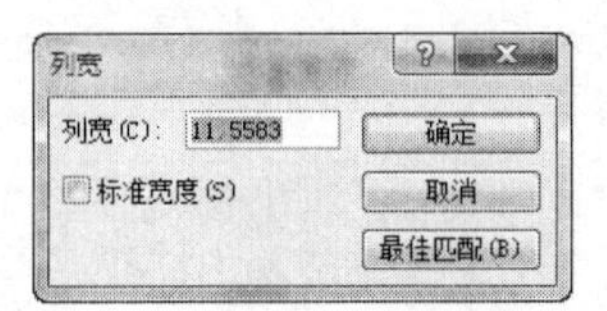

图3-23 “列宽”对话框

（2）在“列宽”文本框中输入所需的宽度，单击“确定”按钮。如果在“列宽”对话框中输入的值为0，则隐藏该字段列。

不能用“撤销”命令来撤销对列宽和行高的更改。若要撤销更改，需关闭数据表，然后在提示是否保存数据表布局更改时，单击“全否”按钮。该操作还将撤销任何其他已有的布局更改。

3.5.2 调整字段显示次序

当以“数据表视图”打开表时，Access显示的数据表中的字段次序与其在表设计中出现的次序相同。根据需要，可以进行字段次序重新设置，这里对字段次序重新设置仅改变显示的数据表的字段次序外观，并不会改变这些字段在原来的表设计中的次序。

【例3.16】将“学生”表中的“学号”字段和“姓名”字段位置互换。

操作步骤如下：

（1）打开“学生”表的“数据表视图”。

（2）将鼠标指针定位在“学号”列的字段上，单击，此时“学号”列被选中。

（3）将鼠标指针放在“学号”列的字段名上，然后按住鼠标左键并拖动到“姓名”字段后，释放鼠标左键，完成“学号”“字段”和“姓名”字段的位置互换。

3.5.3 隐藏和显示字段

在“数据表视图”中，为了便于查看表中的主要数据，可以将某些字段列暂时隐藏起来，需要时再将其显示出来。

1. 隐藏字段

隐藏字段的操作步骤如下：

（1）在“数据表视图”下打开表。

（2）选定需要隐藏的列，单击“开始”选项卡→“记录”选项组→“其他”→“隐藏字段”按钮。

2. 取消隐藏字段

取消隐藏字段的操作步骤如下：

（1）在“数据表视图”下打开表。

（2）单击“开始”选项卡→“记录”选项组→“其他”→“取消隐藏字段”按钮，弹出“取消隐藏列”对话框，如图3-24所示。

（3）在“取消隐藏列”对话框中，单击隐藏列的字段名，单击“关闭”按钮即取消隐藏列。

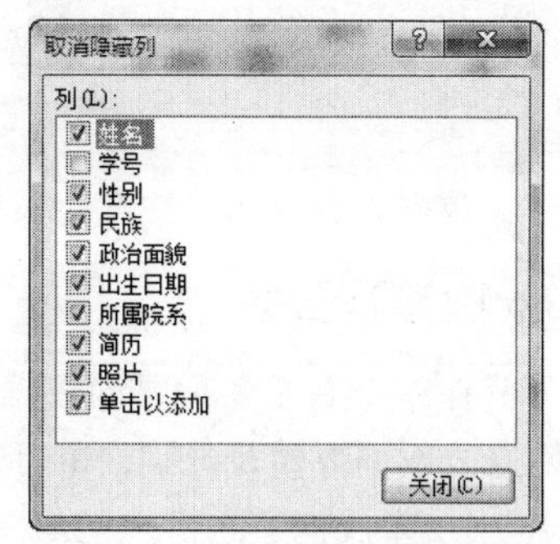

图3-24　“取消隐藏列”对话框

3.5.4　冻结字段/解除对所有字段的冻结

在对表中数据浏览或编辑时，可以冻结数据表中的一列或多列，这些列都会成为最左侧的列，并且始终可见。

1. 冻结字段

冻结字段的操作步骤如下：

（1）在“数据表视图”下打开表。

（2）选定要冻结的列。

- 若要选定一列，可单击该列的字段选定器。
- 若要选定多列，可单击列字段选定器，一直拖动到选定范围的末尾。

（3）单击“开始”选项卡→“记录”选项组→“其他”→“冻结字段”按钮。

2. 解除对所有字段的冻结

解除对所有字段冻结的操作步骤如下：

（1）在“数据表视图”下打开表。

（2）单击“开始”选项卡→“记录”选项组→“其他”→“取消冻结所有字段”按钮。

3.5.5　设置数据表格式

在“数据表视图”中，一般在水平方向和垂直方向都显示网格线，网格线为银色，背景采用白色，如果需要，可以改变单元格的显示效果，也可以选择网格线的显示方式和颜色、表格的背景颜色。在“数据表视图”下，单击“开始”选项卡→“文本格式”选项组右下角的对话框启动器按钮，弹出“设置数据表格式”对话框，如图3-25所示，可以对数据表格式进行设置。

图3-25　“设置数据表格式”对话框

3.5.6　改变字体

为了使数据的显示美观清晰、醒目突出，可以改变数据表中数据的字体、字形和字号。在“数据表视图”下，单击“开始”选项卡→“文本格式”选项组中的相应按钮，可以对字体、字号等属性进行设置。“文本格式”选项组如图3-26所示。

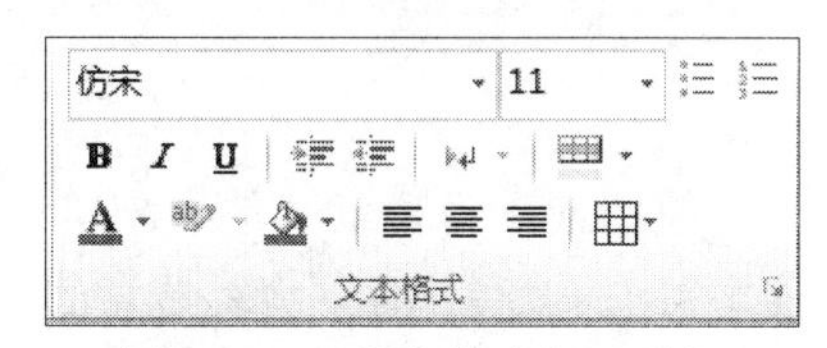

图3-26　“文本格式”选项组

3.6 操 作 表

数据表建好后，常常会根据实际需求，对表中的数据进行查找、替换、排序和筛选等操作。

3.6.1 查找数据

在一个有多条记录的数据表中，要快速查看数据信息，可以通过数据查找操作来完成，为使修改数据方便及准确，也可以采用查找/替换的操作。

1. 查找指定内容

操作步骤如下：

（1）在“数据表视图”下打开表。

（2）单击“开始”选项卡→“编辑”选项组→“查找”按钮，弹出“查找和替换”对话框，如图 3–27 所示。

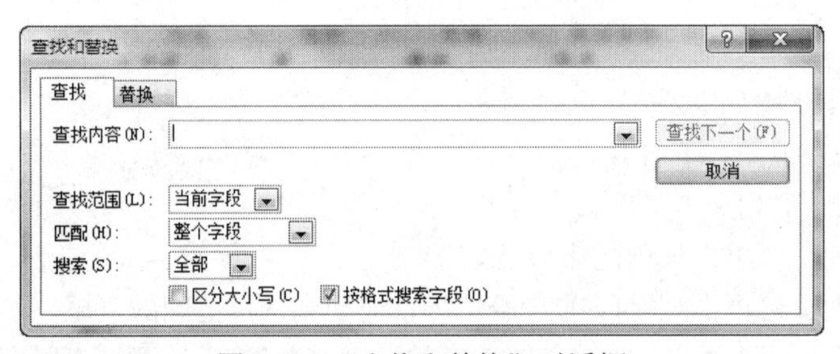

图 3–27 “查找和替换”对话框

（3）选择“查找”选项卡，在“查找内容”文本框中输入要查找的数据，再确定查找范围和匹配条件，单击“查找下一个”按钮，光标将定位到第一个与“查找内容”相“匹配”数据项的位置。

在查找内容时，如果希望在只知道部分内容的情况下对数据表进行查找，或者按照特定的要求查找记录，可以使用通配符作为其他字符的占位符。

在“查找和替换”对话框中，可以使用表 3–13 所示的通配符。

表 3–13 通 配 符

字 符	说 明	示 例
*	与任何个数的字符匹配。在字符串中，它可以当作第一个或最后一个字符使用	wh* 可以找到 what、white 和 why
?	与任何单个字母的字符匹配	b?ll 可以找到 ball、bell 和 bill
[ ]	与方括号内任何单个字符匹配	b[ae]ll 可以找到 ball 和 bell 但找不到 bill
!	匹配任何不在方括号内的字符	b[!ae]ll 可以找到 bill 和 bull 但找不到 ball 或 bell
-	与某个范围内的任一个字符匹配。必须按升序指定范围（A ~ Z，而不是 Z ~ A）	b[a-c]d 可以找到 bad、bbd 和 bcd
#	与任何单个数字字符匹配	1#3 可以找到 103、113、123

使用通配符搜索其他通配符，如星号（*）、问号（?）、数字符（#）、左方括号（[）或连字符（–）时，必须将要搜索的项括在方括号内；如果搜索感叹号（!）或右方括号（]），则不必将其括在方括号内。

例如，若要搜索问号，请在“查找”对话框中输入 [?]。如果要同时搜索连字符和其他字符，可将连字符放在方括号内所有其他字符之前或之后。但是，如果在左方括号之后有一个感叹号，则应将连字符放在感叹号之后。

必须将左、右方括号放在下一层方括号内（[[ ]]），才能同时搜索一对左、右方括号（[ ]），否则 Access 会将这种组合作为零长度字符串处理。

2. 查找空值或零长度字符串

Access 允许区分两类空值：Null 值和零长度字符串。

（1）Null：一个值，可以在字段中输入或在表达式或查询中使用，以指示缺少或未知的数据。有些字段（如主键字段）不可以包含 Null 值。

（2）零长度字符串：不含字符的字符串。可以使用零长度字符串来表明知道该字段没有值。输入零长度字符串的方法是输入两个彼此之间没有空格的双引号（""）。

在某些情况下，空值表明信息可能存在但当前未知。在其他情况下，空值表明字段不适用于特定记录。例如，“教师”表中含有一个“办公电话”字段时，如果不知道教师的办公电话，或者不知道该教师是否有办公电话，则可将该字段留空。这种情况下，将字段留空可以输入 Null 值，意味着不知道值是什么。如果确定那位教师没有办公电话，则可以在该字段中输入一个零长度字符串，表明知道这里没有任何值。

【例 3.17】查找“学生”表中的“简历”字段为空值的记录。

操作步骤如下：

（1）在“数据表视图”下打开“学生”表。

（2）单击“简历”列。

（3）单击“开始”选项卡→“编辑”选项组→“查找”按钮，弹出“查找和替换”对话框。

（4）在“查找内容”文本框中输入 Null，如图 3-28 所示。

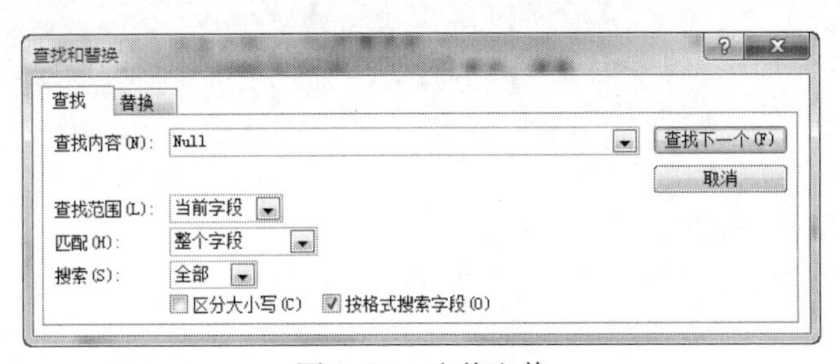

图 3-28　查找空值

（5）单击“查找下一个”按钮。找到后，记录选定器指针将指向相应的记录。

如果要查找空字符串，只需将第（4）步中的输入内容改为没有空格的双引号（""）即可。

3.6.2　替换数据

表中数据的替换操作步骤如下：

（1）在“数据表视图”下打开表。

（2）单击“开始”选项卡→“编辑”选项组→“替换”按钮，弹出“查找和替换”对话框，如图 3-29 所示。

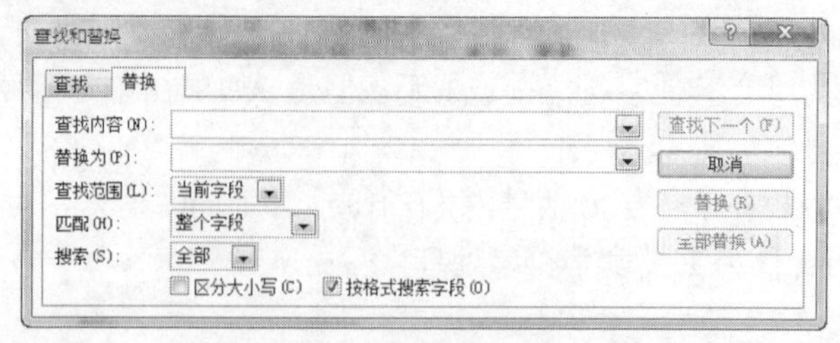

图 3-29 “查找和替换”对话框

（3）在“替换”选项卡的“查找内容”文本框中输入要查找的数据，在“替换为”文本框中输入要替换的数据，再确定查找范围和匹配条件，最后单击“替换”或“全部替换”按钮进行替换。

3.6.3 排序记录

在进行表中数据浏览过程中，通常记录的显示顺序是记录输入的先后顺序，或者是按主键值升序排列的顺序。

在数据库的实际应用中，数据表中记录的顺序是根据不同的需求而排列的，只有这样才能充分发挥数据库中数据信息的最大效能。

1. 排序规则

排序时根据当前表中一个或多个字段的值对整个表中的所有记录进行重新排列。排序时可按升序，也可按降序。排序记录时，不同的字段类型其排序规则有所不同，具体规则如下：

（1）英文按字母顺序排序（字典顺序），大、小写视为相同，升序时按 A → Z 排序，降序时按 Z → A 排序。

（2）中文按拼音字母的顺序排序。

（3）数字按数字的大小排序。

（4）日期 / 时间字段按日期的先后顺序排序，升序按从前到后的顺序排序，降序按从后到前的顺序排序。

在实际排序时，需要注意以下几点：

（1）顺序将和表一起保存。

（2）文本型字段中保存的数字将作为字符串而不是数值来排序，按照其 ASCII 码值的大小排序。

（3）数据类型为备注、超链接或 OLE 对象的字段不能排序。

2. 单字段排序

所谓单字段排序，是指仅仅按照某一个字段值的大小进行排序。操作比较简单，在“数据表视图”中，先单击用于排序记录的字段列，再单击“开始”选项卡→“排序与筛选”选项组→“升序”或“降序”按钮进行排序。

3. 多字段排序

如果对多个字段进行排序，则应该使用 Access 中的“高级筛选 / 排序”功能，可以设置多个排序字段。首先按照第一个字段的值进行排序，如果第一个字段值相同，再按照第二个字段的值进行排序，依此类推，直到排序完毕。

【例 3.18】在“学生”表中按“性别”和“出生日期”两个字段进行升序排序。

操作步骤如下：

（1）在“数据表视图”下打开“学生”表。

（2）单击“开始”选项卡→“排序与筛选”选项组→“高级”→“高级筛选 / 排序”按钮，弹出图 3-30 所示的窗口。

（3）单击设计网格中第一个字段右侧的下拉按钮，从弹出的列表中选择“性别”字段，在“排序”行上选择“升序”。用同样的方法设置“出生日期”字段的排序为“升序”，效果如图 3-31 所示。

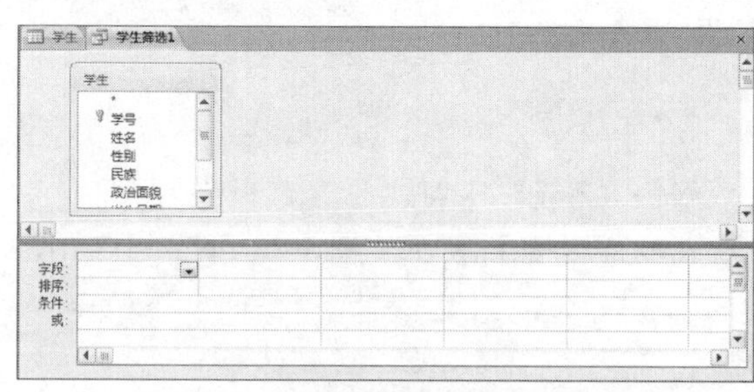

图 3-30　“高级筛选 / 排序”窗口

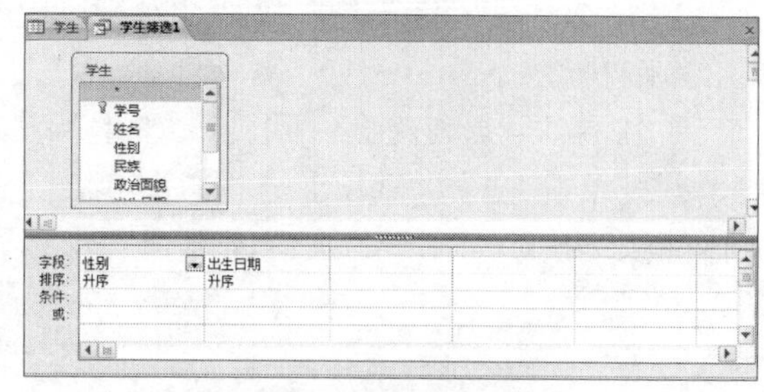

图 3-31　设置多字段排序

（4）单击“开始”选项卡→“排序与筛选”选项组→“应用筛选”按钮，Access 就会按上面设置的排序“学生”表中的所有字段。

在指定排序次序以后，如果想取消设置的排序顺序，单击“开始”选项卡→“排序与筛选”选项组→“取消排序”按钮即可。

3.6.4　筛选记录

筛选也是查找表中数据的一种操作，但它与一般的“查找”有所不同，它所查找到的信息是一个或一组满足规定条件的记录而不是具体的数据项。经过筛选后的表，只显示满足条件的记录，不满足条件的记录将被隐藏。

Access 提供了 3 种方法：使用筛选器筛选、按窗体筛选和高级筛选。

1. 使用筛选器筛选

使用筛选器筛选是一种最简单的筛选方法，使用它可以查找某一字段满足一定条件的数据记录。文本筛选器如图 3-32 所示，日期筛选器如图 3-33 所示，数字筛选器如图 3-34 所示。

图 3-32　文本筛选器

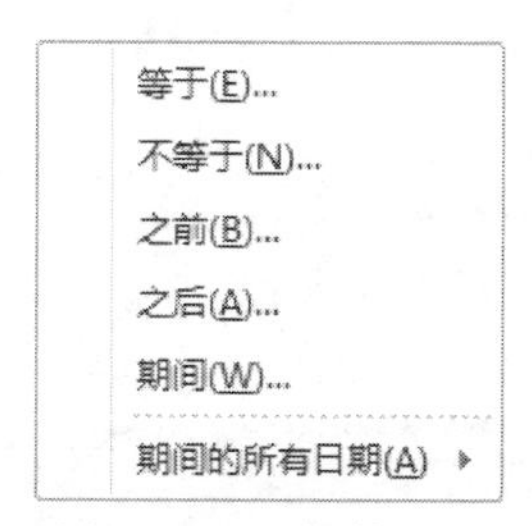

图 3-33　日期筛选器

图 3-34　数字筛选器

【例 3.19】在“学生”表中筛选出“性别”字段为“男”的同学信息。

操作步骤如下：

（1）在“数据表视图”下打开“学生”表。

（2）在“性别”列中，选中字段值“男”，然后右击，在弹出的快捷菜单中选择“等于 " 男 "”命令，如图 3–35 所示。

（3）这时，Access 将筛选出相应的记录。

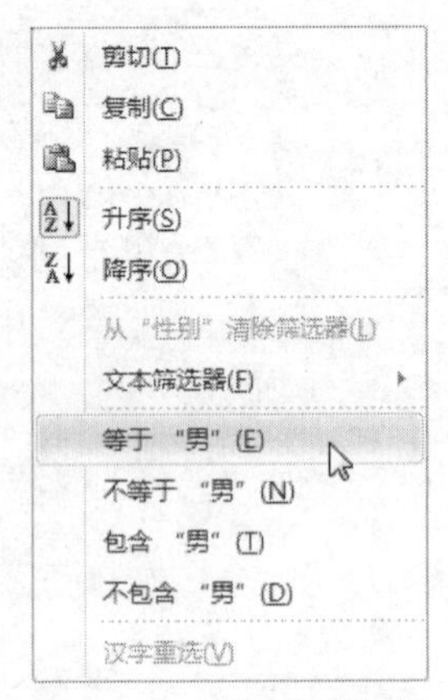

图 3–35　设置筛选条件

2. 按窗体筛选

按窗体筛选是一种快速的筛选方法，可以同时对两个以上的字段值进行筛选。

【例 3.20】在“学生”表中，筛选出少数民族中“男”同学的所有信息。

操作步骤如下。

（1）在“数据表视图”下打开“学生”表。

（2）单击“开始”选项卡→“排序与筛选”选项组→“高级”→“按窗体筛选”按钮，弹出“按窗体筛选”窗口，输入相应的条件，如图 3–36 所示。

学生: 按窗体筛选

姓名	性别	民族	政治面貌	出生日期	所属院系	简历	照片
	"男"	<>"汉族"					

图 3–36　在“按窗体筛选”窗口中设置条件

（3）单击“开始”选项卡→“排序与筛选”选项组→“切换筛选”按钮，即可进行筛选。

3. 高级筛选

高级筛选可进行复杂的筛选，筛选出符合多重条件的记录。

高级筛选与排序可以应用于一个或多个字段的排序或筛选。“高级筛选 / 排序”窗口分为上下两部分，上面是含有表的字段列表，下面是设计网格。

【例 3.21】在“学生”表中，筛选出汉族的男同学以及回族的女同学的所有信息。

操作步骤如下：

（1）在“数据表视图”下打开“学生”表。

（2）单击“开始”选项卡→“排序与筛选”选项组→“高级”→“高级筛选 / 排序”按钮，弹出“高级筛选 / 排序”窗口，在第一个字段行中选择“民族”字段，在第二个字段行中选择“性别”字段，然后输入相应的条件，如图 3–37 所示。

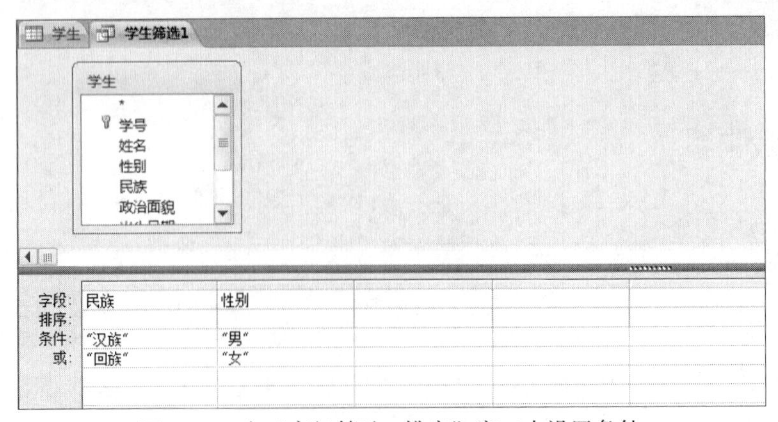

图 3–37　在“高级筛选 / 排序”窗口中设置条件

（3）单击“开始”选项卡→“排序与筛选”选项组→“切换筛选”按钮，即可进行筛选。

3.7 建立表间关系

从理论上讲，在一个关系数据库中，若想将依赖于关系模式建立的多个表组织在一起，反映客观事物数据间的多种对应关系，通常将这些表存入同一个数据库中，并通过建立表间关联关系，使之保持相关性。从这个意义上理解，数据库就是由多个表（关系）依赖关系模型建立关联关系的表的集合，它可以反映客观事物数据间的多种对应关系。

3.7.1 表间关系的分类

在 Access 数据库中为每个主题都设置了不同的表后，必须告诉 Access 如何再将这些信息组合到一起。该过程的第一步是定义表间的关系，然后可以创建查询、窗体及报表，以同时显示来自多个表中的信息。

一般情况下，在 Access 数据库中，相关联的数据表之间的关系有一对一、一对多和多对多的关系。

1. 一对一关系

在一对一关系中，*A* 表中的每一记录仅能在 *B* 表中有一条匹配记录，并且 *B* 表中的每一记录仅能在 *A* 表中有一条匹配记录。此类型的关系并不常用，因为大多数以此方式相关的信息都在一个表中。

2. 一对多关系

一对多关系是关系中最常用的类型。在一对多关系中，*A* 表中的一条记录能与 *B* 表中的多条记录匹配，但是在 *B* 表中的一条记录仅能与 *A* 表中的一条记录匹配。

3. 多对多关系

在多对多关系中，*A* 表中的记录能与 *B* 表中的多条记录匹配，并且在 *B* 表中的记录也能与 *A* 表中的多条记录匹配。此类型的关系仅能通过定义第三个表（称为联接表）来达成，它的主键包含两个字段，即来源于 *A* 和 *B* 两个表的外键。多对多关系实际上是和第三个表的两个一对多关系。例如，“学生”表和“课程”表有一个多对多的关系，它是通过建立与“成绩”表中两个一对多关系来创建的。一名学生可以选修多门课程，每门课程可以被多名学生选修。

3.7.2 建立表间关系

有了数据库，而且数据库中也创建了一些表，用户就可以根据需求，对数据库中的表进行建立表间关联关系的操作。

1. 创建表间关联前提

关系通过匹配键字段中的数据来建立，键字段通常是两个表中使用相同名称的字段。在大多数情况下，两个匹配的字段中一个是所在表的主键，而另一个是所在表的外键。

创建表之间的关系时，相关联的字段不一定要有相同的名称，但必须有相同的字段类型，除非主键字段是个“自动编号”字段。仅当“自动编号”字段与“数字”字段的“字段大小”属性相同时，才可以将“自动编号”字段与“数字”字段进行匹配。例如，如果一个“自动编号”字段和一个“数字”字段的“字段大小”属性均为“长整型”，则它们是可以匹配的。即便两个字段都是“数字”字段，必须具有相同的“字段大小”属性设置，才是可以匹配的。

2. 定义关系

Access 中创建关系的种类取决于相关字段是如何定义的。

（1）如果仅有一个相关字段是主键或具有唯一索引，则创建一对多关系。

（2）如果两个相关字段都是主键或唯一索引，则创建一对一关系。

（3）多对多关系实际上是某两个表与第三个表的两个一对多关系，第三个表的主键包含两个字段，分别是前两个表的外键。

3. 创建表间关联

创建表间关联的操作步骤如下：

（1）关闭所有要创建关系的表。不能在已打开的表之间创建或修改关系。

（2）单击“数据库工具”选项卡→“关系”选项组→“关系”按钮。

（3）如果数据库中尚未定义任何关系，则会自动显示“显示表”对话框。如果需要添加要关联的表，而“显示表”对话框未显示，则可单击“数据库工具”选项卡→“关系”选项组→“显示表”按钮。

（4）双击要作为相关表的名称，然后关闭“显示表”对话框。若要在表及其本身之间建立关系，则可添加两次表。

（5）从某个表中将所要的相关字段拖动到其他表中的相关字段。若要拖动多个字段，则可按【Ctrl】键并单击每一字段，然后拖动这些字段。多数情况下是将表中的主键字段（以粗体文本显示）拖动到其他表中名为外键的相似字段（经常具有相同的名称）。

（6）系统将显示“编辑关系”对话框，应检查显示在两个列中的字段名称以确保正确性。必要情况下可以进行更改。根据需要设置关系选项。

- 参照完整性：添加、更新或删除记录时，为维持表之间已定义的关系而必须遵循的规则。
- 级联更新：对于在表之间实施参照完整性的关系，当更改主表中的记录时，相关表（一个或多个）中的所有相关记录也随之更新。
- 级联删除：对于在表之间实施参照完整性的关系，当删除主表中的记录时，相关表（一个或多个）中的所有相关记录也随之删除。

（7）单击“创建”按钮创建关系。

（8）对要进行关联的每对表都重复第（5）~（7）步。

（9）关闭“关系”窗口时，Microsoft Access 将询问是否保存该布局。不论是否保存该配置，所创建的关系都已保存在此数据库中。

【例 3.22】定义“教学管理”数据库中“学生”表、“课程”表和“成绩”表之间的关系，效果如图 3–38 所示。

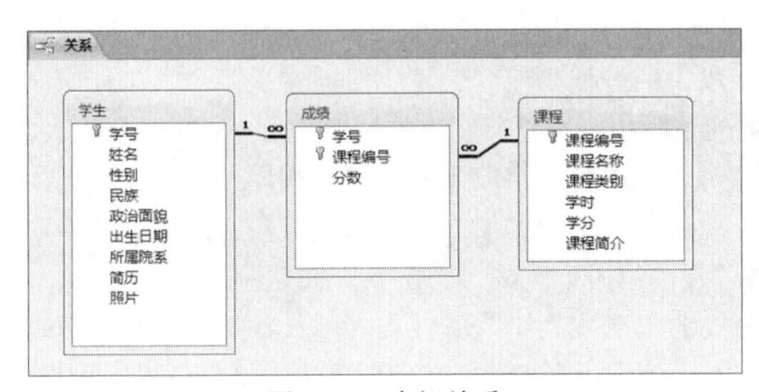

图 3–38　表间关系

操作步骤如下：

（1）打开“教学管理”数据库。

（2）单击“数据库工具”选项卡→“关系”选项组→“关系”按钮。

（3）在“显示表”对话框中，单击“学生”表，然后单击“添加”按钮，把“学生”表添加到“关系”窗口中，接着使用同样的方法将“课程”表和“成绩”表添加到“关系”窗口中。

（4）单击“关闭”按钮，关闭“显示表”窗口。出现如图 3-39 所示的“关系”窗口。

（5）选定“学生”表的“学号”字段，然后按住鼠标左键并拖动到“成绩”表中的“学号”字段上，释放鼠标左键，此时屏幕上显示图 3-40 所示的“编辑关系”对话框。

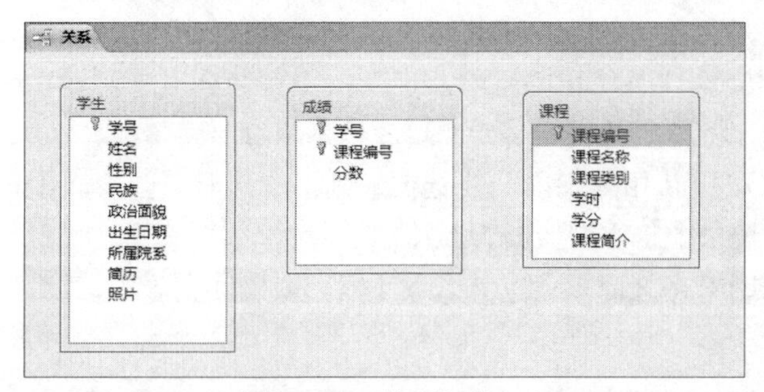

图 3-39 “关系”窗口

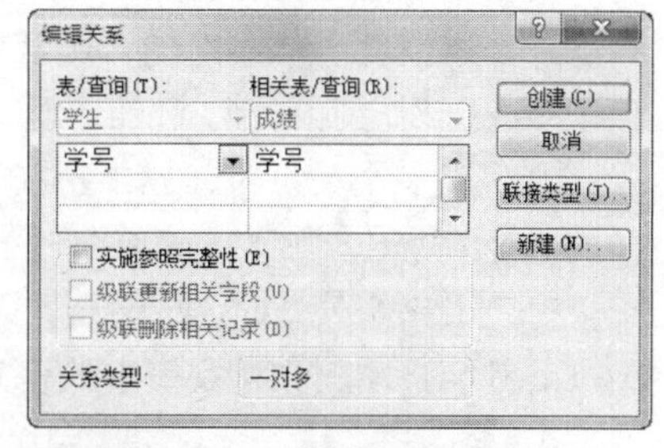

图 3-40 “编辑关系”对话框

（6）选择“实施参照完整性”复选框，然后单击“创建”按钮。

（7）用同样的方法将“课程”表中的“课程编号”拖动到“成绩”表中的“课程编号”字段上，同时实施参照完整性，具体效果如图 3-38 所示。

（8）单击“关闭”按钮，这时 Access 询问是否保存布局的更改，单击“是”按钮，关系设置完成。

【例 3.23】定义“教学管理”数据库中已存在表之间的关系，如图 3-41 所示。

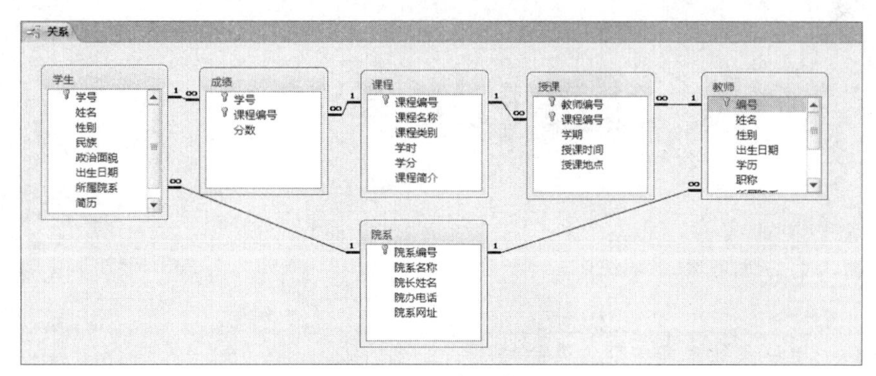

图 3-41 表间关系

操作步骤请参照例 3.22，这里不再赘述。

3.7.3 表关系的修改

表关系的修改是指修改关系的连接类型、实施参照完整性、级联更新和级联删除、修改关系和删除表间关系。

1. 连接类型

在 Access 2010 中连接类型分为内连接、左连接和右连接 3 种，系统默认为内连接，不用修改，只有在用 SQL 查询语句中有效。

2. 实施参照完整性

使用参照完整性时要遵循下列规则：

（1）不能在相关表的外键字段中输入不存在于主表的主键中的值。但是，可以在外键中输入一个 Null 值来指定这些记录之间并没有关系。

（2）如果在相关表中存在匹配的记录，则不能从主表中删除这个记录。

（3）如果某个记录有相关的记录，则不能在主表中更改主键值。

3. 级联更新和级联删除

对实行参照完整性的关系，可以指定是否允许 Access 自动对相关记录进行级联更新和级联删除。如果设置了这些选项，通常为参照完整性所禁止的删除及更新操作就会获准进行。在删除记录或更改主表中的主键的值时，Access 将对相关表做必要的更改以保留参照完整性。

当定义一个关系时，如果选择了“级联更新相关字段”复选框，则不管何时更改主表中记录的主键，Access 都会自动在所有相关的记录中将主键更新为新值。

当定义一个关系时，如果选择了“级联删除相关记录”复选框，则不管何时删除主表中的记录，Access 都会自动删除相关表中的相关记录。

4. 修改关系

要修改关系，可在“关系”窗口中右击关系连接线，在弹出的快捷菜单中选择“编辑关系”命令，如图 3-42 所示。

5. 删除表间关系

要删除两个表的关系，可在“关系”窗口中右击两个表的连接线，在弹出的快捷菜单中选择“删除”命令，如图 3-42 所示。

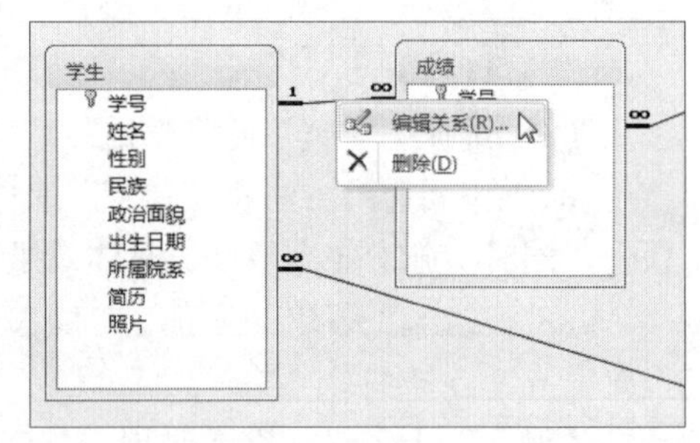

图 3-42 “编辑关系”或“删除”命令

习 题 3

一、选择题

1. Access 数据库最基础的对象是（　　）。

A. 表　　B. 宏　　C. 报表　　D. 查询

2. 下列关于关系数据库中数据表的描述，正确的是（　　）。

A. 数据表相互之间存在联系，但用独立的文件名保存

B. 数据表相互之间存在联系，但用表名表示相互间的联系

C. 数据表相互之间不存在联系，完全独立

D. 数据表既相对独立，又相互联系

3. 以下关于 Access 表的叙述中，正确的是（　　）。

A. 表一般包含一到两个主题的信息

B. 表的数据表视图只用于显示数据

C. 表设计视图的主要工作是设计表的结构

D. 在表的数据表视图中，不能修改字段名称

4. Access 中表和数据库的关系是（　　）。

A. 一个数据库可以包含多个表　　B. 一个表只能包含两个数据库

C. 一个表可以包含多个数据库　　D. 一个数据库只能包含一个表

5. Access 数据库的结构层次是（　　）。

A. 数据库管理系统→应用程序→表　　B. 数据库→数据表→记录→字段

C. 数据表→记录→数据项→数据　　D. 数据表→记录→字段

6. Access 数据库中，表的组成是（　　）。

A. 字段和记录　　B. 查询和字段　　C. 记录和窗体　　D. 报表和字段

7. 数据表中的“行”称为（　　）。

A. 字段　　B. 数据　　C. 记录　　D. 数据视图

8. 在 Access 表中，可以定义 3 种主关键字，它们是（　　）。

A. 单字段、双字段和多字段　　B. 单字段、双字段和自动编号

C. 单字段、多字段和自动编号　　D. 双字段、多字段和自动编号

9. 数据库中有 *A*、*B* 两表，均有相同字段 C，在两表中 *C* 字段都设为主键。当通过 *C* 字段建立两表关系时，则该关系为（　　）。

A. 一对一　　B. 一对多　　C. 多对多　　D. 不能建立关系

10. 假设数据中表 *A* 与表 *B* 建立了“一对多”关系，表 *B* 为“多”的一方，则下述说法中正确的是（　　）。

A. 表 *A* 中的一个记录能与表 *B* 中的多个记录匹配

B. 表 *B* 中的一个记录能与表 *A* 中的多个记录匹配

C. 表 *A* 中的一个字段能与表 *B* 中的多个字段匹配

D. 表 *B* 中的一个字段能与表 *A* 中的多个字段匹配

11. 下列关于字段属性的叙述中，正确的是（　　）。

A. 可对任意类型的字段设置“默认值”属性

B. 定义字段默认值的含义是该字段值不允许为空

C. 只有“文本”型数据能够使用“输入掩码向导”

D. “有效性规则”属性只允许定义一个条件表达式

12. 下列关于 OLE 对象的叙述中，正确的是（　　）。

A. 用于输入文本数据

B. 用于处理超链接数据

C. 用于生成自动编号数据

D. 用于链接或内嵌 Windows 支持的对象

13. 可以插入图片的字段类型是（　　）。

A. 文本　　B. 备注　　C. OLE 对象　　D. 超链接

14. 可以改变“字段大小”属性的字段类型是（　　）。

A. 文本　　B. OLE 对象　　C. 备注　　D. 日期 / 时间

15. 使用表设计器定义表中字段时，不是必须设置的内容是（　　）。

A. 字段名称　　B. 数据类型　　C. 说明　　D. 字段属性

16. 在Access数据库的表设计视图中，不能进行的操作是（　　）。

A. 修改字段类型　B. 设置索引　C. 增加字段　D. 删除记录

17. 在关于输入掩码的叙述中，错误的是（　　）。

A. 在定义字段的输入掩码时，既可以使用输入掩码向导，也可以直接使用字符

B. 定义字段的输入掩码，是为了设置密码

C. 输入掩码中的字符0表示可以选择输入数字0～9的一个数

D. 直接使用字符定义输入掩码时，可以根据需要将字符组合起来

18. 在定义表中字段属性时，对要求输入相对固定格式的数据，如电话号码010-12345678，应该定义该字段的（　　）。

A. 格式　B. 默认值　C. 输入掩码　D. 有效性规则

19. 能够使用“输入掩码向导”创建输入掩码的字段类型是（　　）。

A. 数字和日期/时间　B. 文本和货币

C. 文本和日期/时间　D. 数字和文本

20. 若要求在文本框中输入文本时达到密码“*”的显示效果，则应该设置的属性是（　　）。

A. 默认值　B. 有效性文本　C. 输入掩码　D. 密码

21. 输入掩码字符“&”的含义是（　　）。

A. 必须输入字母或数字　B. 可以选择输入字母或数字

C. 必须输入一个任意的字符或一个空格　D. 可以选择输入任意的字符或一个空格

22. 输入掩码字符“C”的含义是（　　）。

A. 必须输入字母或数字　B. 可以选择输入字母或数字

C. 必须输入一个任意的字符或一个空格　D. 可以选择输入任意的字符或一个空格

23. 邮政编码是由6位数字组成的字符串，为邮政编码设置输入掩码，正确的是（　　）。

A. 000000　B. 999999　C. CCCCCC　D. LLLLLL

24. 若设置字段的输入掩码为“####-######”，该字段正确的输入数据是（　　）。

A. 0755-123456　B. 0755-abcdef　C. abcd-123456　D. ####-######

25. 掩码“LLL000”对应的正确输入数据是（　　）。

A. 555555　B. aaa555　C. 555aaa　D. aaaaaa

26. 定义字段默认值的含义是（　　）。

A. 不得使该字段为空

B. 不允许字段的值超出某个范围

C. 在未输入数据之前系统自动提供的数值

D. 系统自动把小写字母转换为大写字母

27. 下列对数据输入无法起到约束作用的是（　　）。

A. 输入掩码　B. 有效性规则　C. 字段名称　D. 数据类型

28. 下面关于索引的叙述中，错误的是（　　）。

A. 可以为所有的数据类型建立索引　B. 可以提高对表中记录的查询速度

C. 可以加快对表中记录的排序速度　D. 可以基于单个字段或多个字段建立索引

29. 下列可以建立索引的数据类型是（　　）。

A. 文本　B. 超链接　C. 备注　D. OLE对象

30. Access 中，设置主键的字段（　　）。

A. 不能设置索引　　B. 可设置为“有（有重复）”索引

C. 系统自动设置索引　　D. 可设置为“无”索引

31. Access 中通配符“#”的含义是（　　）。

A. 通配任意个数的字符　　B. 通配任何单个字符

C. 通配任意个数的数字字符　　D. 通配任何单个数字字符

32. Access 中通配符“[ ]”的含义是（　　）。

A. 通配任意长度的字符　　B. 通配不在括号内的任意字符

C. 通配方括号内列出的任一单个字符　　D. 错误的使用方法

33. Access 中通配符“！”的含义是（　　）。

A. 通配任意长度的字符　　B. 通配不在括号内的任意字符

C. 通配方括号内列出的任一单个字符　　D. 错误的使用方法

34. Access 中通配符“-”的含义是（　　）。

A. 通配任意单个运算符　　B. 通配任意单个字符

C. 通配任意多个减号　　D. 通配指定范围内的任意单个字符

35. 如果想在已建立的“学生”表的数据表视图中直接显示出姓“李”的记录，应使用 Access 提供的（　　）。

A. 筛选功能　　B. 排序功能　　C. 查询功能　　D. 报表功能

36. 对数据表进行筛选操作，结果是（　　）。

A. 只显示满足条件的记录，将不满足条件的记录从表中删除

B. 显示满足条件的记录，并将这些记录保存在一个新表中

C. 只显示满足条件的记录，不满足条件的记录被隐藏

D. 将满足条件的记录和不满足条件的记录分为两个表进行显示

37. 在已经建立的数据表中，若在显示表中内容时使某些字段不能移动显示位置，可以使用的方法是（　　）。

A. 排序　　B. 筛选　　C. 隐藏　　D. 冻结

38. 在 Access 中，如果不想显示数据表中的某些字段，可以使用的命令是（　　）。

A. 隐藏　　B. 删除　　C. 冻结　　D. 筛选

39. 下列关于表的格式和说法中，错误的是（　　）。

A. 字段在数据表中的显示顺序是由用户输入的先后顺序决定的

B. 用户可以同时改变一列或同时改变多列字段的位置

C. 在数据表中，可以为某个或多个指定字段中的数据设置字体格式

D. 在 Access 中，只可以冻结列，不可以冻结行

40. 下列关于数据编辑的说法中，正确的是（　　）。

A. 表中的数据有两种排列方式，一种是升序排列，另一种是降序排列

B. 可以单击“升序排列”或“降序排列”按钮，为两个不相邻的字段分别设置升序和降序排列

C. “取消筛选”就是删除筛选窗口中所做的筛选条件

D. 将 Access 表导出到 Excel 数据表中 Excel 将自动应用源表中的字体格式

41. 下列关于空值的叙述中，正确的是（　　）。

A. 空值是双引号中间没有空格的值

B. 空值是等于 0 的数值

C. 空值是使用 Null 或空白来表示字段的值

D. 空值是用空格表示的值

42. “教学管理”数据库中有学生表、课程表和选课表，为了有效地反映这 3 张表中数据之间的联系，在创建数据库时应该设置（　　）。

A. 默认值　　B. 有效性规则　　C. 索引　　D. 表之间的关系

43. 下面关于 Access 表的叙述中，错误的是（　　）。

A. 在 Access 表中，可以对备注型字段进行“格式”属性设置

B. 若删除表中含有自动编号型字段的一条记录，Access 不会对表中自动编号型字段重新编号

C. 创建表之间的关系时，应关闭所有打开的表

D. 可在 Access 表的设计视图“说明”列中，对字段进行具体说明

44. 在 Access 数据库中，为了保持表之间的关系，要求在主表中修改相关的记录时，子表相关的记录随之更改。为此需要定义参照完整性关系的（　　）。

A. 级联更新相关字段　　B. 级联删除相关字段

C. 级联修改相关字段　　D. 级联插入相关字段

45. 在 Access 数据库中，为了保持表之间的关系，要求在子表（从表）中添加记录时，如果主表中没有与之相关的记录，则不能在子表（从表）中添加该记录。为此需要定义的关系是（　　）。

A. 输入掩码　　B. 有效性规则　　C. 默认值　　D. 参照完整性

二、填空题

1. 在向数据库中输入数据时，若要求所输入的字符必须是字母，则应该设置的输入掩码是________。

2. 在 Access 中，要在查找条件中与任意一个数字字符匹配，可使用的通配符是________。

三、操作题

完成例 3.1 至例 3.23 中的所有操作。

第4章 查　询

学习目标

通过本章的学习，应该掌握以下内容：

（1）查询的功能和类型。

（2）使用查询向导和设计视图创建查询。

（3）查询条件的使用。

（4）创建参数查询、交叉表查询和操作查询（生成表、更新、删除、追加）。

（5）创建 SQL 查询。

4.1　查询概述

在 Access 中，查询是具有条件检索和计算功能的数据库对象。利用查询可以通过不同的方法来查看、更改以及分析数据，也可以将查询对象作为窗体和报表的记录源。查询是以表或查询为数据源的再生表。查询的运行结果是一个动态数据集合，尽管从查询的运行视图上看到的数据集合形式与从数据表视图上看到的数据集合形式完全一样，在数据表视图中所能进行的各种操作也几乎都能在查询的运行视图中完成，但无论它们在形式上是多么的相似，其实质是完全不同的。可以这样来理解，数据表是数据源之所在，而查询是针对数据源的操作命令，相当于程序。

4.1.1　查询的功能

在 Access 中，查询主要有以下功能：

（1）基于一个表，或多个表，或已知查询创建查询。

（2）利用已知表或已知查询中的数据，可以进行数据的计算，生成新字段。

（3）利用查询可以选择一个表，或多个表，或已知查询中的数据进行操作，使查询结果更具有动态性，大大地增强了对数据的使用效率。

（4）利用查询可以将表中数据按某个字段进行分组并汇总，从而更好地查看和分析数据。

（5）利用查询可以生成新表，可以更新、删除数据源表中的数据，也可以为数据源表追加数据。

（6）在 Access 中，对窗体、报表进行操作时，它们的数据来源只能是一个表或一个查询，但如果为其提供数据来源的一个查询是基于多表创建的，那么其窗体、报表的数据来源就相当于多个表的数据源。

作为对数据的查找，查询与筛选有许多相似的地方，但两者是有本质区别的。查询是数据库的对象，而筛选是数据库的操作。表 4–1 指出了查询和筛选之间的不同。

表 4–1　查询和筛选之间的不同

功　能	查　询	筛　选
用作窗体或报表的基础	是	是
排序结果中的记录	是	是
如果允许编辑，就编辑结果中的数据	是	是
向表中添加新的记录集	是	否
只选择特定的字段包含在结果中	是	否
作为一个独立的对象存储在数据库中	是	否
不用打开基本表、查询和窗体就能查看结果	是	否
在结果中包含计算值和集合值	是	否

4.1.2　查询的类型

在 Access 中，使用查询可以按照不同的方式查看、更改和分析数据，也可以用查询作为窗体、报表和数据访问页的记录源。在 Microsoft Access 中有以下几种查询类型：选择查询、参数查询、交叉表查询、操作查询、SQL 查询等。

（1）选择查询：选择查询是最常见的查询类型，它从一个或多个表中检索数据，并且在可以更新记录（有一些限制条件）的数据表中显示结果。也可以使用选择查询来对记录进行分组，并且对记录进行总计、计数、平均值以及其他类型的总和计算。

（2）参数查询：参数查询在执行时显示自己的对话框以提示用户输入信息，例如条件，检索要插入到字段中的记录或值。可以设计此类查询来提示更多的内容，例如，可以设计它来提示输入两个日期，然后 Access 检索在这两个日期之间的所有记录。

（3）交叉表查询：使用交叉表查询可以计算并重新组织数据的结构，这样可以更加方便地分析数据。交叉表查询计算数据的总计、平均值、计数或其他类型的总和，这种数据可分为两组信息：一类在数据表左侧排列，另一类在数据表的顶端排列。

（4）操作查询：使用操作查询只需进行一次操作就可对许多记录进行更改和移动。有以下 4 种操作查询：

- 生成表查询：可以根据一个或多个表中的全部或部分数据新建表。
- 更新查询：可以对一个或多个表中的一组记录进行全局的更改。
- 追加查询：可以将一个或多个表中的一组记录添加到一个或多个表的末尾。
- 删除查询：可以从一个或多个表中删除一组记录。

（5）SQL 查询：是用户使用 SQL 语句创建的查询。可以用 SQL 来查询、更新和管理 Access 这样的关系数据库。所有查询都有相应的 SQL 语句，但是 SQL 专用查询是由程序设计语言构成的，而不是像其他查询那样由设计网格构成。

4.2　创建选择查询

创建查询的方法有两种：一是使用查询向导，二是使用设计视图。

4.2.1　使用“查询向导”创建查询

微视频4-1
使用查询向导创建查询

使用查询向导创建查询比较简单，用于从一个或多个表或查询中抽取字段检索数据，但不能通过设置条件来筛选记录。

【例 4.1】使用查询向导，创建一个查询，查询的数据源为“学生”，选择“学号”“姓名”“性别”“民族”“政治面貌”和“所属院系”字段，所建查询命名为“学生基本信息查询”。

操作步骤如下：

（1）启动 Access 2010 应用程序，打开“教学管理”数据库。

（2）单击“创建”选项卡→“查询”选项组→“查询向导”按钮，弹出“新建查询”对话框，如图 4–1 所示。

（3）选择“简单查询向导”选项，单击“确定”按钮，弹出“简单查询向导”对话框，如图 4–2 所示。在“表/查询”下拉列表框中选择用于查询的“学生”数据表，此时在“可用字段”列表框中显示了“学生”数据表中所有字段。选择查询需要的字段，然后单击 > 按钮，则所选字段被添加到“选定字段”列表框中。重复上述操作，依次将需要的字段添加到“选定字段”列表框中。

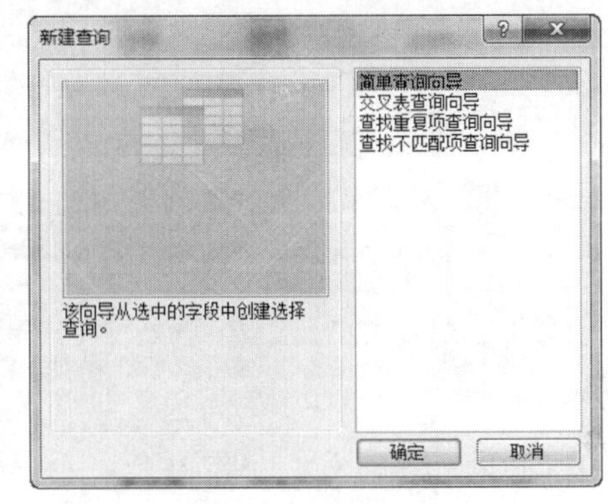

图 4–1　“新建查询”对话框

（4）单击“下一步”按钮，弹出指定查询标题的“简单查询向导”对话框，如图 4–3 所示。在“请为查询指定标题”文本框中输入标题名“学生基本信息查询”。在“请选择是打开还是修改查询设计”栏中选中“打开查询查看信息”单选按钮，然后单击“完成”按钮，打开“学生基本信息查询”的数据表视图，如图 4–4 所示。

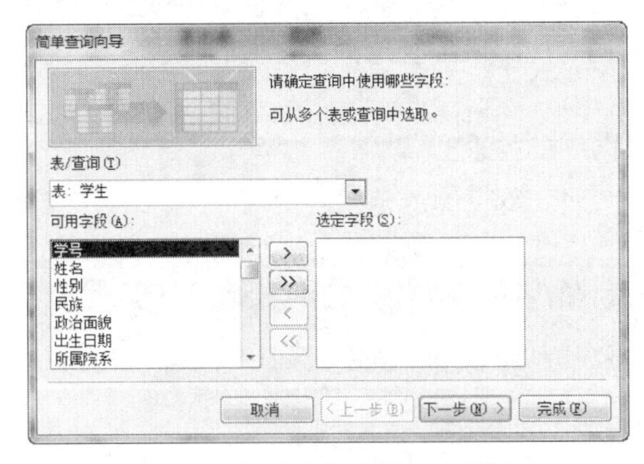

图 4–2　“简单查询向导”对话框 1

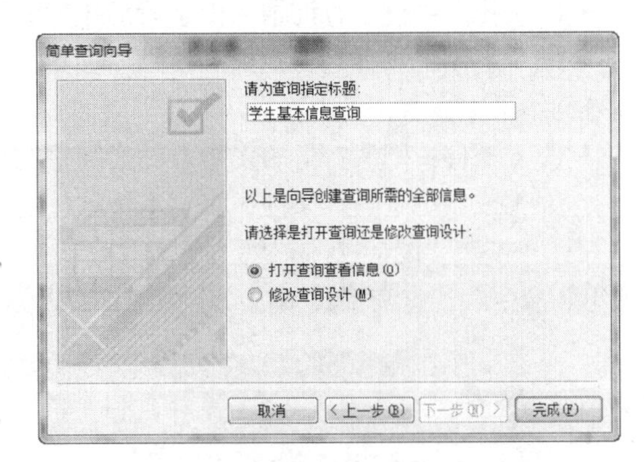

图 4–3　“简单查询向导”对话框 2

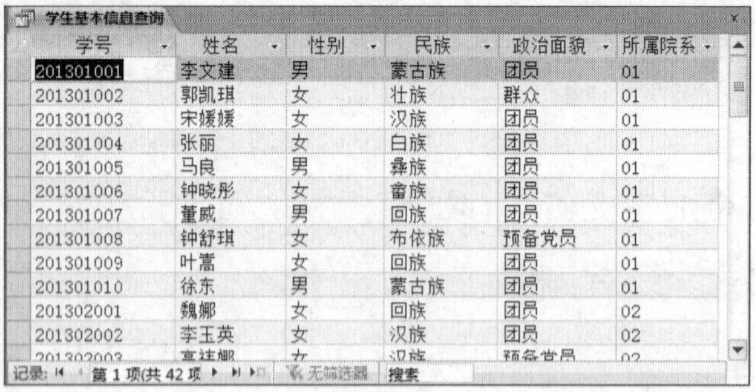

学生基本信息查询

学号	姓名	性别	民族	政治面貌	所属院系
201301001	李文建	男	蒙古族	团员	01
201301002	郭凯琪	女	壮族	群众	01
201301003	宋媛媛	女	汉族	团员	01
201301004	张丽	女	白族	团员	01
201301005	马良	男	彝族	团员	01
201301006	钟晓彤	女	畲族	团员	01
201301007	董威	男	回族	团员	01
201301008	钟舒琪	女	布依族	预备党员	01
201301009	叶蕾	女	回族	团员	01
201301010	徐东	男	蒙古族	团员	01
201302001	魏娜	女	回族	团员	02
201302002	李玉英	女	汉族	团员	02

记录: 第 1 项(共 42 项 无筛选器 搜索

图 4-4 “学生基本信息查询”数据表视图

4.2.2 使用“设计视图”创建查询

单击“创建”选项卡→“查询”选项组→“查询设计”按钮，弹出“显示表”对话框，添加相应的表，单击“关闭”按钮关闭“显示表”对话框。打开查询的“设计视图”，如图 4-5 所示，查询的“设计视图”分为上下两部分，上半部分称为表 / 查询输入区，显示查询要使用的表或其他查询；下半部分称为设计网格。

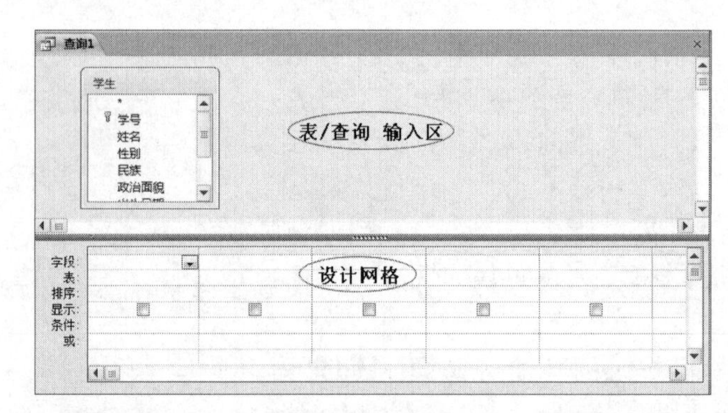

图 4-5 查询设计器

设计网格需要设置如下内容：

（1）字段：查询结果中所显示的字段。

（2）表：查询的数据源。

（3）排序：确定查询结果中字段的排序方式，有“升序”和“降序”两种方式可供选择。

（4）显示：选择是否在查询结果中显示字段，当对应字段的复选框被选中时，表示该字段在查询结果中显示，否则不显示。

（5）条件：同一行中的多个条件之间是逻辑“与”的关系。

（6）或：也是查询条件，表示多个条件之间是逻辑“或”的关系。

打开查询“设计视图”后，单击“查询工具”→“设计”选项卡，会出现图 4-6 所示的选项组和命令。“查询工具”选项卡中选项组及常用命令的名称及功能如表 4-2 所示。

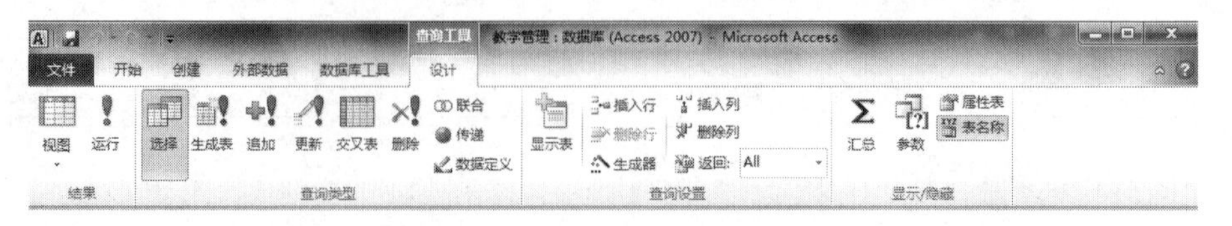

图 4-6 “查询工具”选项卡

表 4-2　“查询工具”选项卡中选项组及常用命令的名称及功能

选项组名称	命　令	功　能
结果	视图	单击按钮可切换窗体视图和设计视图，单击右侧箭头可以选择进入其他视图
	运行	单击按钮运行查询，生成并显示查询结果
查询类型	选择	最常用的查询
	生成表	可以根据一个或多个表中的全部或部分数据新建表
	追加	将一个或多个表中的一组记录添加到一个或多个表的末尾
	更新	可以对一个或多个表中的一组记录进行全局的更改
	交叉表	创建交叉表查询
	删除	可以从一个或多个表中删除一组记录
查询设置	显示表	打开 / 关闭“显示表”对话框
	生成器	打开 / 关闭“生成器”对话框
	返回（上限值）	显示包含上限或下限字段的记录，或显示最大或最小百分比值字段的记录
显示 / 隐藏	汇总	显示 / 隐藏查询“设计视图”中的“总计”行
	属性表	显示 / 隐藏“属性表”对话框
	表名称	显示 / 隐藏“表名称”

【例 4.2】创建一个查询，查找并显示学生的“学号”“姓名”“性别”和“民族”4 个字段内容，所建查询命名为“学生信息查询”。

微视频4-2
使用查询设计工具
创建查询

操作步骤如下：

（1）打开“教学管理”数据库。

（2）单击“创建”选项卡→“查询”选项组→“查询设计”按钮，弹出“显示表”对话框。

（3）在“表”选项卡下选择“学生”表，然后单击“添加”按钮，添加该表到“设计视图”。

（4）单击“关闭”按钮，关闭“显示表”对话框，出现查询的“设计视图”。

（5）在“字段”行第一列的下拉列表中选择“学号”字段，在“字段”行第二列的下拉列表中选择“姓名”字段，在“字段”行第三列的下拉列表中选择“性别”字段，在“字段”行第四列的下拉列表中选择“民族”字段，效果如图 4-7 所示。

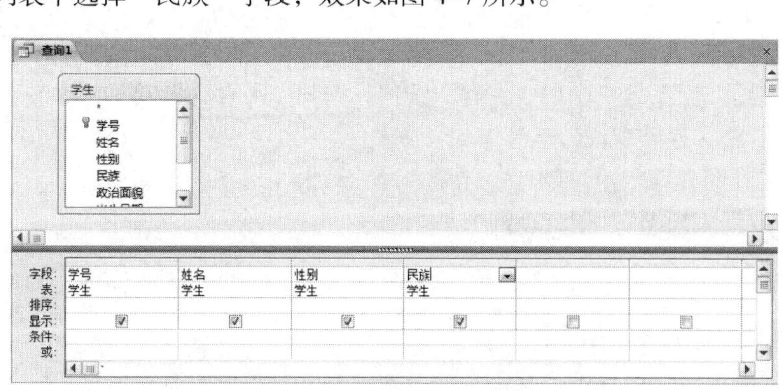

图 4-7　查询的“设计视图”

（6）单击快速访问工具栏中的“保存”按钮，弹出“另存为”对话框，在查询名称中输入“学生信息查询”，保存该查询。

（7）单击“查询工具”→“设计”选项卡→“结果”选项组→“视图”→“数据表视图”按钮，切换到“数据表视图”，查看查询结果。

【例 4.3】创建一个查询，查找并显示学生的“学号”“姓名”“课程名称”和“分数”4 个字段内容，所建查询命名为“学生成绩查询”。

微视频4-3
创建多表查询

操作步骤如下：

（1）单击“创建”选项卡→“查询”选项组→“查询设计”按钮，弹出“显示表”窗格。

（2）在“表”选项卡下选择“学生”表，然后单击“添加”按钮，添加该表到“设计视图”。用同样的方法把“课程”表和“成绩”表也添加到“设计视图”。

（3）单击“关闭”按钮，关闭“显示表”对话框，出现查询的“设计视图”。

（4）在“字段”行第一列的下拉列表中选择“学生 . 学号”字段，在“字段”行第二列的下拉列表中选择“学生 . 姓名”字段，在“字段”行第三列的下拉列表中选择“课程 . 课程名称”字段，在“字段”行第四列的下拉列表中选择“成绩 . 分数”字段，如图 4–8 所示。

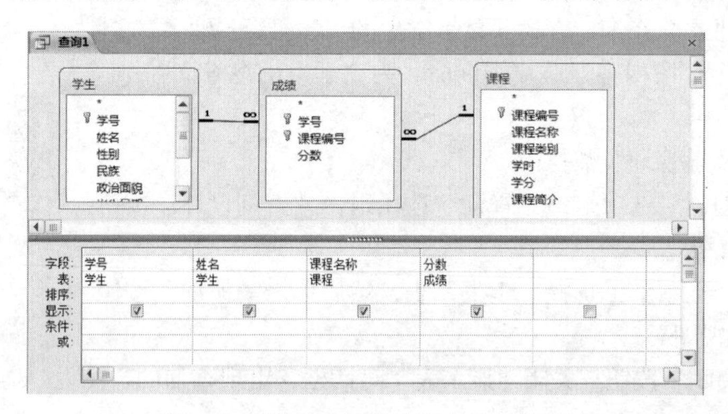

图 4–8 “学生成绩查询”的设计视图

> **提示：**也可以使用双击字段名的方式添加字段，依次双击“学生”表中的“学号”字段和“姓名”字段、“课程”表的“课程名称”字段、“成绩”表的“分数”字段，也可以出现图 4–8 所示的效果。

（5）单击快速访问工具栏中的“保存”按钮，弹出“另存为”对话框，在查询名称中输入“学生成绩查询”，保存该查询。

（6）单击“查询工具”→“设计”选项卡→“结果”选项组→“视图”→“数据表视图”按钮，切换到“数据表视图”，查看查询结果。

4.2.3 运行查询

运行查询的几种基本方法如下：

（1）在“导航窗格”窗口中，双击查询对象列表中要运行的查询名称。

（2）在“导航窗格”窗口中，选中查询对象列表中要运行的查询名称，右击，在弹出的快捷菜单中选择“打开”命令。

（3）在查询“设计视图”窗口，单击“查询工具”→“设计”选项卡→“结果”选项组→“运行”按钮。

4.2.4　编辑查询中的字段

1. 在设计网格中移动字段

单击列选定器，选择列，将字段拖动到新位置，移动过程中鼠标指针变成矩形。

2. 在设计网格中添加、删除字段

从表中将字段拖动至设计网格中要插入这些字段的列，或在表中双击字段名来添加字段。如果双击一个表中的“*”号，表示将此表中的所有字段都添加到查询中。

单击列选定器，选定字段，然后按【Delete】键，可以删除字段。

4.2.5　排序查询结果

在 Access 中，可以通过在设计网格中指定排序次序，对查询的结果进行排序，如图 4–9 所示。

如果为多个字段指定了排序次序，Microsoft Access 就会先对最左边的字段排序，因此应该在设计网格中从左到右排列要排序的字段。

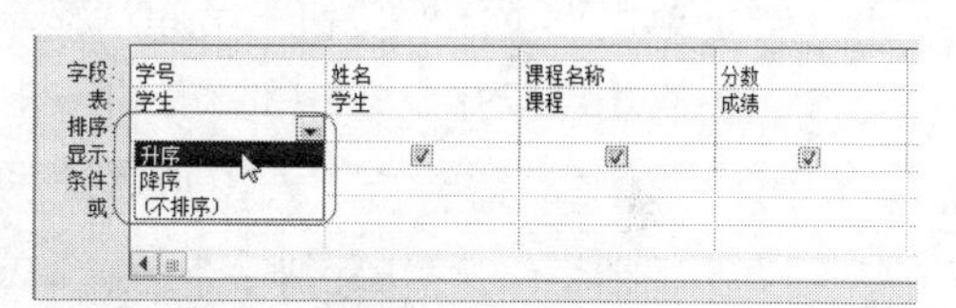

图 4–9　排序

4.2.6　查询的条件

查询条件是指在创建查询时，通过对字段添加限制条件，使查询结果中只包含满足条件的数据。查询条件是运算符、常量、字段值、函数以及字段名和属性等的任意组合，能够计算出一个结果（这部分内容在第 1 章已经讲述，请参考相关部分）。

【例 4.4】创建一个查询，查找并显示男同学的“学号”“姓名”“性别”和“民族”4 个字段内容，所建查询命名为“男同学信息查询”。

操作步骤如下：

（1）单击“创建”选项卡→“查询”选项组→“查询设计”按钮，弹出“显示表”对话框。

（2）在“表”选项卡中选择“学生”表，然后单击“添加”按钮，添加该表到“设计视图”。

（3）单击“关闭”按钮，关闭“显示表”对话框，出现查询的“设计视图”。

（4）在“字段”行第一列的下拉列表中选择“学号”字段；在“字段”行第二列的下拉列表中选择“姓名”字段；在“字段”行第三列的下拉框中选择“性别”字段，在条件行上输入条件“" 男 "”；在“字段”行第 4 列的下拉列表中选择“民族”字段，效果如图 4–10 所示。

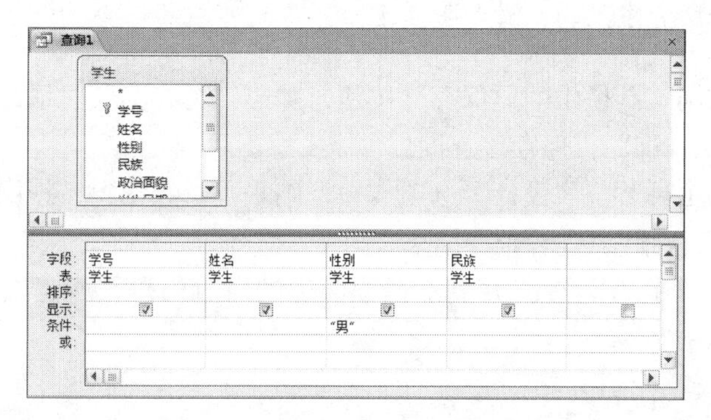

图 4–10　“男同学信息查询”的设计视图

提示：文本型字段的表达式在输入时，无须输入双引号，Access 会自动添加双引号。

（5）单击快速访问工具栏中的“保存”按钮，弹出“另存为”对话框，在查询名称中输入“男同学信息查询”，保存该查询。

（6）单击“查询工具”→“设计”选项卡→“结果”选项组→“视图”→“数据表视图”按钮，切换到“数据表视图”，查看查询结果。

【例 4.5】创建一个查询，查找并显示有“摄影”爱好的学生信息，所建查询命名为“有摄影爱好学生信息查询”。

操作步骤如下：

（1）单击“创建”选项卡→“查询”选项组→“查询设计”按钮，弹出“显示表”对话框。

（2）在“表”选项卡中选择“学生”表，然后单击“添加”按钮，添加该表到“设计视图”。

（3）单击“关闭”按钮，关闭“显示表”对话框，出现查询的“设计视图”。

（4）双击“学生”表中的 *，再双击“简历”字段，然后在“简历”字段的“条件”行上输入条件“Like "* 摄影 *"”，取消选择该字段的“显示”复选框，效果如图 4-11 所示。

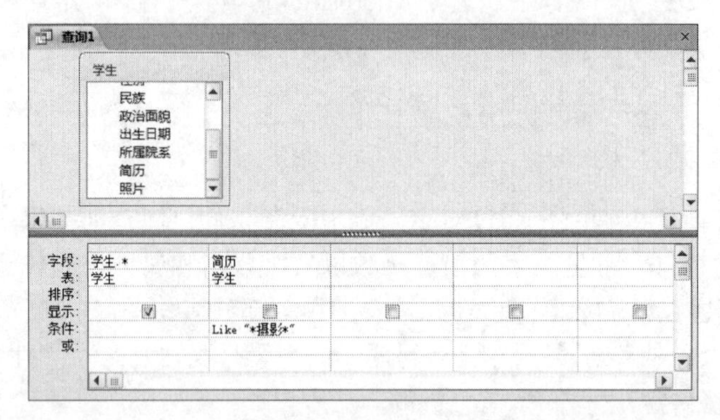

图 4-11 “有摄影爱好学生信息查询”的设计视图

提示：可以通过 Like 运算符来查找与所指定的模式相匹配的字段值。Like 常常和通配符一起使用，常见的通配符如第 3 章的表 3-13 所示。

提示：在“设计视图”字段行上使用星号（*）时，需要添加要排序或设置条件的字段。对需要排序的字段，在“排序”单元格中选择排序次序，在“条件”行中为相应的字段输入条件，然后清除除星号以外所有字段的“显示”复选框，否则字段将在查询结果中显示两次。

（5）单击快速访问工具栏中的“保存”按钮，弹出“另存为”对话框，在查询名称中输入“有摄影爱好学生信息查询”，保存该查询。

（6）单击“查询工具”→“设计”选项卡→“结果”选项组→“视图”→“数据表视图”按钮，切换到“数据表视图”，查看查询结果。

【例 4.6】创建一个查询，查找并显示在职教师的所有信息，所建查询命名为“在职教师信息查询”。

操作步骤如下：

（1）单击“创建”选项卡→“查询”选项组→“查询设计”按钮，弹出“显示表”对话框。

（2）在“表”选项卡中选择“教师”表，然后单击“添加”按钮，添加该表到“设计视图”。

（3）单击“关闭”按钮，关闭“显示表”对话框，出现查询的“设计视图”。

（4）双击“教师”表中的 *，再双击“是否在职”字段，然后在“是否在职”字段的“条件”行上输入条件 True，取消该字段的“显示”复选框，效果如图 4–12 所示。

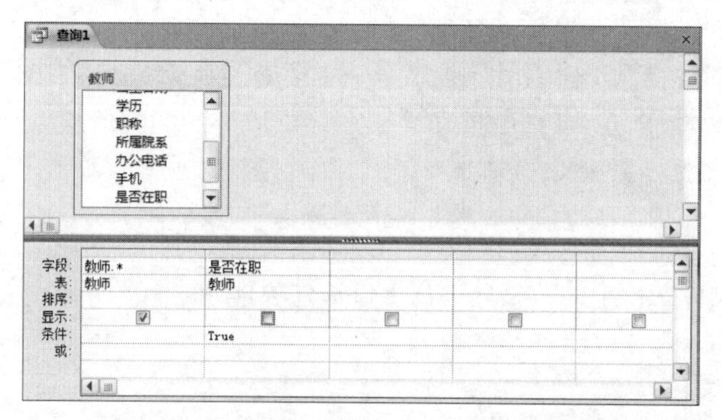

图 4–12 “在职教师信息查询”的设计视图

提示：“是否在职”字段属于“是 / 否”数据类型，其取值只有“真”值和“假”值，“真”值用 True 表示，“假”值用 False 表示。

（5）单击快速访问工具栏中的“保存”按钮，弹出“另存为”对话框，在查询名称中输入“在职教师信息查询”，保存该查询。

（6）单击“查询工具”→“设计”选项卡→“结果”选项组→“视图”→“数据表视图”按钮，切换到“数据表视图”，查看查询结果。

【例 4.7】以“学生”表为数据源，创建一个查询，查找并显示少数民族男同学的所有信息，所建查询命名为“少数民族男同学信息查询”。

操作步骤如下：

（1）单击“创建”选项卡→“查询”选项组→“查询设计”按钮，弹出“显示表”对话框。

（2）在“表”选项卡中选择“学生”表，然后单击“添加”按钮，添加该表到“设计视图”。

（3）单击“关闭”按钮，关闭“显示表”对话框，出现查询的“设计视图”。

（4）添加所有字段到设计视图，在“性别”字段的“条件”行上输入条件“" 男 "”，在“民族”字段的“条件”行上输入条件“Not " 汉族 "”，如图 4–13 所示。

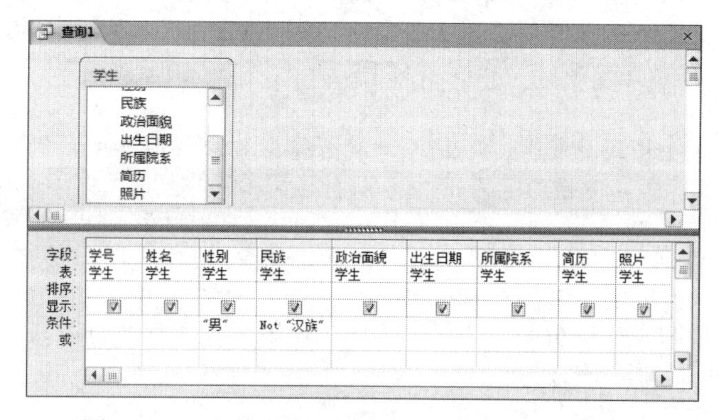

图 4–13 “少数民族男同学信息查询”的设计视图

提示： 添加所有字段：在表中选中第一个字段，按住【Shift】键，单击最后一个字段，然后将其拖动到字段行上。

（5）单击快速访问工具栏中的“保存”按钮，弹出“另存为”对话框，在查询名称中输入“少数民族男同学信息查询”，保存该查询。

（6）单击“查询工具”→“设计”选项卡→“结果”选项组→“视图”→“数据表视图”按钮，切换到“数据表视图”，查看查询结果。

4.2.7 在查询中进行计算

在实际应用中，常常需要对查询结果进行统计计算，如求和、求平均值、计数等。Access允许在查询中利用设计网格中的“总计”行进行各种统计，通过创建计算字段进行任意类型的计算。

1. 添加计算字段

使用自定义计算，可以用一个或多个字段的数据对每个记录执行数值、日期和文本计算。例如，使用自定义计算，可以将某一字段值乘上某一数量、找出存储在不同字段中的两个日期间的差别、组合“文本”字段中的几个值，或者创建子查询。对于自定义计算，必须直接在设计网格中创建新的计算字段。创建计算字段的方法是：将表达式输入到查询设计网格中的空“字段”单元格中。

【例 4.8】 创建一个查询，查找并显示学生的“学号”“姓名”“性别”和“年龄”4个字段内容，并以“年龄”字段降序排列，所建查询命名为“学生年龄信息查询”（其中“年龄”字段为新增加的字段，表达式为：当前系统的年 – 出生年）。

微视频4-4
在查询中添加计算字段

操作步骤如下：

（1）单击“创建”选项卡→“查询”选项组→“查询设计”按钮，弹出“显示表”对话框。

（2）在“表”选项卡中选择“学生”表，然后单击“添加”按钮，添加该表到“设计视图”。

（3）单击“关闭”按钮，关闭“显示表”对话框，出现查询的“设计视图”。

（4）在“字段”行第一列的下拉列表中选择“学号”字段；在“字段”行第二列的下拉列表中选择“姓名”字段；在“字段”行第三列的下拉列表中选择“性别”字段；在“字段”行第四列的文本框中输入“年龄:Year(Date())–Year([出生日期])”，在下面的“排序”行上，单击右侧的下拉列表，选择“降序”，效果如图4–14所示。

提示： 在表达式中出现的冒号、小括号、减号等，都应该用英文半角字符。

提示： 如果在表达式中引用字段名称，字段名称需要用中括号括上。

（5）单击快速访问工具栏中的“保存”按钮，弹出“另存为”对话框，在查询名称中输入“学生年龄信息查询”，保存该查询。

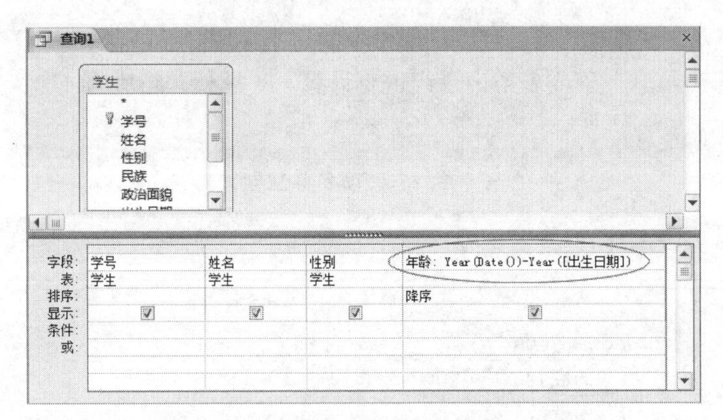

图 4-14 “学生年龄信息查询”的设计视图

（6）单击“查询工具”→“设计”选项卡→“结果”选项组→“视图”→“数据表视图”按钮，切换到“数据表视图”，查看查询结果。

【例 4.9】创建一个查询，查找并显示学生的“学号姓名”“性别”和“民族”3 个字段内容，所建查询命名为“学号姓名合二为一查询”（其中“学号姓名”字段为新增加的字段，显示的内容为学号和姓名）。

操作步骤如下：

（1）单击“创建”选项卡→“查询”选项组→“查询设计”按钮，弹出“显示表”对话框。

（2）在“表”选项卡中选择“学生”表，然后单击“添加”按钮，添加该表到“设计视图”。

（3）单击“关闭”按钮，关闭“显示表”对话框，出现查询的“设计视图”。

（4）在“字段”行第一列的文本框中输入“学号姓名 :[学号] & [姓名]”；在“字段”行第二列的下拉列表中选择“性别”字段；在“字段”行第三列的下拉列表中选择“民族”字段，效果如图 4-15 所示。

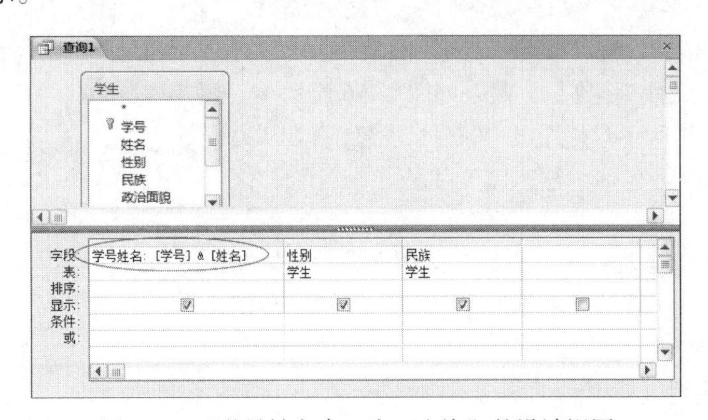

图 4-15 “学号姓名合二为一查询”的设计视图

（5）单击快速访问工具栏中的“保存”按钮，弹出“另存为”对话框，在查询名称中输入“学号姓名合二为一查询”，保存该查询。

（6）单击“查询工具”→“设计”选项卡→“结果”选项组→“视图”→“数据表视图”按钮，切换到“数据表视图”，查看查询结果。

2. 总计查询

单击“查询工具”→“设计”选项卡→“显示 / 隐藏”选项组→“汇总”按钮，可以在“设计视图”网格中显示出“总计”行。对设计网格中的每个字段，都可在“总计”行中选择总计项，来对查询中的全部记录、一条或多条记录组进行计算。“总计”行中有11个总计项，其名称及含义如表4–3所示。

表4–3　总计项名称及含义

总　计　项	含　　义
Group By	分组
合计	字段值的总和
平均值	字段的平均值
最小值	字段的最小值
最大值	字段的最大值
计数	字段值的个数，不包括Null（空）值
StDev	字段的标准偏差值
First	返回所执行计算的组中的第一条记录
Last	返回所执行计算的组中的最后一条记录
Expression	创建在其表达式的计算字段。通常在表达式中使用多个函数时，将创建计算字段
Where	指定不用于定义分组的字段条件。如果选中这个字段选项，Access将清除“显示”复选框，隐藏查询结果中的这个字段

【例4.10】创建一个查询，统计学生的人数，命名为“学生人数统计”。

操作步骤如下：

（1）单击“创建”选项卡→“查询”选项组→“查询设计”按钮，弹出“显示表”对话框。

（2）在“表”选项卡中选择“学生”表，然后单击“添加”按钮，添加该表到“设计视图”。

（3）单击“关闭”按钮，关闭“显示表”对话框，出现查询的“设计视图”。

（4）在“字段”行第一列的下拉列表中选择“学号”字段，单击“查询工具”→“设计”选项卡→“显示/隐藏”选项组→“汇总”按钮，在“学号”字段下的“总计”行右侧的下拉列表中选择“计数”，效果如图4–16所示。

（5）单击快速访问工具栏中的“保存”按钮，弹出“另存为”对话框，在查询名称中输入“学生人数统计”，保存该查询。

（6）单击“查询工具”→“设计”选项卡→“结果”选项组→“视图”→“数据表视图”按钮，切换到“数据表视图”，查看查询结果。

图4–16　“学生人数统计”的设计视图

3. 分组总计查询

在查询中，如果需要对记录进行分类统计，可以使用分组统计功能。分组统计时，只需在“设计视图”中将用于分组字段的“总计”行设置成Group By即可。

微视频4–5
分组总计查询

【例4.11】创建一个查询，计算每名学生的平均成绩，并按平均成绩依次显示“姓名”“平均成绩”两列内容，其中“平均成绩”数据由统计计算得到，所建查询名为“学生平均成绩”。假设：所用表中无重名。

操作步骤如下：

（1）单击“创建”选项卡→“查询”选项组→“查询设计”按钮，弹出“显示表”对话框。

（2）在“表”选项卡中选择“学生”表，然后单击“添加”按钮，添加该表到“设计视图”。选择“成绩”表，然后单击“添加”按钮，添加该表到“设计视图”。

（3）单击“关闭”按钮，关闭“显示表”对话框，出现查询的“设计视图”。

（4）“字段”行第一列选择“学生”表的“姓名”字段，第二列选择“成绩”表的“分数”字段。单击“查询工具”→“设计”选项卡→“显示 / 隐藏”选项组→“汇总”按钮，在“姓名”字段下的“总计”行右侧的下拉列表中选择 Group By，在“分数”字段下的“总计”行右侧的下拉列表中选择“平均值”，然后在“字段”行上“分数”字段前的文本框中输入“平均成绩：”，效果如图 4–17 所示。

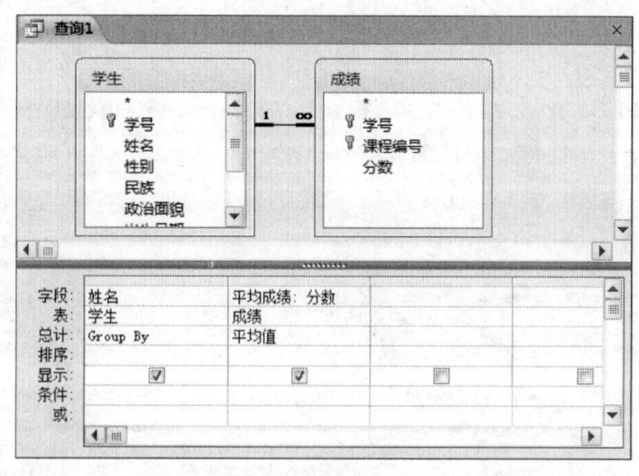

图 4–17 “学生平均成绩”的设计视图

（5）单击快速访问工具栏中的“保存”按钮，弹出“另存为”对话框，在查询名称中输入“学生平均成绩”，保存该查询。

（6）单击“查询工具”→“设计”选项卡→“结果”选项组→“视图”→“数据表视图”按钮，切换到“数据表视图”，查看查询结果。

4.2.8 多表查询中联接属性的设置

在一个查询中包括多个表时，可以使用联接功能来帮助自己获取所需的结果。根据要查看的表与查询中的其他表的关系，联接帮助查询只返回各表中要查看的记录。联接有助于根据各个表在查询中相互关联的方式，让查询仅从每个表中返回希望看到的记录。常见的联接方式有内部联接和外部联接。

内部联接是最常见的联接类型。它们根据联接字段中的数据告诉查询：其中一个联接表中的行与另一个表中的行相对应。当运行带有内部联接的查询时，查询操作中将只包括这两个联接表中存在公共值的行。

外部联接告诉查询：即使联接双方的某些行完全对应，查询应当包括其中一个表中的所有行，并包括另一个表中联接双方具有相同值的那些行。外部联接可以为左外部联接，也可以为右外部联接。在左外部联接中，对于第一个表，查询包括所有行；对于另一个表，则只包括两个表的联接字段值彼此相同的行。在右外部联接中，对于第二个表，查询包括所有行；对于另一个表，则只包括两个表的联接字段值彼此相同的行。

【例 4.12】创建一个查询，查找所有学生的选课信息。显示字段为“学号”“姓名”和“课程编号”，所建查询命名为“学生的选课情况”。

微视频4-6
多表查询中联接属性的设置

操作步骤如下：

（1）单击“创建”选项卡→“查询”选项组→“查询设计”按钮，弹出“显示表”对话框。

（2）在“表”选项卡中选择“学生”表，然后单击“添加”按钮，添加该表到“设计视图”。用同样的方法把“成绩”表也添加到设计视图。

（3）单击“关闭”按钮，关闭“显示表”对话框，出现查询的“设计视图”。

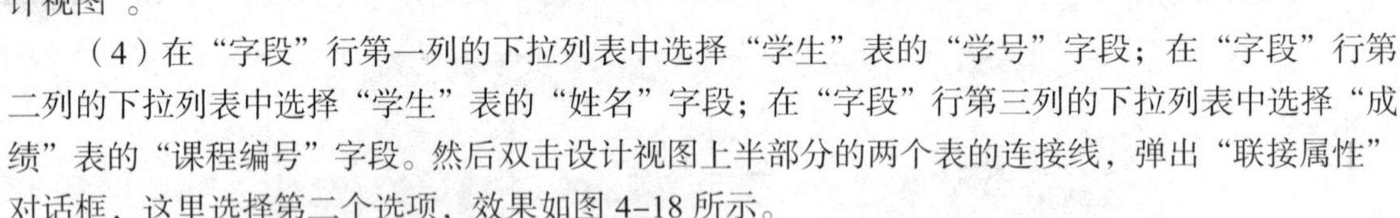

（4）在“字段”行第一列的下拉列表中选择“学生”表的“学号”字段；在“字段”行第二列的下拉列表中选择“学生”表的“姓名”字段；在“字段”行第三列的下拉列表中选择“成绩”表的“课程编号”字段。然后双击设计视图上半部分的两个表的连接线，弹出“联接属性”对话框，这里选择第二个选项，效果如图 4-18 所示。

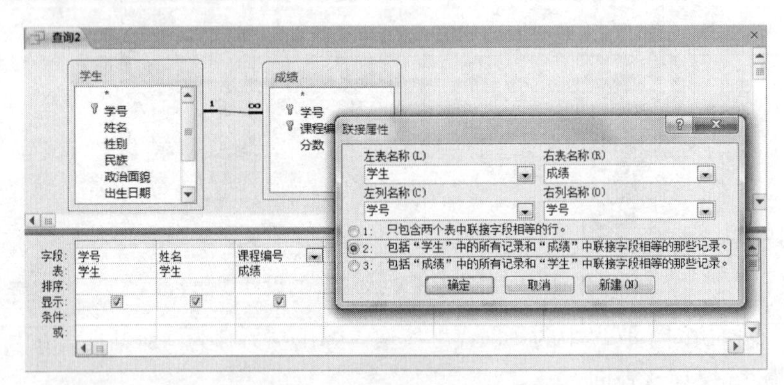

图 4-18 “联接属性”对话框

（5）单击“确定”按钮，关闭“联接属性”对话框。

（6）单击快速访问工具栏中的“保存”按钮，弹出“另存为”对话框，在查询名称中输入“学生的选课情况”，保存该查询。

（7）单击“查询工具”→“设计”选项卡→“结果”选项组→“运行”按钮，运行该查询。查看效果，如图 4-19 所示。

学生的选课情况

学号	姓名	课程编号
201304001	张越	J0115
201304002	李黎	J0106
201304002	李黎	J0116
201304003	刘子储	J0107
201304003	刘子储	J0117
201304004	马莹	J0108
201304004	马莹	J0118
201304005	李艳	
201304006	张力	
201304007	汪涵	
201304008	于宏睿	
201304009	马小红	
201304010	徐靓颖	
201304011	李大林	
201304012	宋红	

记录: 第 61 项(共 68 项) 无筛选器 搜索

图 4-19 “学生的选课情况”查询的数据表视图

【例 4.13】创建一个查询，查找哪些没有选课的学生信息。显示字段为“学号”和“姓名”，所建查询命名为“没有选课的学生”。

操作步骤如下：

（1）单击“创建”选项卡→“查询”选项组→“查询设计”按钮，弹出“显示表”对话框。

（2）在“表”选项卡中选择“学生”表，然后单击“添加”按钮，添加该表到设计视图。用同样的方法把“成绩”表添加到设计视图。

（3）单击“关闭”按钮，关闭“显示表”对话框，出现查询的“设计视图”。

（4）在“字段”行第一列的下拉列表中选择“学生”表的“学号”字段；在“字段”行第二列的下拉列表中选择“学生”表的“姓名”字段；在“字段”行第三列的下拉列表中选择“成绩”表的“课程编号”字段。然后双击设计视图上半部分的两个表的连接线，弹出“联接属性”对话框，这里选择第二个选项，单击“确定”按钮，关闭“联接属性”对话框。

（5）在“课程编号”字段的“条件”行上输入条件 Is Null，然后取消选择“显示”复选框，如图 4–20 所示。

（6）单击快速访问工具栏中的“保存”按钮，弹出“另存为”对话框，在查询名称中输入“没有选课的学生”，保存该查询。

（7）单击“查询工具”→“设计”选项卡→“结果”选项组→“运行”按钮，运行该查询。查看效果，如图 4–21 所示。

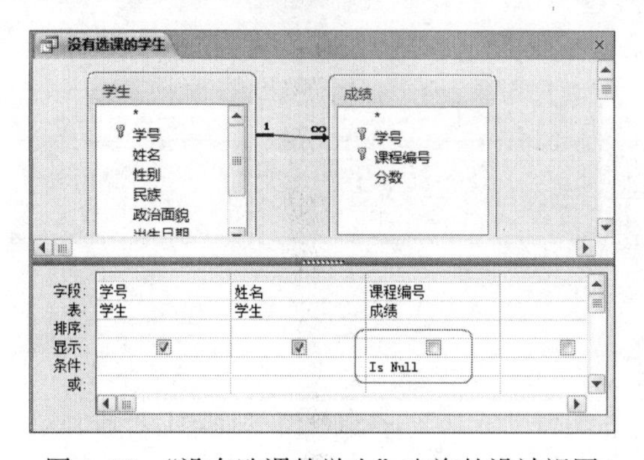

图 4–20　“没有选课的学生”查询的设计视图

没有选课的学生

学号	姓名
201304005	李艳
201304006	张力
201304007	汪涵
201304008	于宏睿
201304009	马小红
201304010	徐靓颖
201304011	李大林
201304012	宋红

记录：第 1 项(共 8 项)　无筛选器　搜索

图 4–21　没有选课的学生信息

4.3　创建参数查询

前面已经介绍了建立查询的基本方法，但是使用这些方法建立的查询内容和条件都是固定的，使用 Access 提供的参数查询则可以根据某些字段不同的值来查找记录。

使用参数查询，在每次运行查询时输入不同的条件值，可以获得所需的结果，且不必每次重新创建整个查询。

参数查询的不同之处在于处理条件的方式：不是输入实际值数据，而是提示查询用户输入条件值。提示用户很简单，在查询网格中输入提示文本，并用方括号“[ ]”将其括起来即可。运行查询时，该提示文本将显示出来。

参数查询有单参数查询和多参数查询。

4.3.1 单参数查询

创建单参数查询就是在字段中指定一个参数，在执行参数查询时输入一个参数值。

【例 4.14】创建一个参数查询，显示学生的“学号”“姓名”和“民族”3 个字段信息。将“姓名”字段作为参数，设定提示文本为“请输入姓名：”，所建查询命名为“按姓名查询”。

微视频4-7
单参数查询

操作步骤如下：

（1）单击“创建”选项卡→“查询”选项组→“查询设计”按钮，弹出“显示表”对话框。

（2）在“表”选项卡中选择“学生”表，然后单击“添加”按钮，添加该表到“设计视图”。

（3）单击“关闭”按钮，关闭“显示表”对话框，出现查询的“设计视图”。

（4）在“字段”行第一列的下拉列表中选择“学号”字段；在“字段”行第二列的下拉列表中选择“姓名”字段，并在“姓名”字段的“条件”行上输入“[请输入姓名：]”；在“字段”行第三列的下拉列表中选择“民族”字段，效果如图 4–22 所示。

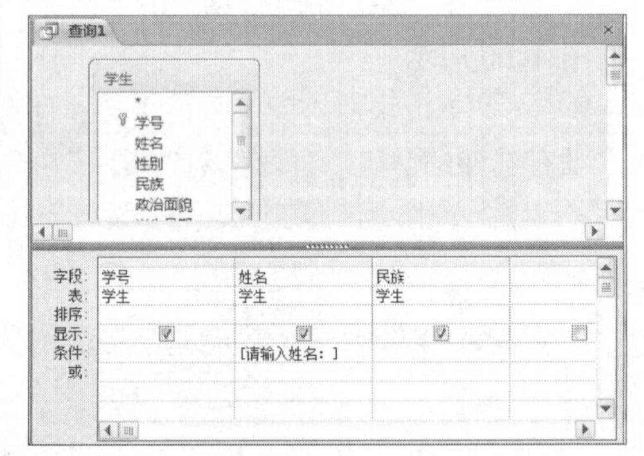

图 4–22 “按姓名查询”的“设计视图”

（5）单击快速访问工具栏中的“保存”按钮，弹出“另存为”对话框，在查询名称中输入“按姓名查询”，保存该查询。

（6）单击“查询工具”→“设计”选项卡→“结果”选项组→“视图”→“数据表视图”按钮，切换到“数据表视图”，查看查询结果。

4.3.2 多参数查询

创建多参数查询就是在字段中指定多个参数，在执行参数查询时输入多个参数值。

【例 4.15】创建一个参数查询，显示学生的“学号”“姓名”“性别”和“民族”4 个字段信息。将“性别”字段作为参数，设定提示文本为“请输入性别：”，将“民族”字段作为参数，设定提示文本为“请输入民族：”，所建查询命名为“多字段参数查询”。

操作步骤如下：

（1）单击“创建”选项卡→“查询”选项组→“查询设计”按钮，弹出“显示表”对话框。

（2）在“表”选项卡中选择“学生”表，然后单击“添加”按钮，添加该表到“设计视图”。

（3）单击“关闭”按钮，关闭“显示表”对话框，出现查询的“设计视图”。

（4）在“字段”行第一列的下拉列表中选择“学号”字段；在“字段”行第二列的下拉列表中选择“姓名”字段，在“字段”行第三列的下拉列表中选择“性别”字段，并在“性别”字段的“条件”行上输入“[请输入性别：]”；在“字段”行第四列的下拉列表中选择“民族”字段，并在“民族”字段的“条件”行上输入“[请输入民族：]”，效果如图 4–23 所示。

（5）单击快速访问工具栏中的“保存”按钮，弹出“另存为”对话框，在查询名称中输入“多字段参数查询”，保存该查询。

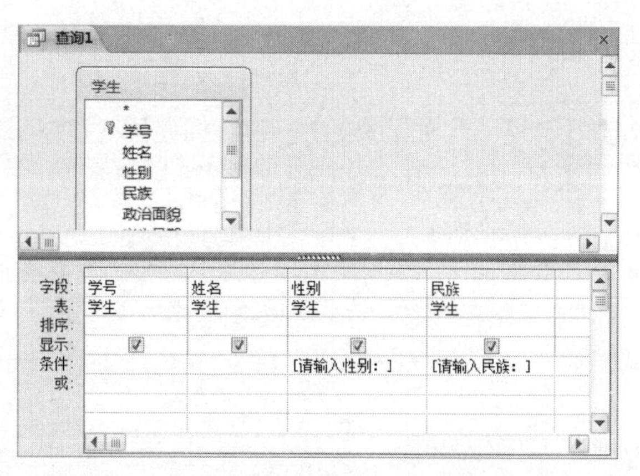

图 4-23　“多字段参数查询”的设计视图

（6）单击“查询工具”→“设计”选项卡→“结果”选项组→“视图”→“数据表视图”按钮，切换到“数据表视图”，查看查询结果。

4.4　创建交叉表查询

使用交叉表查询可以计算并重新组织数据的结构，这样可以更加方便地分析数据。交叉表查询计算数据的总计、平均值、计数或其他类型的总和，这种数据可分为两组信息：一类在数据表左侧排列，另一类在数据表的顶端排列。

4.4.1　认识交叉表查询

交叉表查询是将来源于某个表的字段进行分组，一组列在交叉表左侧，一组列在交叉表上部，并在交叉表行与列交叉处显示表中某个字段的各种计算值。

在创建交叉表查询时，需要指定3种字段：一是放在交叉表最左端的行标题，它将某一字段的相关数据分组后放入指定的行中；二是放在交叉表最上面的字段，它是将某一个字段的相关数据值分组后放入指定的列中；三是放在交叉表行与列交叉位置上的字段，需要为该字段指定一个总计项，如计数、求平均值、求和等。交叉表查询示例如图4-24所示。在交叉表查询中，只能指定一个列字段和一个总计类型的“值”字段。

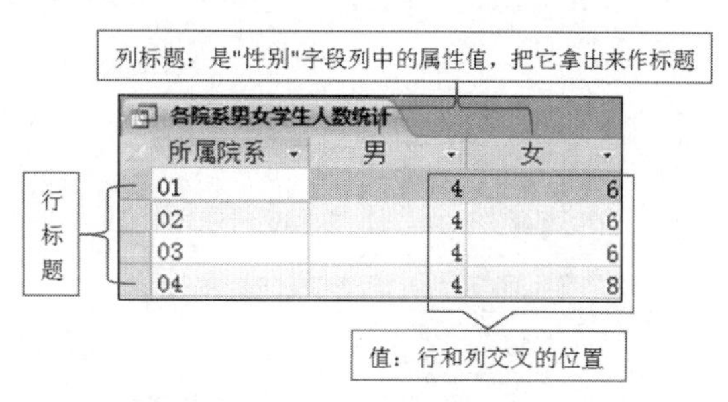

图 4-24　交叉表查询示例

4.4.2　创建交叉表查询

创建交叉表查询有两种方式：使用“交叉表查询向导”和使用“设计视图”直接创建。

1. 使用“交叉表查询向导”创建交叉表查询

【例 4.16】使用交叉表查询向导创建一个查询，统计各院系的男女生人数，所建查询命名为“各院系男女学生人数统计”。

操作步骤如下：

微视频4-8
使用交叉表查询向导
创建交叉表查询

（1）单击“创建”选项卡→“查询”选项组→“查询向导”按钮，弹出“新建查询”对话框，选择“交叉表查询向导”，如图 4–25 所示，然后单击“确定”按钮。

（2）在弹出的“交叉表查询向导”对话框中询问“请指定哪个表或查询中含有交叉表查询结果所需的字段：”，这里选择“学生”表，如图 4–26 所示。

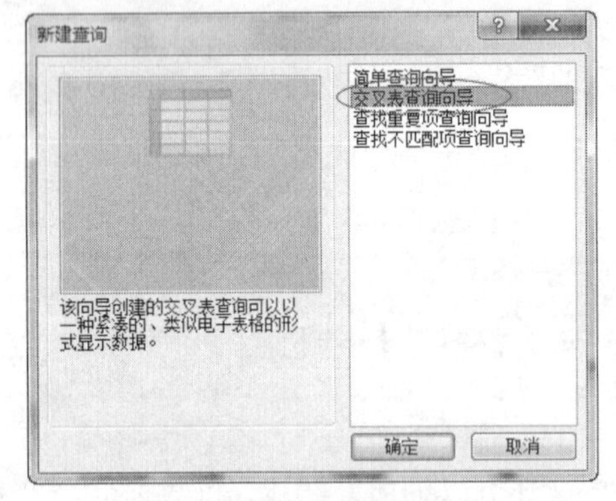

图 4–25 “新建查询”对话框

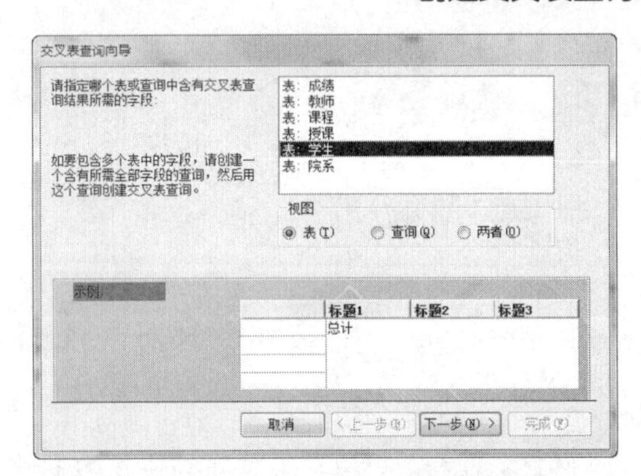

图 4–26 “交叉表查询向导”对话框 1

（3）单击“下一步”按钮，询问“请确定用哪些字段的值作为行标题：”，单击“可用字段”列表框中的“所属院系”，然后单击 > 按钮把它添加到“选定字段”列表框中，如图 4–27 所示。

（4）单击“下一步”按钮，询问“请确定用哪个字段的值作为列标题：”，单击“性别”字段，如图 4–28 所示。

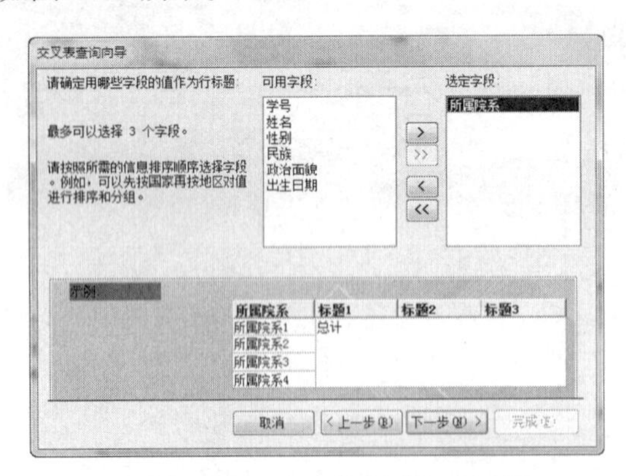

图 4–27 “交叉表查询向导”对话框 2

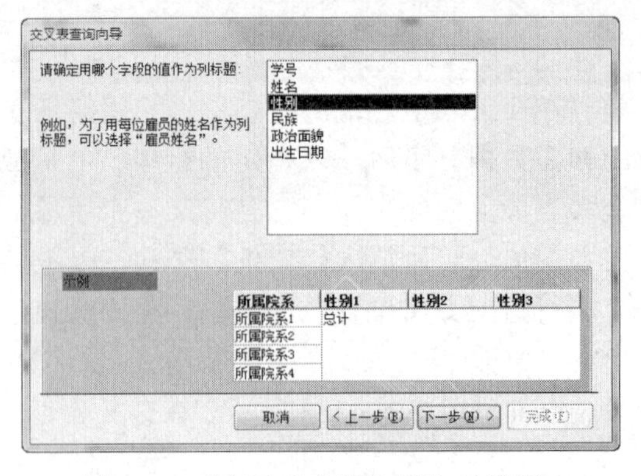

图 4–28 “交叉表查询向导”对话框 3

（5）单击“下一步”按钮，询问“请确定为每个列和行的交叉点计算出什么数字：”，单击“字段”列表框中的“学号”字段，再单击“函数”列表框中的 Count，如图 4–29 所示。

提示： 如果不需要为每一行作小计，请取消选择“是，包括各行小计”复选框。

（6）单击“下一步”按钮，询问“请指定查询的名称：”，在“请指定查询的名称：”文本框中输入查询的名称“各院系男女学生人数统计”，如图 4–30 所示。

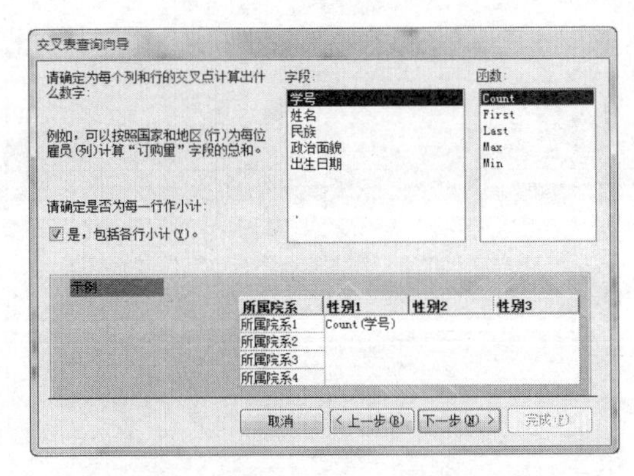

图 4-29　“交叉表查询向导”对话框 4

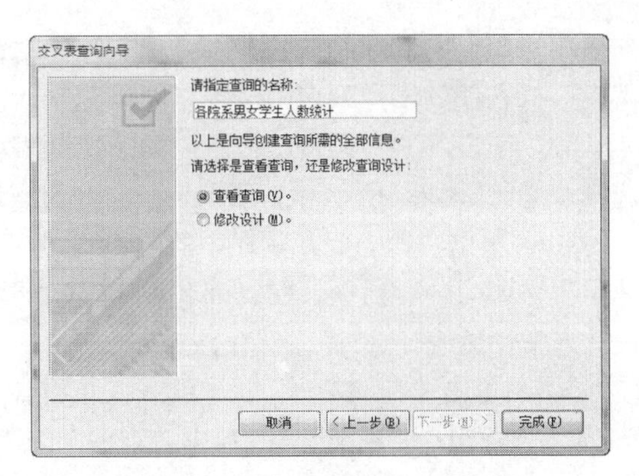

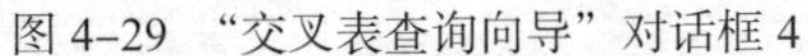

图 4-30　“交叉表查询向导”对话框 5

（7）单击“完成”按钮，出现图 4-31 所示的查询结果。

（8）单击“查询工具”→“设计”选项卡→“结果”选项组→“视图”→“设计视图”按钮，切换到查询的“设计视图”，查看查询设计结构。查询的设计视图如图 4-32 所示。

各院系男女学生人数统计

所属院系	总计 学号	男	女
01	10	4	6
02	10	4	6
03	10	4	6
04	12	4	8

记录: 第 1 项(共 4 项)　无筛选器　搜索

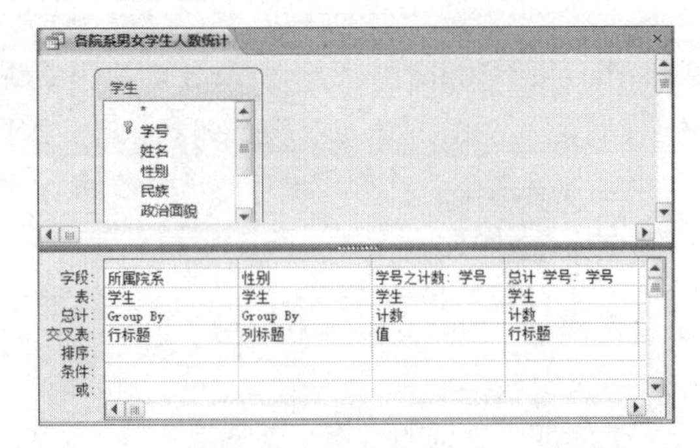

图 4-31　“各院系男女学生人数统计”查询结果　图 4-32　“各院系男女学生人数统计”查询的设计视图

2. 使用“设计视图”创建交叉表查询

【例 4.17】创建一个查询，统计“学生”表中各个民族的男女生人数，所建查询的名称为“各民族男女学生统计查询”。

操作步骤如下：

（1）单击“创建”选项卡→“查询”选项组→“查询设计”按钮，弹出“显示表”对话框。

（2）在“表”选项卡中选择“学生”表，然后单击“添加”按钮，添加该表到“设计视图”。

（3）单击“关闭”按钮，关闭“显示表”对话框，出现查询的“设计视图”。

微视频4-9
使用设计视图
创建交叉表查询

（4）在“字段”行第一列的下拉列表中选择“民族”字段；在“字段”行第二列的下拉列表中选择“性别”字段；在“字段”行第三列的下拉列表中选择“学号”字段，然后单击“查询工具”→“设计”选项卡→“查询类型”选项组→“交叉表”按钮，这时，在查询的“设计视图”的下半区多出“总计”行和“交叉表”两行。

（5）在“民族”和“性别”字段的“总计”行右侧的下拉列表中选择 Group By，在“学号”字段的“总计”行右侧的下拉列表中选择“计数”；在“民族”字段的“交叉表”行右侧的下拉列表中选择“行标题”，在“性别”字段的“交叉表”行右侧的下拉列表中选择“列标题”，在“学号”字段的“交叉表”行右侧的下拉列表中选择“值”，效果如图 4-33 所示。

（6）单击快速访问工具栏中的“保存”按钮，弹出“另存为”对话框，在查询名称中输入“各民族男女学生统计查询”，保存该查询。

（7）单击“查询工具”→“设计”选项卡→“结果”选项组→“视图”→“数据表视图”按钮，切换到“数据表视图”，查看查询结果。

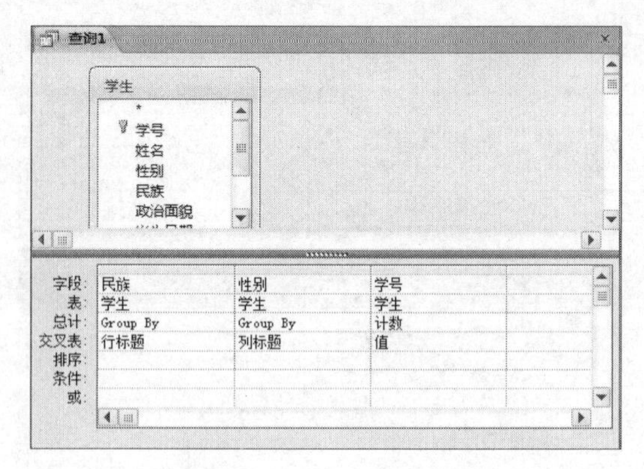

图 4-33 “各民族男女学生统计查询”的设计视图

4.5 创建操作查询

操作查询分为 4 种类型：生成表查询、更新查询、删除查询和追加查询。操作查询的操作对象是“表”，操作结果也反映在“表”里。操作查询运行后，将不能利用“撤销”命令恢复。

4.5.1 生成表查询

使用生成表查询可将行复制到新表中，在创建要使用的数据子集或将表的内容从一个数据库复制到另一个数据库时非常有用。生成表查询类似于追加查询，但该查询创建要将行复制到其中的新表中。

创建生成表查询的操作步骤如下：

（1）创建选择查询。

（2）将选择查询转换为生成表查询：完成选择后，将查询类型更改为“生成表”。

（3）在“生成表”对话框中，输入所要创建或替换的表的名称，单击“确定”按钮。

（4）从字段列表将要包含在新表中的字段拖动到查询设计网格。

（5）对于已拖动到网格的字段，如果必要，应在“条件”单元格中输入条件。

（6）若要在创建表之前预览新表，可以切换到“数据表视图”，预览新表的记录。

（7）若要创建新表，则可单击“查询工具”→“设计”选项卡→“结果”选项组→“运行”按钮，运行该查询。

提示：新建表中的数据并不继承原始表中的字段属性或主键设置。

【例 4.18】创建一个查询，运行该查询后生成一个新表，表名为“不及格学生”，表结构包括“学号”“姓名”“课程名称”和“分数”4 个字段，表内容为不及格的所有学生记录。所建查询命名为“不及格学生查询”。要求创建此查询后，运行该查询，并查看运行结果。

微视频4-10
生成表查询

操作步骤如下：

（1）单击“创建”选项卡→“查询”选项组→“查询设计”按钮，弹出“显示表”对话框。

（2）在“表”选项卡中选择“学生”表，然后单击“添加”按钮，添加该表到“设计视图”。用同样的方法把“课程”表和“成绩”表也添加到“设计视图”。

（3）单击“关闭”按钮，关闭“显示表”对话框，出现查询的“设计视图”。

（4）在“字段”行第一列的下拉列表中选择“学生 . 学号”字段，在“字段”行第二列的下拉列表中选择“学生 . 姓名”字段，在“字段”行第三列的下拉列表中选择“课程 . 课程名称”字段，在“字段”行第四列的下拉列表中选择“成绩 . 分数”字段，并在条件行上输入“<60”，效果如图 4–34 所示。

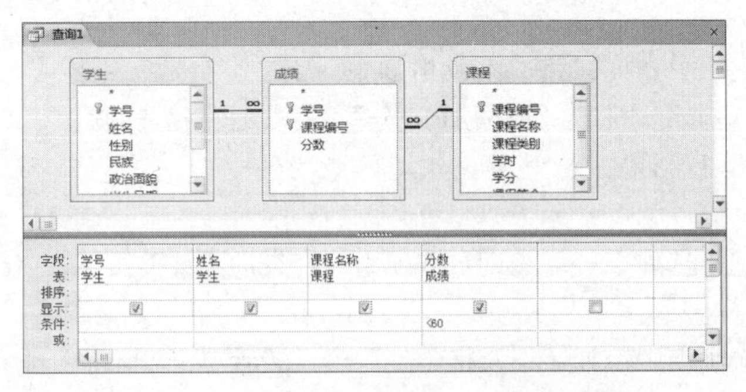

图 4–34　“不及格学生查询”的设计视图

（5）单击“查询工具”→“设计”选项卡→“查询类型”选项组→“生成表”按钮，弹出“生成表”对话框，在表名称右侧的文本框中输入新表的名称“不及格学生”，如图 4–35 所示。

图 4–35　“生成表”对话框

（6）单击“确定”按钮，回到查询的“设计视图”。单击快速访问工具栏中的“保存”按钮，弹出“另存为”对话框，在查询名称中输入“不及格学生查询”，保存该查询。

（7）单击“查询工具”→“设计”选项卡→“结果”选项组→“运行”按钮，运行该查询。在确认对话框中，单击“是”按钮进行确认。将创建新表，且该表显示在“导航窗格”中。如果已存在使用指定名称的表，该表将在查询运行前被删除。

（8）在“导航窗格”中，查看是否生成了“不及格学生”表，如果存在，打开其“数据表视图”查看数据。

4.5.2　更新查询

在必须更新或更改记录集中的现有数据时，应使用更新查询。使用更新查询可以添加、更改或删除一条或多条现有记录中的数据。可以将更新查询视为一种强大的“查找和替换”对话框形式。不能使用更新查询来向数据库添加新记录，也不能从数据库中删除整个记录。若要将新记录添加到数据库，应使用追加查询；若要从数据库中删除整个记录，应使用删除查询。

创建更新查询时，应指定：

- 要更新的表。
- 要更新其内容的列。
- 用以更新各个列的值或表达式。
- 定义要更新行的条件。

创建更新查询的操作步骤如下：

（1）创建用于找出要更新的记录的选择查询。

（2）将选择查询转换为更新表查询：完成选择后，将查询类型更改为“更新”。

（3）对于已拖动到网格的字段，如果必要，应在“条件”单元格中输入条件。

（4）若要在更新表之前预览更新后的结果，可以切换到“数据表视图”，预览更新后表的记录。

（5）若要更新表，应单击“查询工具”→“设计”选项卡→“结果”选项组→“运行”按钮，运行该查询。

【例 4.19】创建一个查询，将“不及格学生”表中“分数”字段的记录值都加 10，所建查询命名为“成绩加 10 分”。要求创建此查询后，运行该查询，并查看运行结果。

操作步骤如下：

（1）单击“创建”选项卡→“查询”选项组→“查询设计”按钮，弹出“显示表”对话框。

（2）在“表”选项卡中选择“不及格学生”表，然后单击“添加”按钮，添加该表到“设计视图”。

（3）单击“关闭”按钮，关闭“显示表”对话框，出现查询的“设计视图”。

（4）在“字段”行第一列的下拉框中选择“分数”字段，单击“查询工具”→“设计”选项卡→“查询类型”选项组→“更新”按钮，这时在查询的“设计视图”的下半区就多出了一行“更新到”，在“分数”字段下的“更新到”文本框中输入“[分数]+10”，如图 4–36 所示。

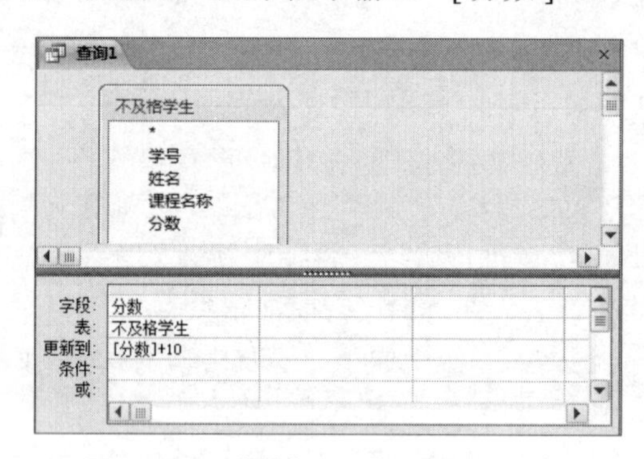

图 4–36 “成绩加 10 分”的设计视图

（5）单击快速访问工具栏中的“保存”按钮，弹出“另存为”对话框，在查询名称中输入“成绩加 10 分”，保存该查询。

（6）单击“查询工具”→“设计”选项卡→“结果”选项组→“运行”按钮，运行该查询。在确认对话框中单击“是”按钮进行确认。

（7）在“导航窗格”中，打开“不及格学生”表，查看数据。

4.5.3 删除查询

可以使用删除查询来删除表中的数据，并且可以使用删除查询输入条件来指定应删除的行。通过删除查询，可以在执行删除操作前查看要删除的行。

使用删除查询时的重要注意事项如下：

- 使用删除查询删除记录之后，将无法撤销此操作。因此，在运行查询之前，应该先预览即将删除的查询所涉及的数据。
- 应该随时维护数据的备份副本。如果不小心错删了数据，可以从备份副本中恢复它们。
- 在某些情况下，执行删除查询可能会同时删除相关表中的记录，即使它们并不包含在此查询中。当查询只包含一对多关系中“一”方的表，并且允许对该关系使用级联删除时，就可能会发生这种情况。删除“一”方表中的记录，就会同时删除“多”方表中的记录。
- 当删除查询包含不只一个表时，例如，从其中一个表中删除重复记录的查询，查询的“唯一的记录”属性必须设为“是”。

创建删除查询的操作步骤如下：

（1）创建选择查询。

（2）将选择查询转换为删除查询：完成选择后，将查询类型更改为“删除”。

（3）若要指定删除记录的条件，应将要为其设置条件的字段拖动到设计网格中。对于已经拖动到网格的字段，在其“条件”单元格中输入条件。如果不指定搜索条件，则删除所有行。

（4）在删除表记录前，可以切换到“数据表视图”预览要删除的记录。

（5）若要删除记录，应单击“查询工具”→“设计”选项卡→“结果”选项组→“运行”按钮，运行该查询。

【例 4.20】创建一个查询，删除表对象“不及格学生”中所有姓“李”的记录，所建查询命名为“删除李姓查询”。要求创建此查询后，运行该查询，并查看运行结果。

微视频4–12
删除查询

操作步骤如下：

（1）单击“创建”选项卡→“查询”选项组→“查询设计”按钮，弹出“显示表”对话框。

（2）在“表”选项卡中选择“不及格学生”表，然后单击“添加”按钮，添加该表到“设计视图”。

（3）单击“关闭”按钮，关闭“显示表”对话框，出现查询的“设计视图”。

（4）在“字段”行第一列的下拉列表中选择“姓名”字段，单击“查询工具”→“设计”选项卡→“查询类型”选项组→“删除”按钮，这时在查询的“设计视图”的下半区多出了一行“删除”，在“姓名”字段下的“条件”行的文本框中输入“Like "李 *"”，如图 4–37 所示。

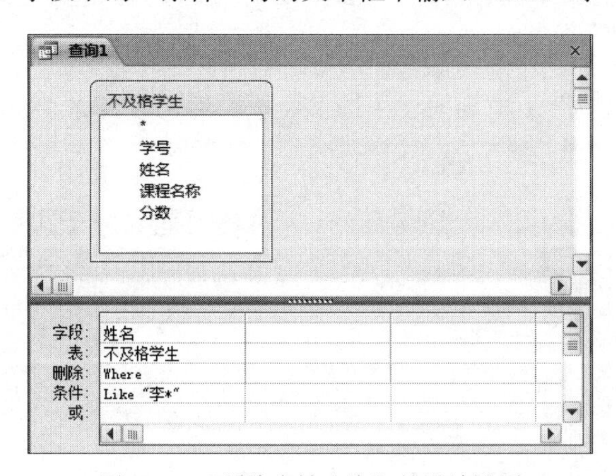

图 4–37　“删除李姓查询”的设计视图

（5）单击快速访问工具栏中的“保存”按钮，弹出“另存为”对话框，在查询名称中输入“删除李姓查询”，保存该查询。

（6）单击“查询工具”→“设计”选项卡→“结果”选项组→“运行”按钮，运行该查询，出现删除提示对话框，单击“是”按钮进行记录删除。

（7）在“导航窗格”中，打开“不及格学生”表，查看数据。

4.5.4 追加查询

如果使用来自其他源的数据将新记录添加到现有表，则可以使用追加查询。

创建追加查询的操作步骤如下：

（1）创建选择查询。

（2）将选择查询转换为追加查询。完成选择后，将查询类型更改为“追加”。

（3）为追加查询中的每一列选择目标字段。某些情况下，Access 自动选择目标字段。可以调整这些目标字段，如果 Access 未选择，则可以自己选择。

（4）预览并运行查询以追加记录。追加记录前，可以切换到“数据表视图”，预览追加的记录。

【例 4.21】创建一个查询，把“学生”表中所有姓“李”的学生的“学号”“姓名”“课程名称”和“分数”追加到“不及格学生”中，所建查询命名为“追加李姓查询”。要求创建此查询后，运行该查询，并查看运行结果。

微视频4-13
追加查询

操作步骤如下：

（1）单击“创建”选项卡→“查询”选项组→“查询设计”按钮，弹出“显示表”对话框。

（2）在“表”选项卡中选择“学生”表，然后单击“添加”按钮，添加该表到“设计视图”。用同样的方法把“课程”表和“成绩”表也添加到“设计视图”。

（3）单击“关闭”按钮，关闭“显示表”对话框，出现查询的“设计视图”。

（4）在“字段”行第一列的下拉列表中选择“学生.学号”字段；在“字段”行第二列的下拉列表中选择“学生.姓名”字段，并在条件行上输入“Like "李 *"”；在“字段”行第三列的下拉列表中选择“课程.课程名称”字段；在“字段”行第四列的下拉列表中选择“成绩.分数”字段。

（5）单击“查询工具”→“设计”选项卡→“查询类型”选项组→“追加”按钮，弹出“追加”对话框，在“表名称”下拉列表框中选择要追加到表的名称“不及格学生”，如图 4-38 所示。

图 4-38 “追加”对话框

（6）单击“确定”按钮，回到查询的设计视图，效果如图 4-39 所示。

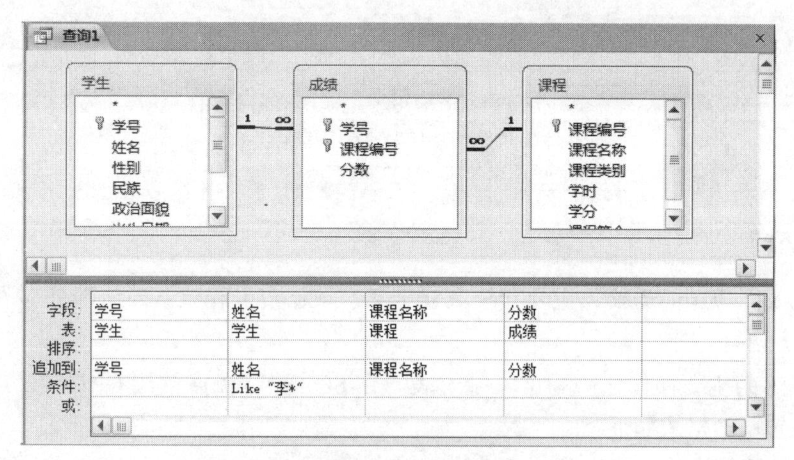

图 4-39　“追加李姓查询”的设计视图

（7）单击快速访问工具栏中的“保存”按钮，弹出“另存为”对话框，在查询名称中输入“追加李姓查询”，保存该查询。

（8）单击“查询工具”→“设计”选项卡→“结果”选项组→“运行”按钮，运行该查询，出现追加提示对话框，单击“是”按钮进行记录追加。

（9）在“导航窗格”中打开“不及格学生”表，查看数据。

4.6　结构化查询语言（SQL）

在 Access 中，创建和修改查询最方便的方法是使用查询“设计视图”。但是，在创建查询时并不是所有的查询都可以在系统提供的查询设计视图中进行，有的查询只能通过 SQL 语句来实现。SQL 查询是使用 SQL 语句创建的一种查询。

4.6.1　SQL 概述

结构化查询语言（Structured Query Language，SQL）目前是数据库的标准主流语言。SQL 是在 1974 年由 Boyce 和 Chamberlin 提出的，并在 IBM 公司的关系数据库系统 System R 上得到实现。SQL 的前身是 1972 年提出的 SQUARE（Specifying Queries As Relational Expression）语言，1974 年对其做了修改，称为 SEQUEL（Structured English Query Language），后来简称 SQL。

虽然在命名 SQL 时使用了“结构化查询语言”，但是实际上 SQL 语言有四大功能：查询（Query）、操纵（Manipulation）、定义（Definition）和控制（Control），这四大功能使 SQL 语言成为一个综合的、通用的、功能强大的关系数据库语言。

SQL 的功能非常强大，但是它的语法十分简洁。SQL 完成核心功能一共用了 9 个动词。SQL 的语法接近英语口语，因此易学易用。

表 4-4 中所列出了 SQL 能够实现的各个功能和对应动词。

表 4-4 SQL 的功能和对应动词

SQL 语言的功能	动　词
数据库查询	SELECT
数据定义	CREATE、DROP、ALTER
数据操纵	INSERT、UPDATE、DELETE
数据控制	GRANT、REVOKE

4.6.2 SQL 语句

本书根据实际应用的需要，主要介绍数据定义、数据查询和数据操纵等基本语句。

1. CREATE 语句

建立数据库的主要操作之一是定义基本表。在 SQL 中，可以使用 CREATE TABLE 语句定义基本表。语句基本格式如下：

```
CREATE TABLE <表名> (<字段名 1><数据类型 1> [字段级完整性约束条件 1]
                    [,<字段名 2><数据类型 2> [字段级完整性约束条件 2][,…]
                    [,<字段名 n><数据类型 n> [字段级完整性约束条件 n]])
                    [,<表级完整性约束条件>];
```

在一般的语法格式描述中使用了如下符号：

<>：表示在实际的语句中要采用实际需要的内容进行代替。

[ ]：表示可以根据需要进行选择，也可以不选。

|：表示多项选项只能选择其中之一。

{ }：表示必选项。

该语句的功能是创建一个表结构。其中，<表名>定义表的名称。<字段名>定义表中一个或多个字段的名称，<数据类型>是对应字段的数据类型。要求每个字段必须定义字段名和数据类型。[字段级完整性约束条件]定义相关字段的约束条件，包括主键约束（Primary Key）、数据唯一约束（Unique）、空值约束（Not Null 或 Null）、完整性约束（Check）等。

【例 4.22】创建一个表，命名为“学生 1”。

```
CREATE TABLE 学生 1
      (学号       CHAR(8) NOT NULL UNIQUE,
       姓名       CHAR(8),
       性别       CHAR(1),
       出生年月   DATE,
       班级       CHAR(20));
```

微视频4-14
CREATE语句

2. ALTER 语句

创建后的表一旦不满足使用的需要，就需要进行修改。可以使用 ALTER TABLE 语句修改已建表的结构。语句基本格式如下：

```
ALTER TABLE <表名>
      [ADD <新字段名><数据类型> [字段级完整性约束条件]]
      [DROP [<字段名>]]
```

```
      [ALTER  <字段名><数据类型>];
```

其中，<表名>是指需要修改的表的名字，ADD子句用于增加新字段和该字段的完整性约束条件，DROP子句用于删除指定的字段，ALTER子句用于修改原有字段属性。

3. INSERT语句

INSERT语句实现数据的插入功能，可以将一条新记录插入指定的表中。其语句格式如下：

```
INSERT  INTO <表名> [(<字段名1> [,<字段名2>…])]
VALUES (<常量1> [,<常量2>]…);
```

【例4.23】在"学生1"表中插入一条记录。

```
INSERT INTO 学生1(学号,姓名,性别)
VALUES ("20110001", "张三", "男");
```

4. UPDATE语句

UPDATE语句实现数据的更新功能，能够对指定表所有记录或满足条件的记录进行更新操作。该语句的格式如下：

```
UPDATE  <表名>
SET <字段1>=<表达式1> [,<字段2>=<表达式2>]…
[WHERE <条件>];
```

【例4.24】修改"学生1"表，把姓名"张三"修改为"李四"。

```
UPDATE 学生1
SET 姓名="李四"
WHERE 姓名="张三";
```

5. DELETE语句

DELETE语句实现数据的删除功能，能够对指定表所有记录或满足条件的记录进行删除操作。该语句的格式如下：

```
DELETE  FROM  <表名>
[WHERE <条件>];
```

【例4.25】删除"学生1"表中学号为20110001的学生记录。

```
DELETE FROM 学生1
WHERE 学号="20110001";
```

6. DROP语句

如果希望删除某个不需要的表，可以使用DROP TABLE语句。语句基本格式如下：

```
DROP TABLE <表名>
```

其中，<表名>是指需要删除的表的名字。

【例 4.26】删除“学生 1”表。

```
DROP TABLE 学生 1
```

7. SELECT 语句

SELECT 语句是 SQL 中功能强大、使用灵活的语句之一，它能够实现数据的筛选、投影和连接操作，并能够完成筛选字段重命名、多数据源数据组合、分类汇总和排序等具体操作。SELECT 语句的一般格式如下：

```
SELECT [ALL|DISTINCT] * | <字段列表>
FROM <表名 1>[,<表名 2>]…
[WHERE <条件表达式>]
[GROUP BY <字段名>[HAVING <条件表达式>]]
[ORDER BY <字段名>[ASC | DESC]]
```

该语句从指定的基本表，创建一个由指定范围内、满足条件、按某字段分组、按某字段排序的指定字段组成的新记录集。其中，ALL 表示检索所有符合条件的记录，为默认值；DISTINCT 表示检索要去掉重复行的所有记录；* 表示检索结果为整个记录，即包括所有的字段；<字段列表>使用“,”分开，这些项可以是字段、常数或系统内部的函数；FROM 子句说明要检索的数据来自哪个或哪些表，可以对单个或多个表进行检索；WHERE 子句说明检索条件，条件表达式可以是关系表达式，也可以是逻辑表达式；GROUP BY 子句用于对检索结果进行分组；ORDER BY 子句用来对检索结果进行排序，如果排序时选择 ASC，表示检索结果按某一字段值升序排列，如果选择 DESC，表示检索结果按某一字段值降序排列，默认为 ASC。

（1）检索表中所有记录的所有字段。

【例 4.27】查找并显示“学生”表中的所有记录。

```
SELECT * FROM 学生
```

微视频4-15
SELECT语句
检索所有记录

其结果是将“学生”表中所有记录的所有字段显示出来。

（2）检索表中所有记录指定的字段。

【例 4.28】查找并显示“学生”表中的“学号”“姓名”和“性别”字段。

```
SELECT 学号,姓名,性别 FROM 学生
```

（3）检索满足条件的记录和指定的字段。

【例 4.29】查找并显示“学生”表中的“男”同学的“学号”“姓名”和“性别”字段。

```
SELECT 学号,姓名,性别 FROM 学生 WHERE 性别="男"
```

（4）进行分组统计，并增加新字段。

【例 4.30】统计并显示各个“学生”表中各个院系的人数，显示字段为“所属院系”和“总人数”。

```
SELECT 所属院系,COUNT(学号) AS 总人数 FROM 学生 GROUP BY 所属院系
```

注释：AS 的作用是为字段起别名。

（5）对检索结果进行排序。

【例 4.31】计算每个学生的平均成绩，并按平均成绩降序显示，显示的字段为“学号”和“平均成绩”。

```
SELECT 学号,AVG(分数) AS 平均成绩 FROM 成绩 ORDER BY 平均成绩 DESC
```

（6）将多个表连接在一起。

【例 4.32】查找学生的选课成绩，并显示“学号”“姓名”“课程名称”和“分数”。

```
SELECT 学生.学号,学生.姓名,课程.课程名称,成绩.分数
FROM 学生,课程,成绩
WHERE 课程.课程编号=成绩.课程编号 AND 学生.学号=成绩.学号
```

提示：在涉及的多表查询中，应在所用字段的字段名前加上表名，并且用“.”分开。

4.6.3　创建 SQL 特定查询

SQL 特定查询分为数据定义查询、子查询、联合查询和传递查询。其中，数据定义查询、联合查询和传递查询不能在查询“设计视图”中创建，必须直接在 SQL 视图中创建 SQL 语句。对于子查询，要在查询设计网格的“字段”行或“条件”行中输入 SQL 语句。

1. 数据定义查询

数据定义查询与其他查询不同，利用它可以创建、删除或更改表，也可以在数据库中创建索引。在数据库定义查询中要输入 SQL 语句，每个数据定义查询只能由一个数据定义语句组成。Access 能够支持的数据定义语句及用途如表 4-5 所示。

表 4-5　数据定义语句及用途

SQL 语句	用　途
CREATE TABLE	创建表结构
ALTER TABLE	修改表结构
DROP TABLE	从数据库中删除表
CREATE INDEX	为字段或字段组创建索引

【例 4.33】使用 DROP TABLE 语句删除表“不及格学生”。

操作步骤如下：

（1）单击“创建”选项卡→“查询”选项组→“查询设计”按钮，弹出“显示表”对话框。单击“关闭”按钮，关闭“显示表”对话框。

（2）单击“查询工具”→“设计”选项卡→“查询类型”选项组→“数据定义”按钮，打开“数据定义查询”窗口。

（3）在窗口中输入 SQL 语句“DROP TABLE 不及格学生”，如图 4-40 所示。

图 4-40　输入 SQL 语句

（4）单击“查询工具”→“设计”选项卡→“结果”选项组→“运行”按钮，执行此查询。在“导航窗格”中查看表

“不及格学生”是否被删除。

2. 子查询

子查询由另外一个选择查询或操作查询之内的 SELECT 语句组成。可以在查询设计网格的“字段”行输入这些语句来定义新字段，或在“条件”行来定义字段的条件。在对 Access 表进行查询时，可以利用子查询的结果进行进一步的查询。例如，通过子查询作为查询的条件对某些结果进行测试；查找主查询中大于、小于或等于子查询返回值的值。但是不能将子查询作为单独的一个查询，必须与其他查询相结合。

【例 4.34】创建一个查询，查找成绩低于所有课程总平均分的学生信息，并显示“学号”“姓名”“课程名称”和“分数”4 个字段内容，所建查询命名为“小于平均成绩查询”。

操作步骤如下：

（1）单击“创建”选项卡→“查询”选项组→“查询设计”按钮，弹出“显示表”对话框。

（2）在“表”选项卡中选择“学生”表，然后单击“添加”按钮，添加该表到“设计视图”。用同样的方法把“课程”表和“成绩”表添加到“设计视图”。

（3）单击“关闭”按钮，关闭“显示表”对话框，出现查询的“设计视图”。

（4）在“字段”行第一列的下拉列表中选择“学生 . 学号”字段；在“字段”行第二列的下拉列表中选择“学生 . 姓名”字段；在“字段”行第三列的下拉列表中选择“课程 . 课程名称”字段；在“字段”行第四列的下拉列表中选择“成绩 . 分数”字段，并在此字段的条件行上输入条件“<(SELECT Avg(分数) FROM 成绩)”，效果如图 4-41 所示。

（5）单击快速访问工具栏中的“保存”按钮，弹出“另存为”对话框，在查询名称中输入“小于平均成绩查询”，保存该查询。

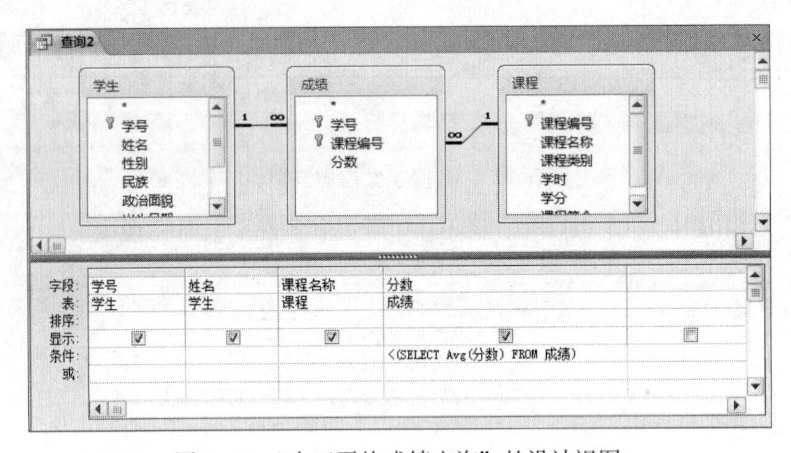

图 4-41 “小于平均成绩查询”的设计视图

（6）单击“查询工具”→“设计”选项卡→“结果”选项组→“运行”按钮，运行该查询，查看效果。

3. 联合查询

联合查询将两个或更多个表或查询中的字段合并到查询结果的一个字段中。使用联合查询可以合并两个表中的数据。

4. 传递查询

传递查询使用服务器能接受的命令直接将命令发送到 ODBC 数据库，如 Microsoft FoxPro。

例如，可以使用传递查询来检索记录或更改数据。使用传递查询，可以不必链接到服务器上的表而直接使用它们。传递查询对于在 ODBC 服务器上运行存储过程也很有用。

习　题　4

一、选择题

1. 在 Access 中，查询的数据源可以是（　　）。

A. 表　　B. 查询　　C. 表和查询　　D. 表、查询和报表

2. 在 Access 数据库中使用向导创建查询，其数据可以来自（　　）。

A. 多个表　　B. 一个表　　C. 一个表的一部分　　D. 表或查询

3. 在查询中，默认的字段显示顺序是（　　）。

A. 在表的“数据表视图”中显示的顺序　　B. 添加时的顺序

C. 按照字母顺序　　D. 按照文字笔画顺序

4. 排序时如果选取了多个字段，则输出结果是（　　）。

A. 按设定的优先次序依次进行排序　　B. 按最右边的列开始排序

C. 按从左向右优先次序依次排序　　D. 无法进行排序

5. 若查找某个字段中以字母 A 开头且以字母 Z 结尾的所有记录，则条件表达式应设置为（　　）。

A. Like "A$Z"　　B. Like "A#Z"　　C. Like "A*Z"　　D. Like "A?Z"

6. 若在 tEmployee 表中查找所有姓“王”的记录，可以在查询设计视图的条件行中输入（　　）。

A. Like " 王 "　　B. Like " 王 *"　　C. =" 王 "　　D. =" 王 *"

7. 在一个 Access 的表中有字段“专业”，要查找包含“信息”两个字的记录，正确的条件表达式是（　　）。

A. =Left([专业],2)=" 信息 "　　B. Like "* 信息 *"

C. ="* 信息 *"　　D. Mid([专业],2)=" 信息 "

8. 在学生表中建立查询，“姓名”字段的查询条件设置为 Is Null，运行该查询后，显示的记录是（　　）。

A. 姓名字段为空的记录　　B. 姓名字段中包括空格的记录

C. 姓名字段不为空的记录　　D. 姓名字段中不包含空格的记录

9. 在成绩中要查找成绩≥ 80 且成绩≤ 90 的学生，正确的条件表达式是（　　）。

A. 成绩 Between 80 And 90　　B. 成绩 Between 80 To 90

C. 成绩 Between 79 And 91　　D. 成绩 Between 79 To 91

10. 在 Access 的数据库中已建立了 tBook 表，若查找“图书编号”是 112266 和 113388 的记录，应在查询设计视图的条件行中输入（　　）。

A. "112266" and "113388"　　B. Not In ("112266","113388")

C. In ("112266","113388")　　D. Not ("112266" and "113388")

11. 条件“Not 工资额 >2000”的含义是（　　）。

A. 选择工资额大于 2000 的记录

B. 选择工资额小于 2000 的记录

C. 选择除了工资额大于 2000 之外的记录

D. 选择除了字段工资额之外的字段，且大于 2000 的记录

12. 假如有一组数据：工资为 800 元，职称为“讲师”，性别为“男”，在下列逻辑表达式中结果为“假”的是（　　）。

A. 工资 >800 And 职称 =" 助教 " Or 职称 =" 讲师 "

B. 性别 =" 女 " Or Not 职称 =" 助教 "

C. 工资 =800 And（职称 =" 讲师 " Or 性别 =" 女 "）

D. 工资 >800 And（职称 =" 讲师 " Or 性别 =" 男 "）

13. 在建立查询时，若要筛选出图书编号是 "T01" 或 "T02" 的记录，可以在查询设计视图条件行中输入（　　）。

A. "T01" or "T02"　　B. "T01" and "T02"

C. In ("T01" and "T02")　　D. Not In ("T01" and "T02")

14. 在书写查询准则时，日期型数据应该使用适当的分隔符括起来，正确的分隔符是(　　)。

A. *　　B. %　　C. &　　D. #

15. 在图 4-42 中，与查询设计器的筛选标签中所设置的筛选功能相同的表达式是（　　）。

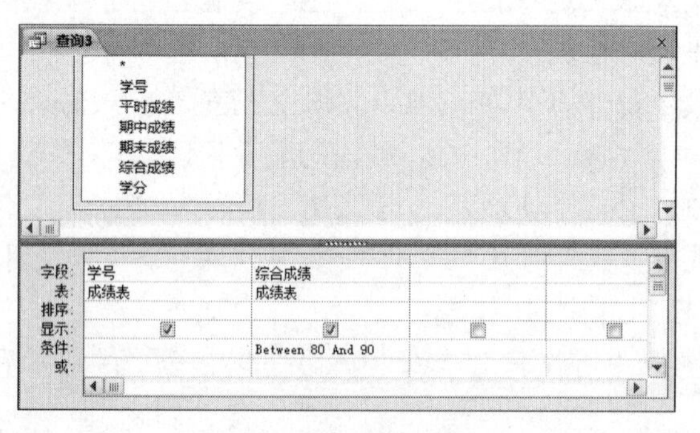

图 4-42　15 题图

A. 成绩表 . 综合成绩 >=80 And 成绩表 . 综合成绩 <=90

B. 成绩表 . 综合成绩 >80 And 成绩表 . 综合成绩 <90

C. 80 <= 成绩表 . 综合成绩 <= 90

D. 80 < 成绩表 . 综合成绩 < 90

16. 图 4-43 中所示的查询返回的记录是（　　）。

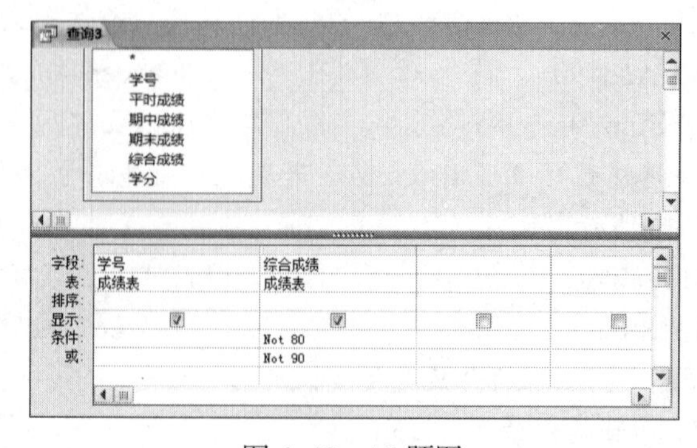

图 4-43　16 题图

A. 不包含80分和90分　　　　　　B. 不包含80分至90分数段
C. 包含80分至90分数段　　　　　D. 所有的记录

17. 图4-44所示为查询设计视图，从设计视图所示的内容中判断此查询将显示（　　）。

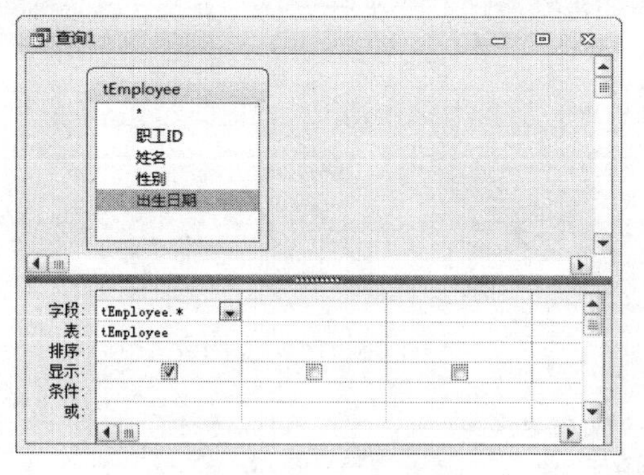

图4-44　17题图

A. 出生日期字段值　　　　　　B. 所有字段值
C. 除出生日期以外的所有字段值　　D. 雇员ID字段值

18. 现有某查询设计视图如图4-45所示，该查询要查找的是（　　）。

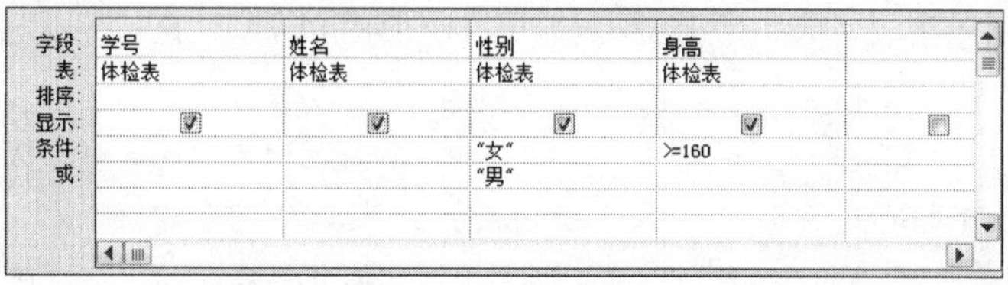

字段:	学号	姓名	性别	身高	
表:	体检表	体检表	体检表	体检表	
排序:					
显示:	☑	☑	☑	☑	☐
条件:			"女"	>=160	
或:			"男"		

图4-45　18题图

A. 身高在160 cm以上的女性和所有的男性
B. 身高在160 cm以上的男性和所有的女性
C. 身高在160 cm以上的所有人或男性
D. 身高在160 cm以上的所有人

19. 利用对话框提示用户输入查询条件，这样的查询属于（　　）。
A. 选择查询　　B. 参数查询　　C. 操作查询　　D. SQL查询

20. 创建参数查询时，在查询设计视图条件行中应将参数提示文本放置在（　　）。
A. {}中　　B. （）中　　C. [ ]中　　D. <>中

21. 创建交叉表查询，在“交叉表”行上有且只能有一个的是（　　）。
A. 行标题和列标题　　　　　　B. 行标题和值
C. 行标题、列标题和值　　　　D. 列标题和值

22. 在创建交叉表查询时，列标题字段的值显示在交叉表的位置是（　　）。
A. 第一行　　B. 第一列　　C. 上面若干行　　D. 左面若干列

23. 下列不属于操作查询的是（　　）。
A. 参数查询　　B. 生成表查询　　C. 更新查询　　D. 删除查询

24. 将表A的记录复制到表B中，且不删除表B中的记录，可以使用的查询是（　　）。
A. 删除查询　　B. 生成表查询　　C. 追加查询　　D. 交叉表查询

25. 如果在数据库中已有同名的表，要通过查询覆盖原来的表，应该使用的查询类型是（　　）。

A. 删除　　B. 追加　　C. 生成表　　D. 更新

26. 图 4–46 所示为查询设计视图的“设计网格”部分，从此部分所示的内容中可以判断出要创建的查询是（　　）。

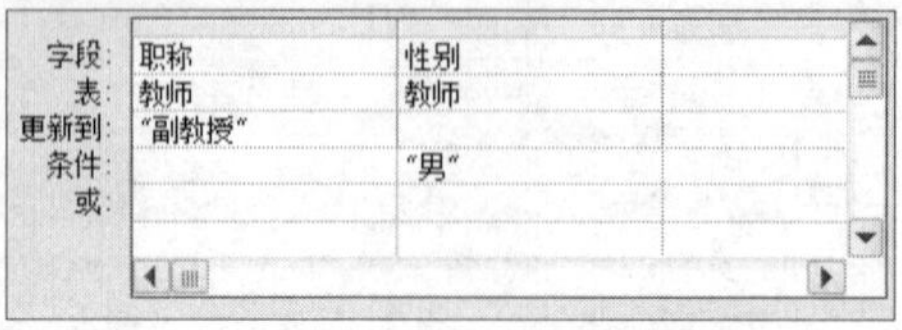

字段:	职称	性别	
表:	教师	教师	
更新到:	“副教授”		
条件:		“男”	
或:			

图 4–46　26 题图

A. 删除查询　　B. 生成表查询　　C. 选择查询　　D. 更新查询

27. 在 Access 数据库中创建一个新表，应该使用的 SQL 语句是（　　）。

A. CREATE TABLE　　B. CREATE INDEX

C. ALTER TABLE　　D. CREATE DATABASE

28. 要从数据库中删除一个表，应该使用的 SQL 语句是（　　）。

A. ALTER TABLE　　B. KILL TABLE

C. DELETE TABLE　　D. DROP TABLE

29. 在 SQL 的 SELECT 语句中，用于实现选择运算的子句是（　　）。

A. FOR　　B. IF　　C. WHILE　　D. WHERE

30. 在 SQL 的 SELECT 语句中，用于指明检索结果排序的子句是（　　）。

A. FROM　　B. WHERE　　C. GROUP BY　　D. ORDER BY

31. 在 SQL 查询中 GROUP BY 的含义是（　　）。

A. 选择行条件　　B. 对查询进行排序

C. 选择列字段　　D. 对查询进行分组

32. SQL 查询命令的结构是:

```
SELECT … FROM … WHERE … GROUP BY … HAVING … ORDER BY …
```

其中，使用 HAVING 时必须配合使用的短语是（　　）。

A. FROM　　B. GROUP BY　　C. WHERE　　D. ORDER BY

33. SELECT 命令中用于返回非重复记录的关键字是（　　）。

A. TOP　　B. GROUP　　C. DISTINCT　　D. ORDER

34. “学生表”中有“学号”“姓名”“性别”和“入学成绩”等字段，执行如下 SQL 命令后的结果是（　　）。

```
SELECT AVG(入学成绩) FROM 学生表 GROUP BY 性别
```

A. 计算并显示所有学生的平均入学成绩

B. 计算并显示所有学生的性别和平均入学成绩

C. 按性别顺序计算并显示所有学生的平均入学成绩

D. 按性别分组计算并显示不同性别学生的平均入学成绩

35. 下列 SQL 语句中，与图 4–47 所示的查询结果等价的是（　　）。

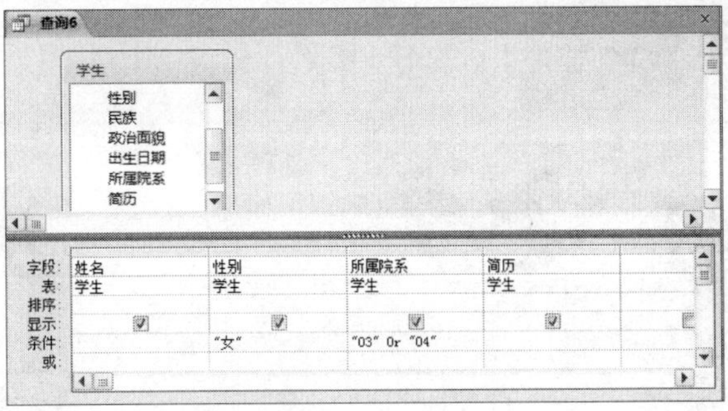

图 4–47　35 题图

A. SELECT 姓名，性别，所属院系，简历 FROM tStud
WHERE 性别 =" 女 " AND 所属院系 IN("03","04")

B. SELECT 姓名，简历 FROM tStud
WHERE 性别 =" 女 " AND 所属院系 IN("03","04")

C. SELECT 姓名，性别，所属院系，简历 FROM tStud
WHERE 性别 =" 女 " AND 所属院系 ="03" OR 所属院系 ="04"

D. SELECT 姓名，简历 FROM tStud
WHERE 性别 =" 女 " AND 所属院系 ="03" OR 所属院系 ="04"

36. 用 SQL 语句将 STUDENT 表中字段“年龄”的值加 1，可以使用的命令是（　　）。

A. REPLACE STUDENT 年龄 = 年龄 +1

B. REPLACE STUDENT 年龄 WITH 年龄 +1

C. UPDATE STUDENT SET 年龄 = 年龄 +1

D. UPDATE STUDENT SET 年龄 WITH 年龄 +1

二、填空题

1. 操作查询共有 4 种类型，分别是删除查询、________、追加查询和生成表查询。

2. 在 SQL 的 SELECT 命令中用________子句对查询的结果进行排序。

3. 在工资表中有姓名和工资等字段，若要求查询结果按照工资降序排列，可使用的 SQL 语句是：SELECT 姓名，工资 FROM 工资表 ORDER BY 工资________。

4. 在 SELECT 语句中，HAVING 子句必须与________子句一起使用。

三、操作题

依次完成例 4.1 至例 4.34 中的所有操作。

第5章 窗　体

学习目标

通过本章的学习，应该掌握以下内容：

（1）窗体的功能、结构以及视图方式。

（2）创建窗体的方法。

（3）窗体的设计以及控件的使用。

（4）修饰窗体。

（5）创建导航窗体。

（6）设置启动窗体。

5.1 窗体概述

窗体作为Access数据库的重要组成部分，起着联系数据库与用户的桥梁作用。以窗体作为输入界面时，它可以接收用户的输入，判定其有效性、合理性，并响应消息执行一定的功能。以窗体作为输出界面时，它可以输出一些记录集中的文字、图形图像，还可以播放声音、视频动画，实现数据库中的多媒体数据处理。

窗体本身并不存储数据，但应用窗体可以使数据库中数据的输入、修改和查看变得直观、容易。窗体中包含了各种控件，通过这些控件可以打开报表或其他窗体、执行宏或VBA编写的代码。在一个数据库应用系统开发完成后，对数据库的所有操作都可以通过窗体来集成。

5.1.1 窗体的功能

窗体是应用程序和用户之间的接口，是创建数据库应用系统最基本的对象。通过窗体，用户可以操作表或查询中的数据，进而对数据进行管理和维护。窗体的功能包括以下几个方面：

（1）输入和编辑数据。

（2）显示和打印数据。

（3）控制应用程序流程。

5.1.2　窗体的结构

窗体中的信息可以分在多个节中。所有窗体都有主体节，但窗体还可以包含窗体页眉、页面页眉、页面页脚和窗体页脚节。每个节都有特定的用途，并且按窗体中预见的顺序打印。

在“设计视图”中，节表现为区段形式，并且窗体包含的每个节都出现一次，如图 5–1 所示。在打印窗体中，页面页眉和页面页脚可以每页重复一次，通过放置控件（如标签和文本框）确定每个节中信息的显示位置，如表 5–1 所示。

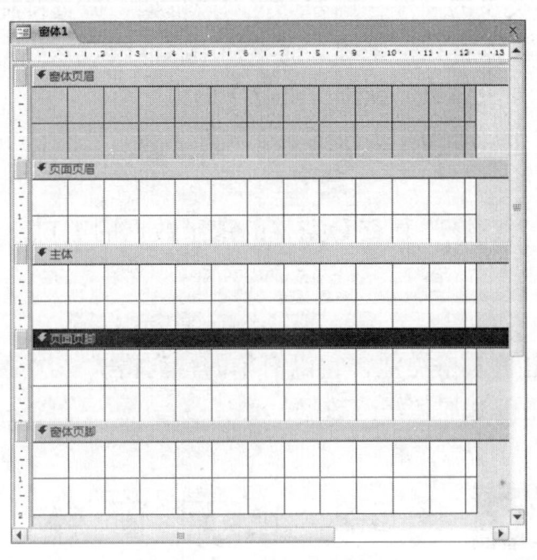

图 5–1　窗体的结构

表 5–1　窗体的各节

节	功　能
窗体页眉	显示对每条记录都一样的信息，如窗体的标题。窗体页眉出现在“窗体视图”中屏幕的顶部，以及打印时首页的顶部
页面页眉	在每个打印页的顶部显示诸如标题或列标题等信息。页面页眉只出现在打印窗体中
主体	显示记录。可以在屏幕或页上显示一条记录，也可以显示尽可能多的记录
页面页脚	在每个打印页的底部显示诸如日期或页码等信息。页面页脚只出现在打印窗体中
窗体页脚	显示对每条记录都一样的信息，如命令按钮或有关使用窗体的指导。打印时，窗体页脚出现在“窗体视图”中屏幕的底部，或者在最后一个打印页的最后一个明细节之后

可以隐藏节或是调整其大小，可以添加图片，可以设置节的背景色，还可以设置节属性以对节内容的打印方式进行自定义。

5.1.3　窗体的视图

Access 的窗体有 4 种视图：布局视图、设计视图、窗体视图和数据表视图。

1. 布局视图

布局视图是用于修改窗体的最直观的视图，可用于在 Access 中对窗体进行几乎所有需要的更改。如果通过“空白 Web 数据库”来创建数据库，则布局视图是唯一可用来设计窗体的视图。

在布局视图中，窗体实际正在运行，看到的数据与使用该窗体时显示的外观非常相似。不过，还可以在此视图中对窗体设计进行更改。由于可以在修改窗体的同时看到数据，因此，布局视图是非常有用的视图，可用于设置控件大小或执行几乎所有其他影响窗体的外观和可用性的任务。

2. 设计视图

设计视图提供了窗体结构的更详细视图，可以看到窗体的页眉、主体和页脚部分。窗体在设计视图中显示时实际并没有运行，因此，在进行设计方面的更改时，无法看到基础数据。不过，有些任务在设计视图中执行要比在布局视图中执行容易。在设计视图中，可以：

（1）向窗体添加更多类型的控件，例如绑定对象框架、分页符和图表。

（2）在文本框中编辑文本框控件来源，而不使用属性表。

（3）调整窗体部分（如窗体页眉或细节部分）的大小。

（4）更改某些无法在布局视图中更改的窗体属性。

3. 窗体视图

窗体视图是能同时输入、修改和查看完整的记录数据的窗口，可显示图片、命令按钮、OLE 对象等。

4. 数据表视图

数据表视图和 Excel 电子表格类似，它以简单的行列格式一次显示数据表中的许多记录。该视图和窗体视图一样多用于添加和修改数据。

5.2 创建窗体

在 Access 2010 中提供了更多智能化的自动创建窗体的方式。在 Access 2010 中，创建窗体有以下几种方法，如图 5–2 所示。

图 5–2 创建窗体的方法

5.2.1 使用“窗体”创建窗体

可以使用“窗体”工具快速创建一个单项目窗体。这类窗体每次显示关于一条记录的信息，在某些情况下，Access 会添加一个子数据表以显示相关信息。使用“窗体”工具时，基础数据源中的所有字段都会添加到该窗体中。可以立即开始使用此新窗体，也可以在布局视图或设计视图中修改它，以便更好地满足用户的需要。

操作步骤如下：

（1）在“导航窗格”中，单击包含要在窗体上显示的数据的表或查询。

（2）单击“创建”选项卡→“窗体”选项组→“窗体”按钮。

（3）Access 将创建窗体，并以布局视图显示该窗体。在布局视图中，可以在窗体显示数据的同时对窗体进行设计方面的更改。例如，可以调整文本框的大小，使其与数据相适应。

若要开始使用窗体，可切换到窗体视图：单击“开始”选项卡→“视图”选项组→“视图”→“窗体视图”按钮。

如果 Access 发现某个表与用来创建窗体的表或查询之间有一对多关系，Access 将向基于相关表或查询的窗体添加一个子数据表。如果不希望窗体上有子数据表，可以删除该子数据表，方法是：切换到布局视图，选择该数据表，然后按【Delete】键。

【例 5.1】 以“课程”表为数据源，使用“窗体”工具创建窗体，命名为“课程”。

操作步骤如下：

（1）在“导航窗格”中，单击包含要在窗体上显示的数据的表“课程”。

（2）单击“创建”选项卡→“窗体”选项组→“窗体”按钮。此时，屏幕上立即显示新建的窗体，如图 5–3 所示。

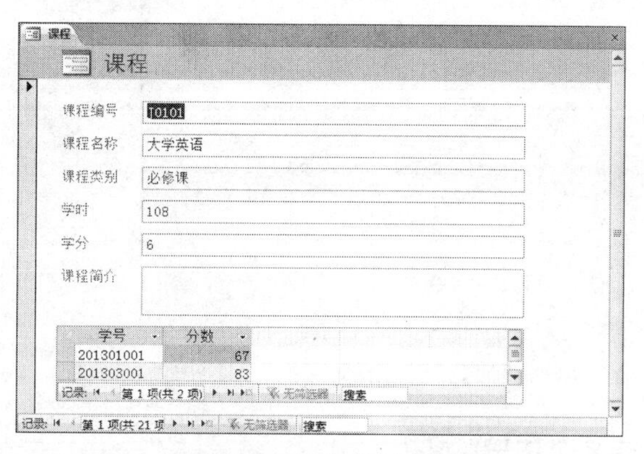

图 5–3　“课程”窗体

微视频5–1
使用窗体工具创建窗体

（3）单击快速访问工具栏中的“保存”按钮，弹出“另存为”对话框，在“窗体名称”文本框中输入窗体的名称“课程”，单击“确定”按钮，保存该窗体。

5.2.2　使用“分割窗体”创建分割窗体

可以向 Web 数据库中添加分割窗体，但无法运行该窗体，除非使用 Access 打开该 Web 数据库。分割窗体可以同时提供数据的两种视图：窗体视图和数据表视图。分割窗体不同于窗体 / 子窗体的组合，它的两个视图连接到同一数据源，并且总是相互保持同步。如果在窗体的一个部分中选择了一个字段，则会在窗体的另一部分中选择相同的字段。可以从任一部分添加、编辑或删除数据。

使用分割窗体可以在一个窗体中同时利用两种窗体类型的优势。例如，可以使用窗体的数据表部分快速定位记录，然后使用窗体部分查看或编辑记录。

使用“分割窗体”工具创建分割窗体的操作步骤如下：

（1）在“导航窗格”中，单击包含要在窗体上显示的数据的表或查询。或者在数据表视图中打开该表或查询。

（2）单击“创建”选项卡→“窗体”选项组→“分割窗体”按钮。

Access 将创建窗体，并以布局视图显示该窗体。在布局视图中，可以在窗体显示数据的同时对窗体进行设计方面的更改。例如，可以根据需要调整文本框的大小以适合数据。

【例 5.2】以“教师”表为数据源，使用“分割窗体”工具创建分割窗体，窗体命名为“教师分割式窗体”。

操作步骤如下：

（1）在“导航窗格”中，单击包含要在窗体上显示的数据的表“教师”。

（2）单击“创建”选项卡→“窗体”选项组→“分割窗体”按钮。

（3）Access 将创建窗体，并以布局视图显示该窗体，如图 5–4 所示。

微视频5–2
使用分割窗体工具创建窗体

（4）单击快速访问工具栏中的“保存”按钮，弹出“另存为”对话框，在“窗体名称”文本框中输入窗体的名称“教师分割式窗体”，单击“确定”按钮，保存该窗体。

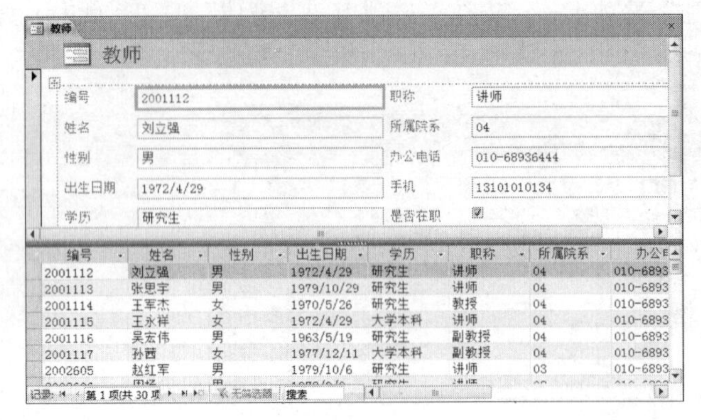

图 5-4 教师分割式窗体

5.2.3 使用“多个项目”创建显示多个记录的窗体

使用“窗体”工具创建窗体时，Access 创建的窗体一次显示一个记录。如果需要一个可显示多个记录、但可自定义性又比数据表强的窗体时，可以使用“多个项目”工具。

操作步骤如下：

（1）在“导航窗格”中，单击包含在窗体上显示的数据的表或查询。

（2）单击“创建”选项卡→“窗体”选项组→“其他窗体”→“多个项目”按钮。

【例 5.3】以“学生”表为数据源，使用“多个项目”工具创建窗体，窗体命名为“学生”。

操作步骤如下：

（1）在“导航窗格”中，单击包含在窗体上显示的数据的表“学生”。

（2）单击“创建”选项卡→“窗体”选项组→“其他窗体”→“多个项目”按钮。

（3）此时，屏幕上立即显示新建的窗体，如图 5-5 所示。

（4）单击快速访问工具栏中的“保存”按钮，弹出“另存为”对话框，在“窗体名称”文本框中输入窗体的名称“学生”，单击“确定”按钮，保存该窗体。

微视频5-3
使用多个项目工具
创建显示多个记录的窗体

图 5-5 “学生”窗体

5.2.4 使用“窗体向导”创建窗体

要更好地选择哪些字段显示在窗体上，可以使用“窗体向导”创建窗体。可以指定数据的组合和排序方式，并且，如果事先指定了表与查询之间的关系，还可以使用来自多个表或查询的字段。

操作步骤如下：

（1）单击“创建”选项卡→“窗体”选项组→“窗体向导”按钮。

（2）按照“窗体向导”的各个页面上显示的说明执行操作。

提示：若要将多个表和查询中的字段包括在窗体上，则在窗体向导的第一页上选择第一个表或查询中的字段后，不要单击“下一步”或“完成”按钮，而是应该重复这些步骤，选择一个表或查询，然后单击要包括在窗体上的任何其他字段。然后单击“下一步”或“完成”按钮继续操作。

（3）在该向导的最后一页上单击“完成”按钮。

【例 5.4】以“教师”表为数据源，使用“窗体向导”功能创建窗体，窗体布局为“表格”，命名为“教师信息表格式窗体”。

微视频5-4
使用窗体向导创建窗体

操作步骤如下：

（1）单击“创建”选项卡→“窗体”选项组→“窗体向导”按钮，弹出图 5-6 所示对话框，单击“表/查询”右侧的下拉按钮，选择“表：教师”。这时在左侧“可用字段”列表框中列出了所有可用的字段。

（2）单击»按钮选择所有字段。单击“下一步”按钮，弹出“窗体向导”的第二个对话框。在该对话框中，选择“表格”单选按钮，此时可以在左侧看到所建窗体的布局，如图 5-7 所示。

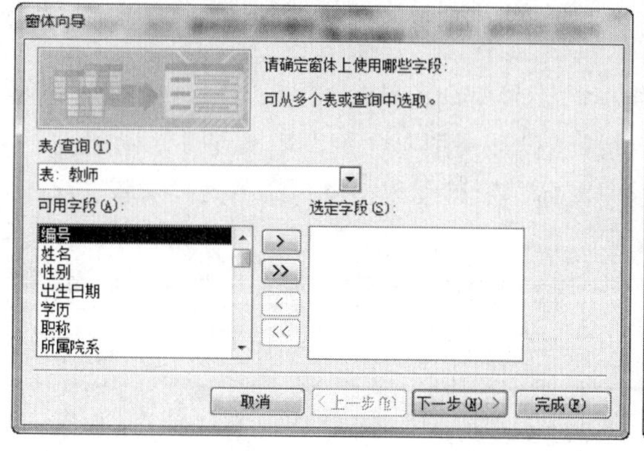

图 5-6 “窗体向导”的第一个对话框

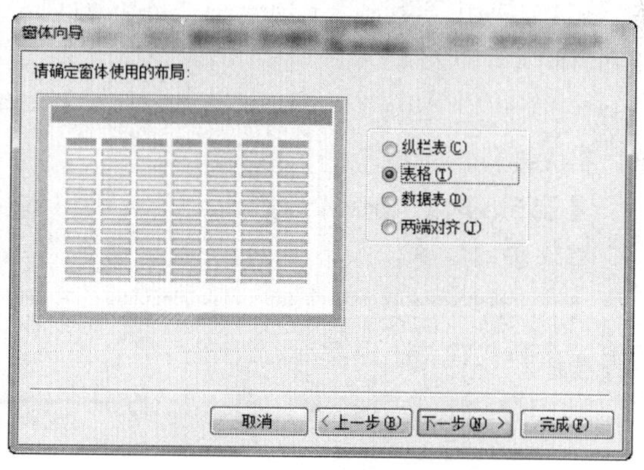

图 5-7 “窗体向导”的第二个对话框

（3）单击“下一步”按钮，弹出“窗体向导”的第三个对话框，在“请为窗体指定标题”文本框中输入“教师信息表格式窗体”，如图 5-8 所示。

（4）单击“完成”按钮，效果如图 5-9 所示。

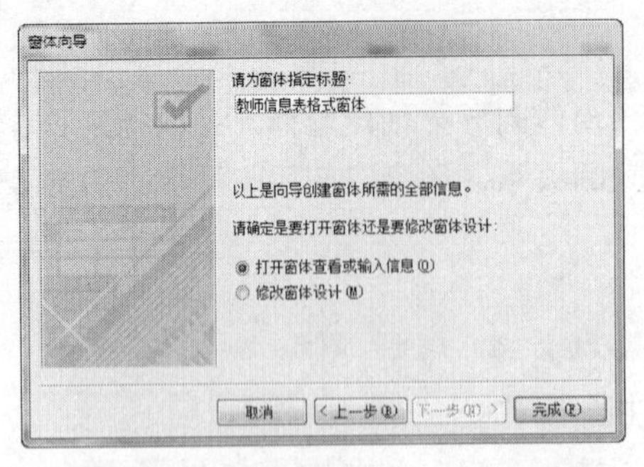

图 5-8 “窗体向导”的第三个对话框

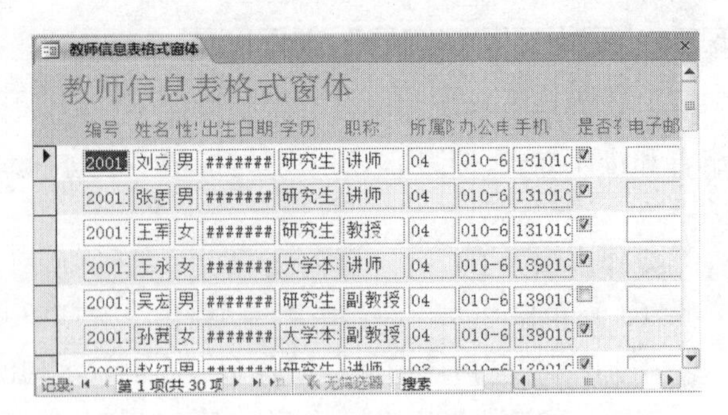

图 5-9 教师信息表格式窗体

5.2.5 使用“空白窗体”创建窗体

如果向导或窗体构建工具不符合需要，可以使用空白窗体工具构建窗体。这是一种非常快捷的窗体构建方式，尤其是计划只在窗体上放置很少几个字段时。

操作步骤如下：

（1）单击“创建”选项卡→“窗体”选项组→“空白窗体”按钮，Access 将在布局视图中打开一个空白窗体，并显示“字段列表”窗格。

（2）在“字段列表”窗格中，单击要在窗体上显示的字段所在的一个或多个表旁边的加号。

（3）若要向窗体添加一个字段，可双击该字段，或者将其拖动到窗体上。

提示：在添加第一个字段后，可一次添加多个字段，方式是在按住【Ctrl】键的同时单击所需的多个字段，然后将它们同时拖动到窗体上。“字段列表”窗格中表的顺序可以更改，具体取决于当前选择窗体的哪一部分。如果想要添加的字段不可见，可尝试选择窗体的其他部分，然后再次添加字段。

（4）使用“设计”选项卡→“页眉 / 页脚”选项组中的工具可向窗体添加徽标、标题或日期和时间。

（5）使用“设计”选项卡→“控件”选项组中的工具可向窗体添加更多类型的控件。若要略微扩大控件的选择范围，可右击该窗体，然后选择“设计视图”命令以切换到设计视图。

【例 5.5】以“院系”表为数据源，使用“空白窗体”工具创建窗体，命名为“院系”窗体。

操作步骤如下：

（1）单击“创建”选项卡→“窗体”选项组→“空白窗体”按钮，Access 将在布局视图中打开一个空白窗体，并显示“字段列表”窗格，如图 5-10 所示。

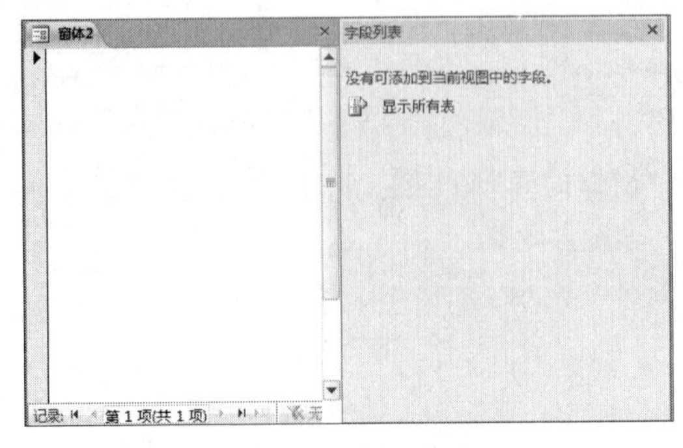

图 5-10 空白窗体

微视频5-5
使用空白窗体工具
创建窗体

（2）在“字段列表”窗格中，单击“显示所有表”，再单击要在窗体上显示的字段所在表“院系”旁边的加号。

（3）双击“院系”表中的所有字段，将其拖动到窗体上，效果如图 5-11 所示。

（4）单击快速访问工具栏中的“保存”按钮，弹出“另存为”对话框，在“窗体名称”文本框中输入窗体的名称“院系”，单击“确定”按钮，保存该窗体。单击“开始”选项卡→“视图”选项组→“视图”→“窗体视图”按钮，切换到“窗体视图”，效果如图 5-12 所示。

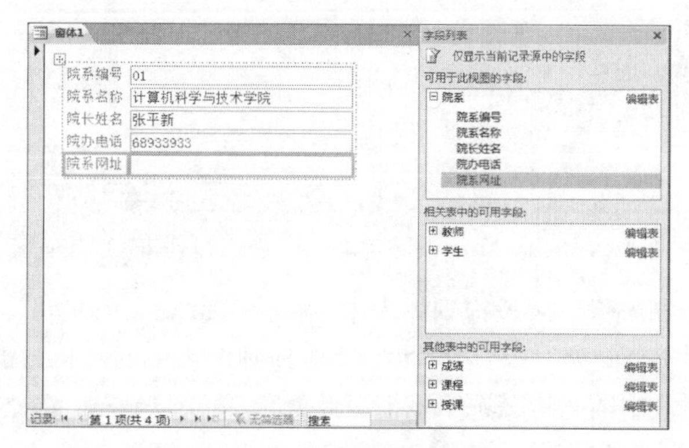

图 5-11　拖动字段到“主体”区

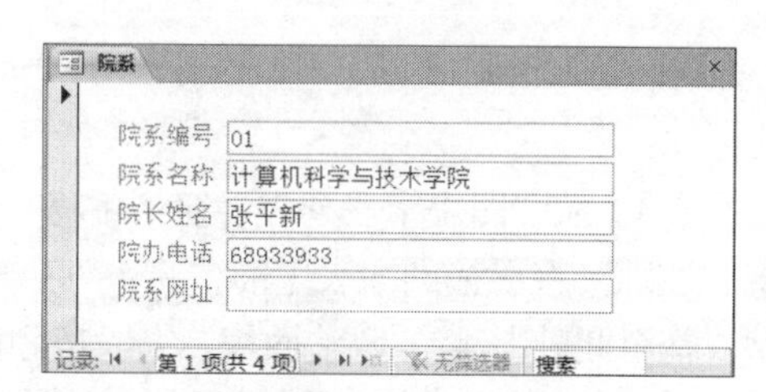

图 5-12　“院系”窗体

5.2.6　使用“窗体设计”创建窗体

如果向导或窗体构建工具不符合需要，可以使用“窗体设计”工具构建窗体。

操作步骤如下：

（1）单击“创建”选项卡→“窗体”选项组→“窗体设计”按钮，Access 将在设计视图中打开一个空白窗体。单击“窗体设计工具”→“设计”选项卡→“工具”选项组→“添加现有字段”按钮，显示“字段列表”窗格。

（2）在“字段列表”窗格中，单击要在窗体上显示的字段所在的一个或多个表旁边的加号。

（3）若要向窗体添加一个字段，可双击该字段，或者将其拖动到窗体上。

（4）使用“设计”选项卡→“页眉 / 页脚”选项组中的工具可向窗体添加徽标、标题或日期和时间。

（5）使用“设计”选项卡→“控件”选项组中的工具可向窗体添加更多类型的控件。

5.2.7　使用“数据透视图”创建窗体

【例 5.6】以“学生”表为数据源，使用“数据透视表”工具创建窗体，统计各个院系男女学生人数，并以“政治面貌”为筛选字段，所建窗体命名为“各院系男女学生人数统计窗体”。

微视频5-6
使用数据透视图创建窗体

操作步骤如下：

（1）在“导航窗格”中，单击包含在窗体上显示的数据表“学生”。

（2）单击“创建”选项卡→“窗体”选项组→“其他窗体”→“数据透视图”按钮，出现图 5-13 所示的窗口。

（3）单击窗口中任意一个位置，弹出“图表字段列表”窗格，如图 5-14 所示。

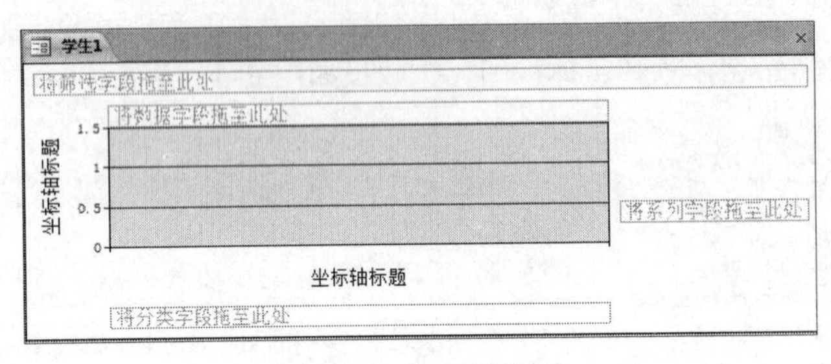

图 5-13　数据透视图

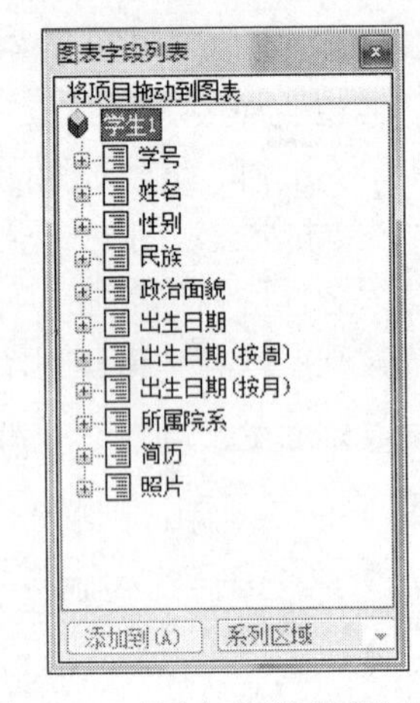

图 5-14　“图表字段列表”窗格

（4）从“图表字段列表”窗格中将“所属院系”字段拖到图表中“将分类字段拖至此处”，将“性别”字段拖到图表中的“将系列字段拖至此处”，将“学号”字段拖到图表中的“将数据字段拖至此处”，将“政治面貌”字段拖到图表中的“将筛选字段拖至此处”。单击“显示/隐藏”选项组→“图例”按钮，显示图例。效果如图 5-15 所示。

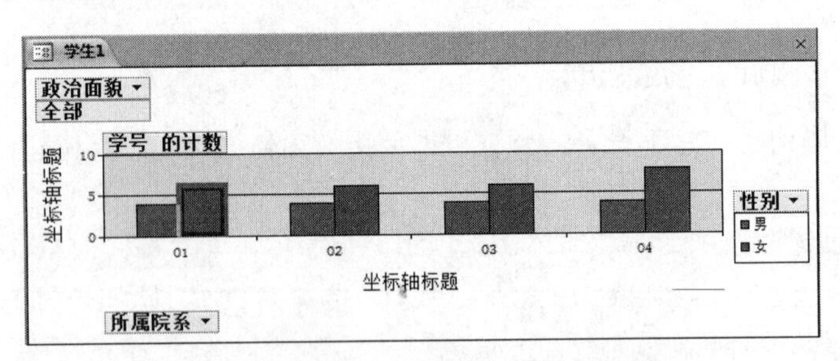

图 5-15　各院系男女学生人数统计窗体

（5）单击快速访问工具栏中的“保存”按钮，弹出“另存为”对话框，在“窗体名称”文本框中输入窗体的名称“各院系男女学生人数统计窗体”，单击“确定”按钮，保存该窗体。

5.3　窗体的设计

窗体是一个容器对象，可以包含其他对象，包含的对象称为控件。在窗体设计视图中，Access 提供了一个控件组，用来生成窗体的常用控件进行可视化的窗体设计。Access 还提供了一个“属性表”对话框，用来设置窗体本身和窗体内各控件的一系列属性。使用控件组和“属性表”对话框是可视化设计中最基本的操作。

5.3.1　窗体的属性

在设计视图中可以对窗体进行属性设置。打开窗体属性窗口的方法如下：

- 单击“窗体选定器”按钮，再单击“工具”选项组→“属性表”按钮。
- 右击“窗体选定器”按钮，在弹出的快捷菜单中选择“属性”命令。

- 单击“窗体选定器”按钮，再按【F4】键。
- 双击窗体左上角的“窗体选定器”按钮。

设置窗体属性的操作步骤如下：

（1）在窗体的“设计视图”中，双击“窗体选定器”按钮，弹出“属性表”窗格。

（2）在“格式”选项卡、“数据”选项卡、“事件”选项卡、“其他”选项卡和“全部”选项卡中分别进行相应属性的设置。

【例 5.7】修改“院系”窗体的属性，具体要求如下：

（1）将窗体标题改为“显示院系详细信息”。

（2）将窗体边框改为“对话框边框”样式，取消窗体中的水平和垂直滚动条、记录选择器、导航按钮、最大最小化按钮和分隔线，效果如图 5-16 所示。

微视频5-7
设置窗体的属性

操作步骤如下：

（1）打开“院系”窗体的设计视图，如图 5-17 所示。

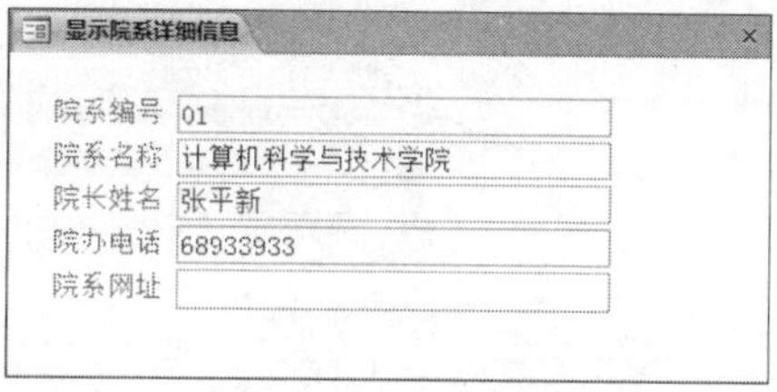

图 5-16　“院系”窗体修改效果

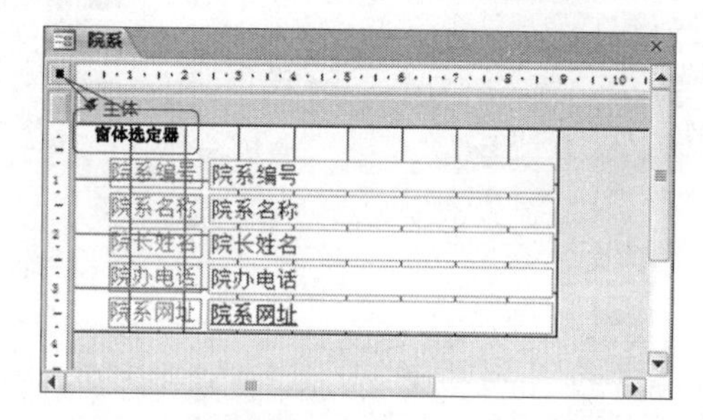

图 5-17　“院系”窗体的设计视图

（2）双击“窗体选定器”按钮，弹出“院系”窗体的“属性表”窗格。

（3）在“格式”选项卡中，设置窗体的标题为“显示院系详细信息”，在“滚动条”属性右侧的下拉列表中选择“两者均无”，在“记录选择器”属性右侧的下拉列表中选择“否”，在“导航按钮”属性右侧的下拉列表中选择“否”，在“分隔线”属性右侧的下拉列表中选择“否”，在“边框样式”属性右侧的下拉列表中选择“对话框边框”样式，在“最大最小化按钮”属性右侧的下拉列表中选择“无”。

（4）单击快速访问工具栏中的“保存”按钮，保存该窗体的修改。切换到“窗体视图”，效果如图 5-16 所示。

5.3.2　控件的概念

窗体上的所有信息都包含在控件中。控件是对象，可以显示信息、执行操作或装饰窗体。某些控件绑定到基础表或查询中的字段，所以用户可以在字段中输入数据，也可以显示它们的数据。例如，通过使用文本框控件，可以输入并显示信息。其他控件可以显示只存储在窗体设计中而没有连接到数据源的信息。例如，使用标签可以显示说明性文本，使用线条和矩形可以使窗体更吸引人。

某些控件是自动创建的，例如，绑定文本框控件是在将字段从字段列表添加到窗体时创建的。通过使用控件组，可以创建其他控件。

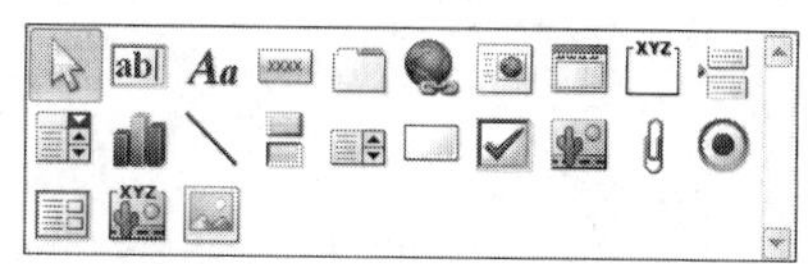

图 5-18　控件组

在窗体设计过程中，控件组（见图 5-18）是十分有用的。

控件组中有很多控件，具体控件及功能如表 5–2 所示。

表 5–2　窗体各控件及功能

图　标	控件名称	功　能
	选择对象	用于选定操作的对象
	控件对象	单击该按钮后，在使用其他控件时，即可在向导下完成
Aa	标签	显示标题、说明文字
ab|	文本框	用来在窗体、报表或数据访问页上显示输入或编辑数据，也可接收计算结果或用户输入
XXXX	按钮	用来执行某些活动
	选项卡控件	创建带有选项卡的对话框
	超链接	创建执行网页、图片、电子邮件地址或程序的链接
XYZ	选项组	显示一组限制性的选项值
	分页符	用于定义多页数据表格的分页位置
	组合框	包括了列表框和文本框的特性
	图表	可创建图表
	直线	画直线
	切换按钮	当表内数据具有逻辑性时，用来帮助数据的输入
	列表框	用来显示一个可滚动的数据列表
	矩形	画矩形
	复选框	选中时，值为 1，取消时，值为 0。属多选
	非绑定对象框	用来显示一些非绑定的 OLE 对象
	附件	添加附件
	选项按钮	与切换按钮类似，属单选
	子窗体 / 子报表	用于将其他表中的数据放置在当前报表中
XYZ	绑定对象框	用来显示 OLE 对象
	图像	加入图片
	ActiveX 控件	显示 Access 2010 所有已加载的其他控件

5.3.3　控件的种类

在 Access 中，窗体中的控件分为 3 种，如表 5–3 所示。

表 5–3　控件的种类

控件种类	说　明
绑定控件	其数据源是表或查询中的字段的控件称为绑定控件。使用绑定控件可以显示数据库中字段的值。值可以是文本、日期、数字、是 / 否值、图片或图形

续表

控件种类	说　明
未绑定控件	不具有数据源（如字段或表达式）的控件称为未绑定控件。可以使用未绑定控件显示信息、图片、线条或矩形。例如，显示窗体标题的标签就是未绑定控件
计算控件	其数据源是表达式（而非字段）的控件称为计算控件。通过定义表达式来指定要用作控件的数据源的值。表达式可以是运算符（如 = 和 +）、控件名称、字段名称、返回单个值的函数以及常数值的组合

5.3.4　常用控件的使用

用户可以在设计视图中对控件进行如下操作：通过鼠标拖动创建新控件、移动控件；通过按【Delete】键删除控件；激活控件对象，拖动控件的边界调整控件大小；利用"属性表"窗格改变控件属性；通过格式化改变控件外观，可以运用边框、粗体等效果；对控件增加边框和阴影等效果。

1. 添加控件

在"控件组"中单击控件，在窗体页眉区中拖动画一个矩形区域，释放鼠标。

2. 选择控件

在窗体的设计视图中才可以选择控制控件的操作，如表 5-4 所示。

表 5-4　选择控制控件的操作

选　择	操　作
一个字段	单击该字段
相邻的字段	单击其中的第一个字段，按住【Shift】键，然后单击最后一个字段
不相邻的字段	按住【Ctrl】键并单击所要包含的每一个字段的名称
所有字段（仅窗体或报表）	双击字段列表的标题栏

3. 取消控件

一般情况下，在选择另一个控件前，要取消对已选中控件的控制。单击窗体上不包含任何控件的区域，可取消对已选中控件的句柄。

微视频5-8
调整控件的大小

4. 调整控件大小

选中控件，周围有 8 个尺寸控制点，如图 5-19 所示。

把鼠标放在相应位置上，可按左右方向、上下方向和对角线方向调整大小，如图 5-20 所示。

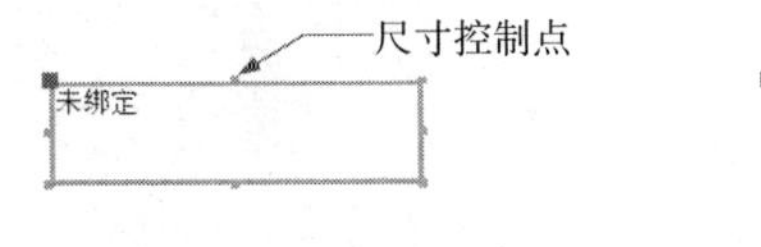

图 5-19　尺寸控制点

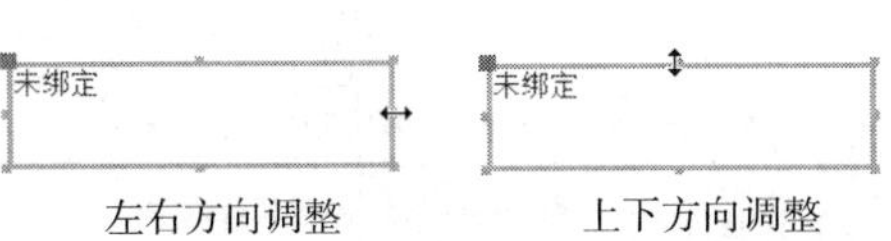

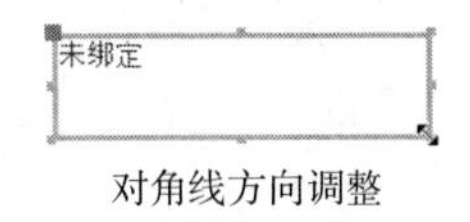

图 5-20　调整大小

也可以在该控件的"属性表"中设置，如图 5-21 所示。

5. 对齐控件

根据需要，可以对窗体中控件的对齐方式进行调整。

操作步骤如下：

（1）在"设计视图"中打开窗体。

（2）若选择要对齐的控件，可按住【Shift】键并单击每个控件；或者单击“选择对象”工具，然后框选控件。应只选择同一行或同一列中的控件。

（3）单击“表格设计工具”→“排列”选项卡→“调整大小和排序”选项组→“对齐”按钮，如图 5-22 所示，然后单击下列命令之一。

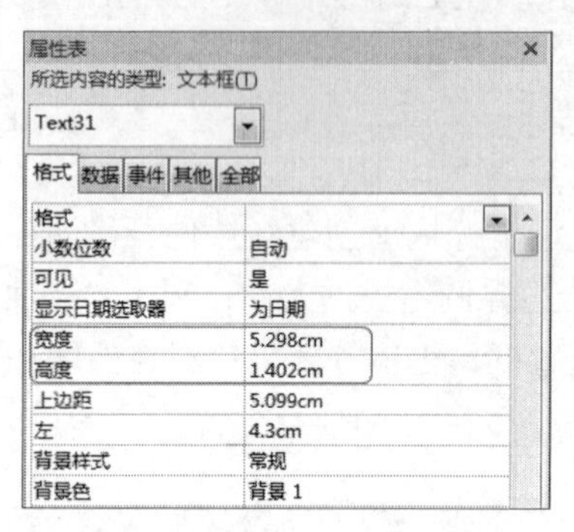

图 5-21 “属性表”中设置控件的大小

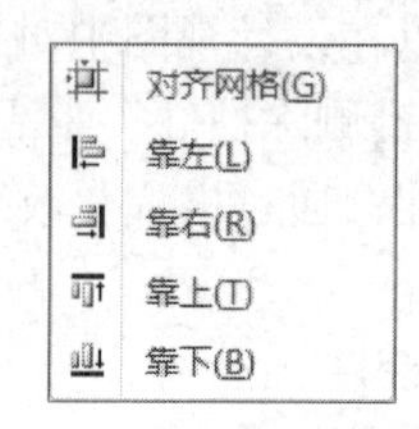

图 5-22 “对齐”方式

- 对齐网格：对齐到网格。
- 靠左：将控件的左边缘与最左侧控件的左边缘对齐。
- 靠右：将控件的右边缘与最右侧控件的右边缘对齐。
- 靠上：将控件的上边缘与最上端控件的上边缘对齐。
- 靠下：将控件的下边缘与最下端控件的下边缘对齐。

6. 移动控件

当选中某个控件后，把鼠标移到四周边框处，鼠标将显示为上下左右 4 个方向键的形状，如图 5-23 所示，用鼠标拖动即可移动控件。

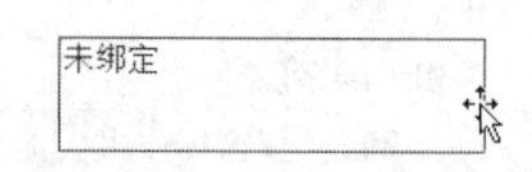

图 5-23 移动控件

7. 复制控件

复制控件可复制或移动诸如字段、控件、文本或宏操作等项。复制字段、控件或宏操作时，Access 将会把所有与复制对象相关的属性、控件或操作参数包括在内。例如，复制文本框控件时，Access 会同时复制其标签。通过单击行选定器复制文本框时，Access 也会复制相关的操作参数、宏和条件表达式。但是，Access 不复制与控件相关的事件过程。

选中窗体中的某个控件，或选中多个控件，单击“开始”选项卡→“剪贴板”选项组→“复制”按钮，然后确定要复制的控件位置，再单击“开始”选项卡→“剪贴板”选项组→“粘贴”控件，将已选中的控件复制到指定的位置上，修改副本的相关属性，可大大加快控件的设计。

8. 删除控件

删除控件有以下两种方法：

（1）选中窗体中的某个控件，或选中多个控件，按【Delete】键，可删除已选中的控件。

（2）选中窗体中的某个控件，或选中多个控件，单击“开始”选项卡→“剪贴板”选项组→“剪切”按钮，可删除已选中的控件。

9. 控件属性的设置

选中相应的控件并右击，在弹出的快捷菜单中选择“属性”命令，打开“属性表”窗格，然后进行相应属性的设置。

【例 5.8】在“教学管理”数据库中创建一个新窗体，窗体的设计视图如图 5-24 所示，效果如图 5-25 所示，命名为“输入学生基本信息”。

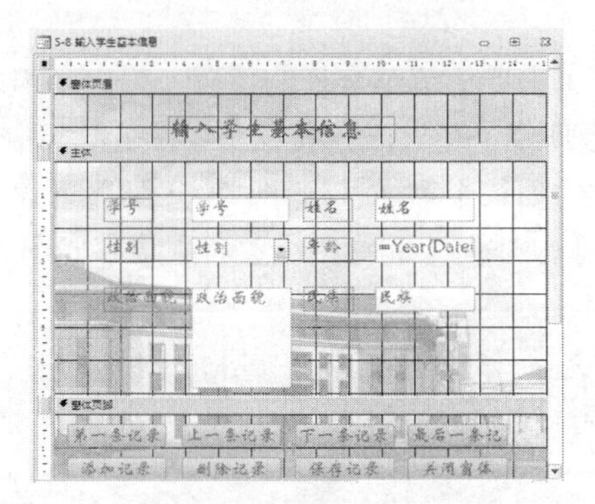

图 5-24　“输入学生基本信息”窗体的设计视图

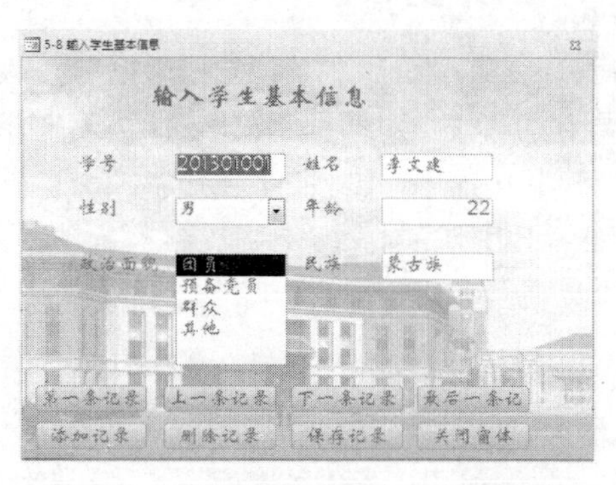

图 5-25　“输入学生基本信息”窗体效果

操作步骤如下：

（1）打开“教学管理”数据库。

（2）单击“创建”选项卡→“窗体”选项组→“窗体设计”按钮，打开窗口的“设计视图”。

（3）单击“窗体选定器”，再单击“工具”选项组→“属性表”按钮，打开“属性表”窗格。在“数据”选项卡中设置窗体的记录源为“学生”表，如图 5-26 所示。

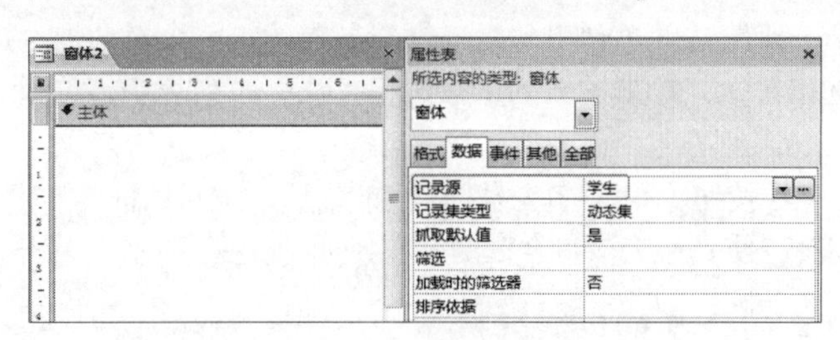

图 5-26　设置窗体的记录源属性

（4）在“主体”区右击，在弹出的快捷菜单中选择“窗体页眉 / 页脚”命令，如图 5-27 所示，打开窗体的页眉和页脚。

（5）在控件组中单击“标签”按钮，在窗体页眉区单击要放置标签的位置，输入标签内容“输入学生基本信息”。

（6）单击“工具”选项组→“添加现有字段”按钮，打开“字段列表”窗格，如图 5-28 所示。

图 5-27　打开 / 关闭“窗体页眉 / 页脚”

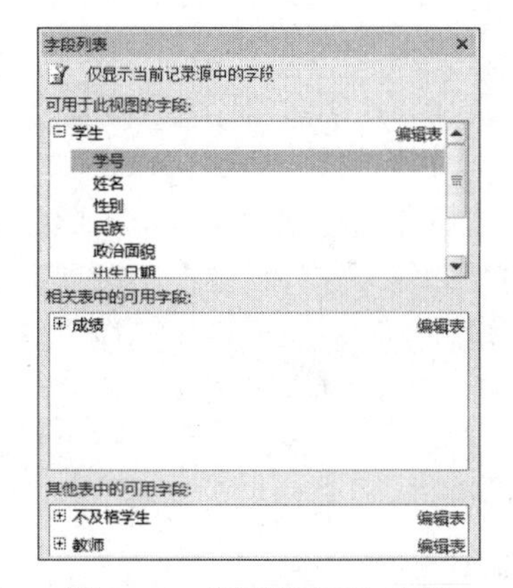

图 5-28　“字段列表”窗格

（7）将“学号”和“姓名”字段依次拖放到窗体内适当的位置，即可在该窗体中创建绑定型文本框。

（8）在控件组中单击“组合框”按钮，在窗体上单击要放置组合框的位置，弹出“组合框向导”的第一个对话框。在该对话框中选择“自行键入所需的值”单选按钮，如图 5-29 所示。

（9）单击“下一步”按钮，弹出“组合框向导”的第二个对话框。在“第 1 列”列表中依次输入“男”“女”等值，每输入完一个值，按【Tab】键或向下箭头，设置后的结果如图 5-30 所示。

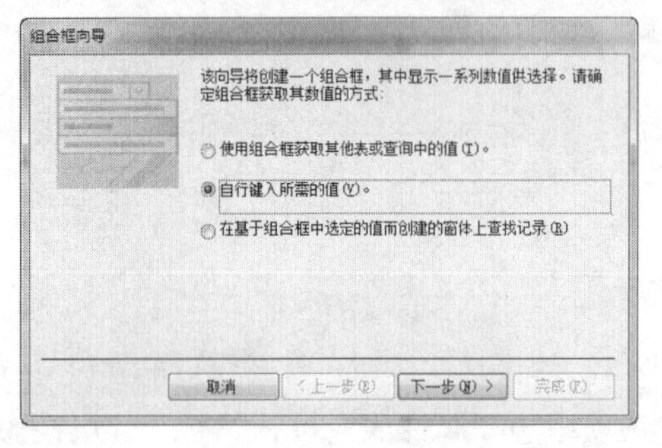

图 5-29 “组合框向导”的第一个对话框

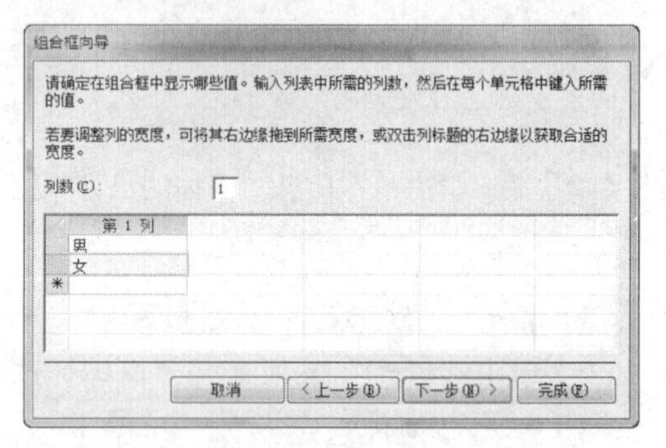

图 5-30 “组合框向导”的第二个对话框

（10）单击“下一步”按钮，弹出“组合框向导”的第三个对话框。选择“将该数值保存在这个字段中”单选按钮，并单击右侧的下拉按钮，从下拉列表中，选择“性别”字段，设置结果如图 5-31 所示。

（11）单击“下一步”按钮，弹出“组合框向导”的最后一个对话框，在“请为组合框指定标签”文本框中输入“性别”，使其作为该组合框的标签，如图 5-32 所示，单击“完成”按钮。

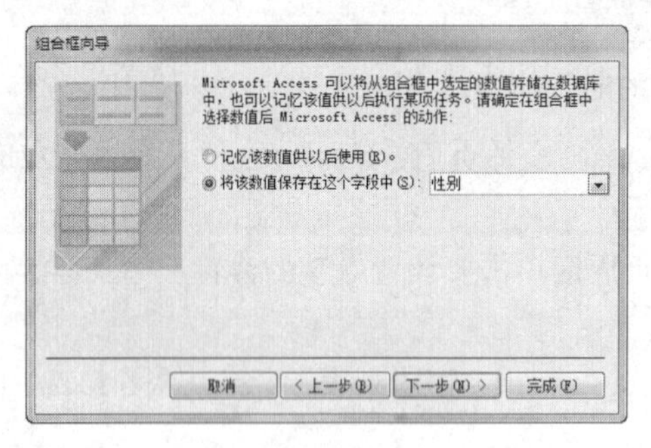

图 5-31 “组合框向导”第三个对话框

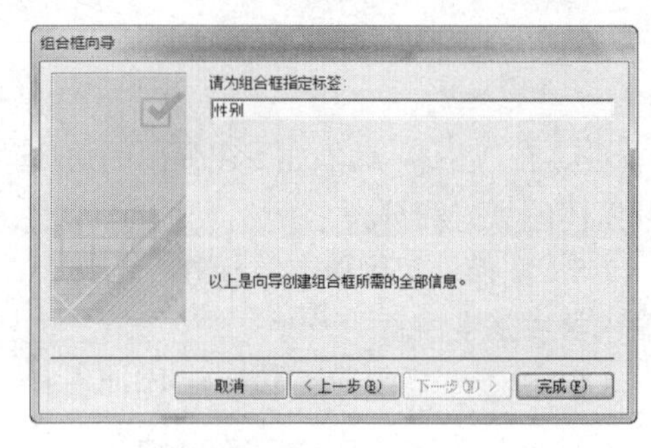

图 5-32 “组合框向导”最后一个对话框

（12）至此，组合框创建完成。

（13）计算控件的添加：在控件组中单击“文本框”控件，在窗体主体区中拖动画一个矩形区域，释放鼠标。选中文本框的“标签”控件，单击“工具”选项组→“属性表”按钮，弹出“属性表”窗格。选择“格式”选项卡，在“标题”属性右侧的文本框中输入“年龄”。选中“文本框”控件，在“属性表”窗格中选择“数据”选项卡，在“控件来源”属性右侧的文本框中输入“=Year(Date())–Year([出生日期])”，如图 5-33 所示。

图 5-33 文本框属性的设置

（14）创建绑定型列表框控件。在控件组中单击“列表框”按钮，在窗体上单击要放置列表框的位置，弹出“列表框向导”的第一个对话框，选择“自行键入所需的值”单选按钮，如图 5–34 所示。

（15）单击“下一步”按钮，弹出“列表框向导”的第二个对话框，在“第 1 列”列表中依次输入“团员”“预备党员”“群众”和“其他”等值，每输入完一个值，按【Tab】键或向下箭头，设置后的结果如图 5–35 所示。

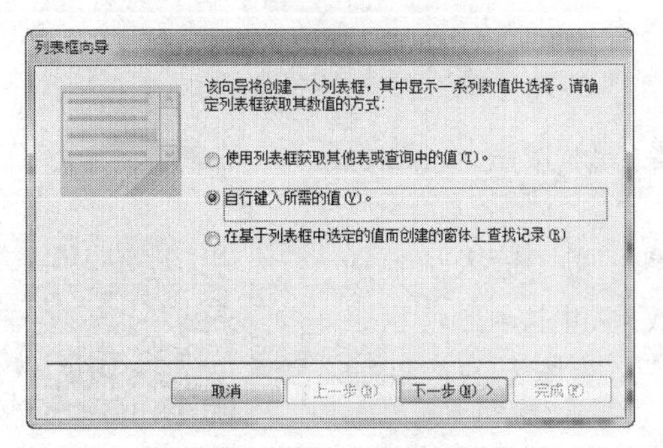

图 5–34 “列表框向导”的第一个对话框

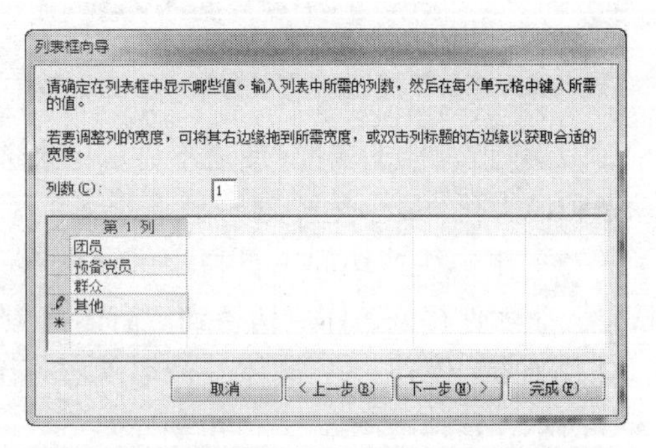

图 5–35 “列表框向导”的第二个对话框

（16）单击“下一步”按钮，弹出“列表框向导”的第三个对话框，选择“将该数值保存在这个字段中”单选按钮，并单击右侧下拉按钮，从下拉列表中选择“政治面貌”字段，设置结果如图 5–36 所示。

（17）单击“下一步”按钮，弹出“列表框向导”的最后一个对话框。在“请为列表框指定标签”文本框中输入“政治面貌”，使其作为该列表框的标签，如图 5–37 所示，单击“完成”按钮。

（18）至此，列表框创建完成。

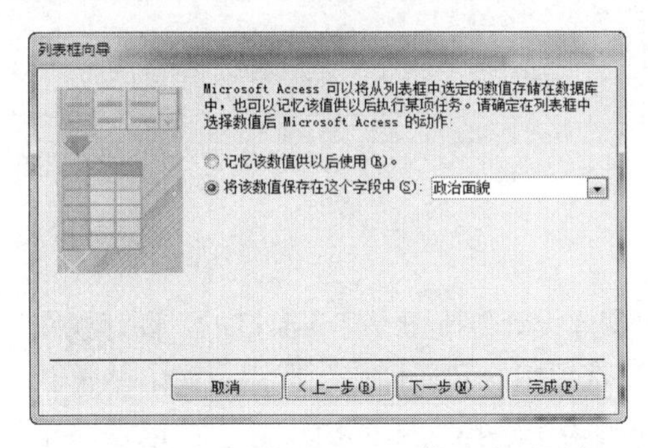

图 5–36 “列表框向导”的第三个对话框

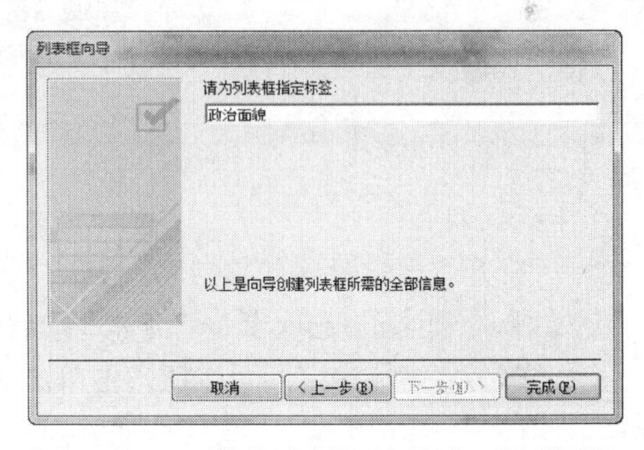

图 5–37 “列表框向导”的最后一个对话框

（19）创建命令按钮。在控件组中单击“按钮”按钮，在主体区适当的位置拖放，弹出“命令按钮向导”的第一个对话框，在“类别”下拉列表中选择“记录导航”，在右侧“操作”下拉列表中选择“转至第一项记录”，如图 5–38 所示。

（20）单击“下一步”按钮，弹出“命令按钮向导”的第二个对话框，选择“文本”单选按钮，并在右侧的文本框中输入“第一条记录”，如图 5–39 所示。

（21）单击“下一步”按钮，弹出“命令按钮向导”的最后一个对话框。在“请指定按钮的名称”文本框中输入按钮的名称，单击“完成”按钮，完成该按钮的添加。用同样的方法添加其他按钮。

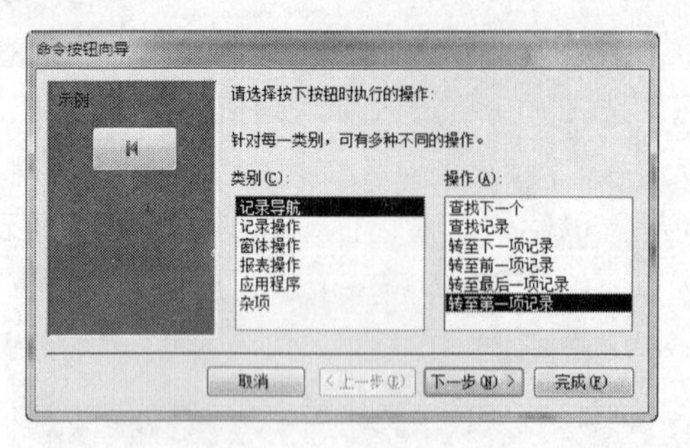

图 5-38 “命令按钮向导”的第一个对话框

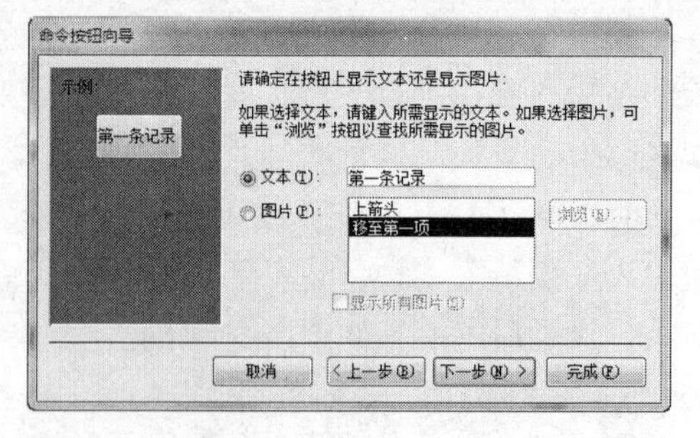

图 5-39 “命令按钮向导”的第二个对话框

（22）修改窗体的属性，使之不显示记录选择器、导航按钮，分隔线、滚动条和最大化 / 最小化按钮。

（23）单击快速访问工具栏中的“保存”按钮，以“输入学生基本信息”命名保存该窗体。切换到“窗体视图”，效果如图 5-25 所示。

微视频5-9
使用设计视图工具
创建和实际窗体

【例 5.9】创建一个窗体，命名为“主窗体”，窗体上的控件如表 5-5 所示，窗体视图如图 5-40 所示。

表 5-5 窗体上的控件

控件类型	控件名称	控件标题
1 个标签控件	lbl1	欢迎您使用教学管理系统
6 个命令按钮	cmd1	教师管理窗体
	cmd2	学生管理窗体
	cmd3	课程管理窗体
	cmd4	帮助信息
	cmd5	退出应用程序
	cmd6	返回登录界面
1 条直线	line16	
1 个矩形	外边框	

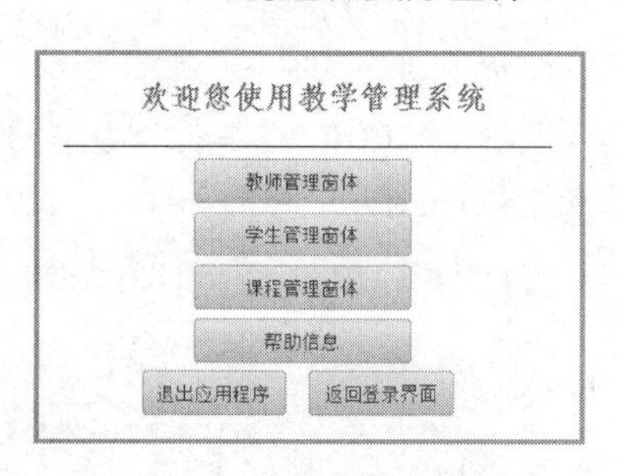

图 5-40 “主窗体”窗体视图

操作步骤如下：

（1）打开“教学管理”数据库。

（2）单击“创建”选项卡→“窗体”选项组→“窗体设计”按钮，打开窗口的“设计视图”。

（3）单击“窗体选定器”按钮，再单击“工具”选项组→“属性表”按钮，弹出“属性表”窗格。在“格式”选项卡下“滚动条”属性右侧的下拉列表中选择“两者均无”，在“记录选择器”属性右侧的下拉列表中选择“否”，在“导航按钮”属性右侧的下拉列表中选择“否”，在“分隔线”属性右侧的下拉列表中选择“否”，在“边框样式”属性右侧的下拉列表中选择“无”，在“控制框”属性右侧的下拉列表中选择“否”，在“最大最小化按钮”属性右侧的下拉列表中选择“无”。

（4）在控件组中单击“标签”按钮，在窗体主体区单击要放置标签的位置，输入标签内容“欢迎您使用教学管理系统”。在“属性表”窗格中选择“全部”选项卡，设置标签的“名称”属性为 lbl1，设置“字体名称”属性为“仿宋”，“字号”属性为 18，“字体粗细”属性为“加粗”。

（5）在控件组中单击“直线”控件，在窗体主体区中拖动画一条直线，释放鼠标。单击“直线”

控件，在“属性表”窗格中选择“全部”选项卡，设置直线的“名称”属性为 line16。在主体区，调整直线的大小和位置。

（6）在控件组中单击“按钮”控件，在窗体主体区中拖动画一个矩形区域，释放鼠标，弹出“命令按钮向导”对话框，单击“取消”按钮。单击“命令按钮”控件，在“属性表”窗格中选择“全部”选项卡，设置“名称”属性为 cmd1，“标题”属性为“教师管理窗体”。

（7）用同样的方法再添加其他命令控件。

（8）在控件组中单击“矩形”控件，在窗体主体区中拖动画一个矩形，释放鼠标。单击“矩形”控件，在“属性表”窗格中选择“全部”选项卡，设置矩形的“名称”属性为“外边框”，“边框宽度”属性设置为 3 pt。在主体区，调整矩形的大小和位置。

（9）单击快速访问工具栏中的“保存”按钮，以“主窗体”命名保存窗体。切换到“窗体视图”，效果如图 5-40 所示。

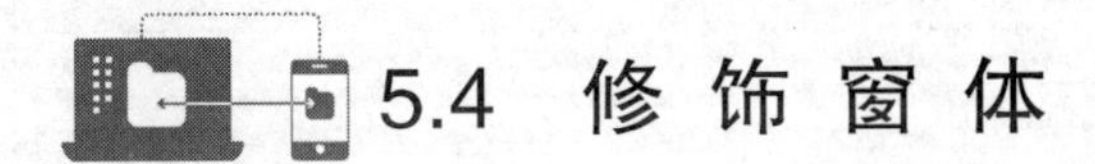

5.4　修饰窗体

5.4.1　使用主题功能

主题为窗体或报表提供了更好的格式设置选项，可以自定义、扩展和下载主题，还可以通过 Office Online 或电子邮件与他人共享主题。此外，还可将主题发布到服务器。

操作步骤如下：

（1）在“设计视图”中打开窗体。

（2）单击“窗体设计工具”→“设计”选项卡上，单击“主题”选项组→“主题”，在弹出的如图 5-41 所示的列表中选择相应的内置主题，也可以启用来自 Office.com 的内容更新。

图 5-41　“主题”列表

5.4.2　使用条件格式

可根据一个或多个条件为窗体或报表中控件的内容设置格式。

如果窗体或报表上的控件中包含需要监视的值，则可对该控件设置条件格式以便于辨认。例如，可以将条件格式设置为：学生的民族是“回族”时该字段的背景色就变为红色并且字体为斜体。如果控件值发生了变化并且不再满足指定的条件，Access 将返回该控件的默认格式。除非删除了该格式，否则，条件格式一直应用于该控件，即使一个条件都不满足并且没有显示指定的控件格式。在条件中不能使用通配符，如星号（*）、问号（?）或任何其他符号来代替文本或数字字符。

操作步骤如下：

（1）在“设计视图”中打开窗体。

（2）选中控件，单击“窗体设计工具”→“格式”选项卡“控件格式”选项组→“条件格式”按钮，弹出“条件格式规则管理器”对话框，如图 5-42 所示。

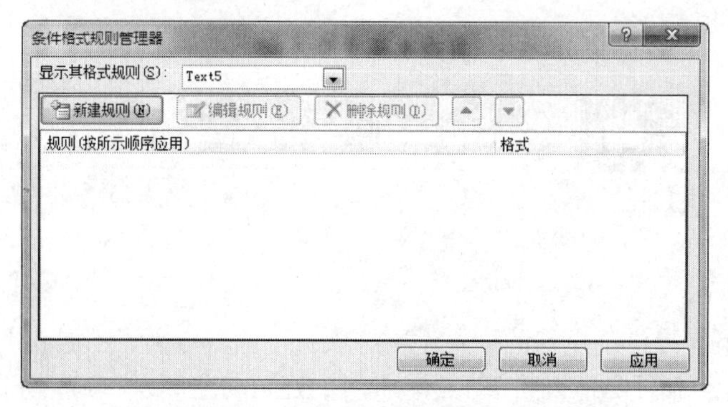

图 5-42 “条件格式规则管理器”对话框

（3）单击“新建规则”按钮，弹出“新建格式规则”对话框，如图 5-43 所示。

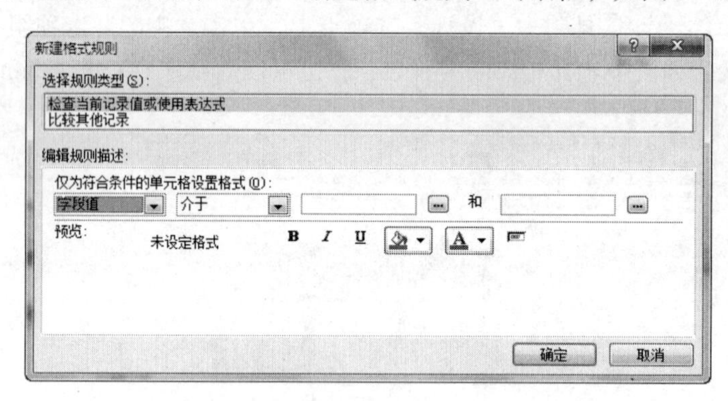

图 5-43 “新建格式规则”对话框

（4）在“新建格式规则”对话框中进行相应的设置即可。

5.4.3 添加背景图像

为了美化窗体，可以在窗体中添加背景图像，它可以应用于整个窗体。

操作步骤如下：

（1）在“布局视图”中打开窗体。

（2）单击“窗体布局工具”→“格式”选项卡→“背景”选项组→“背景图像”按钮，如图 5-44 所示。

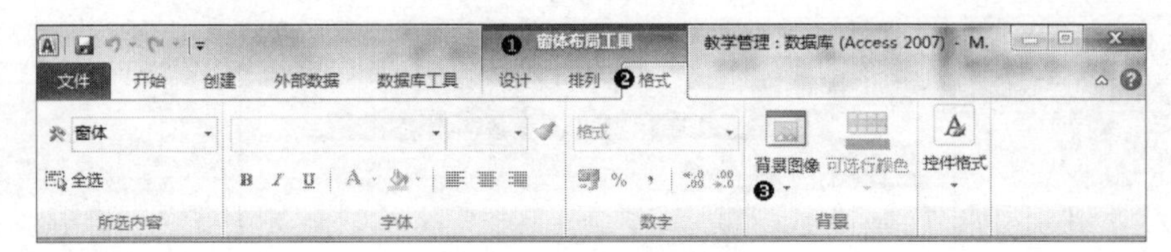

图 5-44　“背景”选项组

（3）单击“浏览”按钮，打开相应的图像即可。

（4）单击快速访问工具栏中的“保存”按钮，保存窗体。

（5）切换到“窗体视图”，查看效果。

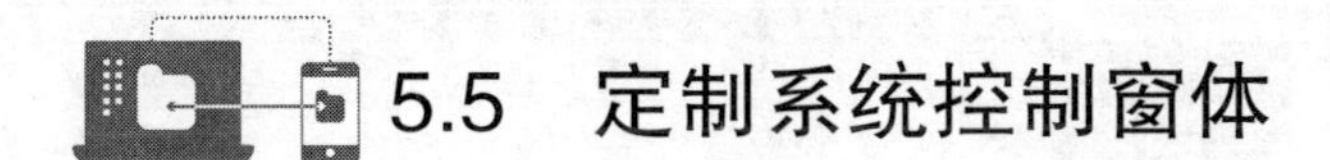

5.5　定制系统控制窗体

窗体是应用程序和用户之间的接口，其作用不仅是为用户提供输入数据、修改数据、显示处理结果的界面，更主要的是可以将已经建立的数据库对象集成在一起，为用户提供一个可以进行数据库应用系统功能选择的操作控制界面。Access 2010 中提供的“导航窗体”可以方便地将各项功能集成起来，能够创建具有统一风格的应用系统控制界面。

5.5.1　创建导航窗体

Access 2010 提供了一种新型的窗体，称为导航窗体。在导航窗体中，可以选择导航窗体的布局，也可以使用所选布局直接创建导航按钮，并通过这些按钮将已建数据库对象集成在一起形成数据库应用系统。使用导航窗体创建应用系统控制界面更简单、更直观。

【例 5.10】使用导航按钮创建一个窗体，命名为“学生管理窗体”。

操作步骤如下：

（1）单击“创建”选项卡→“窗体”选项组→“导航”按钮，从下拉列表中选择“水平标签和垂直标签，左侧”选项，打开“导航窗体”布局视图，如图 5-45 所示。将一级功能放在水平标签上，将二级功能放在垂直标签上。

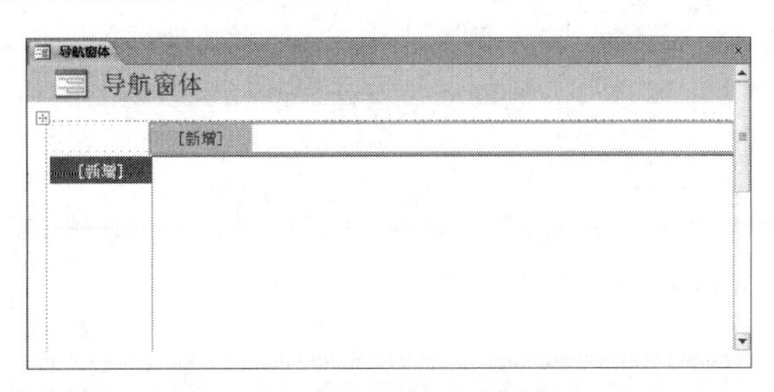

图 5-45　“导航窗体”布局视图

（2）在水平标签上添加一级功能。单击上方的“新增”按钮，输入“学生管理”。使用相同的方法创建“成绩管理”“课程管理”“教师管理”。设置结果如图 5-46 所示。

（3）在垂直标签上创建二级功能。本例将创建“学生管理”的二级功能按钮。单击“学生管理”按钮，再单击左侧的“新增”按钮，输入“学生基本信息输入”。使用同样的方法创建“学生基本信息查询”和“学生基本信息打印”。设置结果如图 5-47 所示。

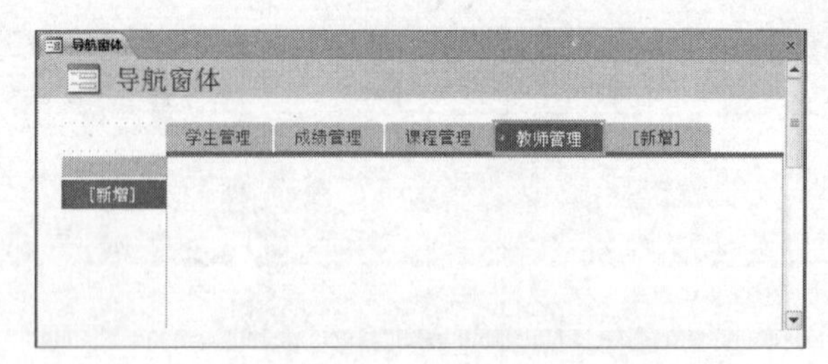

图 5-46　创建一级功能按钮

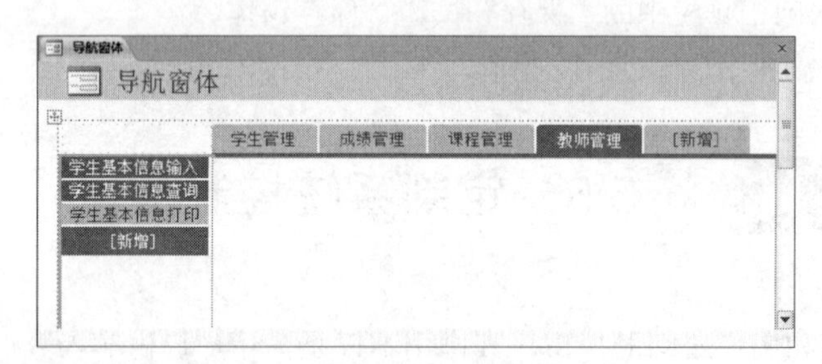

图 5-47　创建二级功能按钮

（4）为“学生基本信息输入”添加功能。右击“学生基本信息输入”导航按钮，从弹出的快捷菜单中选择“属性”命令，弹出“属性表”窗格，选择“事件”选项卡，单击“单击”事件右侧的下拉按钮，选择已经创建好的宏对象“打开输入学生基本信息窗体”（关于宏的创建，请参见后续章节）。使用相同方法设置其他导航按钮的功能。

（5）修改导航窗体标题。此处可以修改两个标题。一是修改导航窗体上方的标题，双击导航窗体上方的“导航窗体”标签，修改标签的标题为“学生管理”；二是修改导航窗体本身的标题。打开“属性表”窗格，修改窗体的标题为“学生管理”。

（6）单击快速访问工具栏中的“保存”按钮，以“学生管理窗体”命名保存窗体。

（7）切换到“窗体视图”，单击相应的按钮，查看效果。

5.5.2　设置启动窗体

为了在打开数据库时能自动打开某个窗体，就需要设置启动窗体。单击“文件”选项卡→“选项”，弹出“Access 选项”对话框，在左侧列表中单击“当前数据库”，在弹出的视图中单击“应用程序选项”选项区域“显示窗体”右侧的下拉按钮，选择要启动的窗体名称，如图 5-48 所示，单击“确定”按钮。

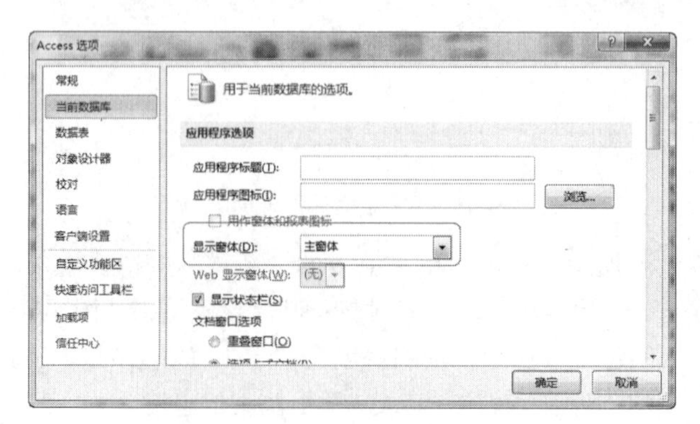

图 5-48　“Access 选项”对话框

说明：

（1）只有再次打开 Access 数据库时，所做的设置更改才会生效。

（2）在打开数据库的同时按住【Shift】键，可以绕过启动选项。

习　题　5

一、选择题

1. 在 Access 中，可用于设计输入界面的对象是（　　）。

A. 窗体　　B. 报表　　C. 查询　　D. 表

2. 下列不属于 Access 窗体的视图是（　　）。

A. 设计视图　　B. 窗体视图　　C. 版面视图　　D. 数据表视图

3. 可以作为窗体记录源的是（　　）。

A. 表　　B. 查询

C. SELECT 语句　　D. 表、查询或 SELECT 语句

4. 在窗体设计控件组中，代表组合框的图标是（　　）。

A. [ab]　　B. 　　C. 　　D.

5. 在 Access 数据库中，用于输入或编辑字段数据的交互控件是（　　）。

A. 文本框　　B. 标签　　C. 复选框　　D. 组合框

6. 能够接收数值型数据输入的窗体控件是（　　）。

A. 图形　　B. 文本框　　C. 标签　　D. 命令按钮

7. 在 Access 中建立了“学生”表，其中有可以存放照片的字段。在使用向导为该表创建窗体时，“照片”字段所使用的默认控件是（　　）。

A. 图像框　　B. 绑定对象框　　C. 非绑定对象框　　D. 列表框

8. 在 Access 数据库中，若要求在窗体上设置输入的数据是取自某一个表或查询中记录的数据，或者取自某固定内容的数据，可以使用的控件是（　　）。

A. 选项组控件　　B. 列表框或组合框控件

C. 文本框控件　　D. 复选框、切换按钮、选项按钮控件

9. 在教师信息输入窗体中，为职称字段提供“教授”“副教授”“讲师”等选项供用户直接选择，应使用的控件是（　　）。

A. 标签　　B. 复选框　　C. 文本框　　D. 组合框

10. 要改变窗体上文本框控件的数据源，应设置的属性是（　　）。

A. 记录源　　B. 控件来源　　C. 筛选查阅　　D. 默认值

11. 要显示格式为“页码 / 总页数”的页码，应当设置文本框控件的控制来源属性（　　）。

A. [Page]/[Pages]　　B. =[Page]/[Pages]

C. [Page] & "/" & [Pages]　　D. =[Page] & "/" & [Pages]

12. 下列属性中，属于窗体的“数据”类属性的是（　　）。

A. 记录源　　B. 自动居中　　C. 获得焦点　　D. 记录选择器

13. 在Access数据库中，为窗体上的控件设置【Tab】键的顺序，应选择“属性表”窗格中的是（　　）。

A. “格式”选项卡　　B. “数据”选项卡

C. “事件”选项卡　　D. “其他”选项卡

14. 如果在文本框内输入数据后，按【Enter】键或按【Tab】键，输入焦点可立即移至下一指定文本框，应设置（　　）。

A. “制表位”属性　　B. “TAB键索引”属性

C. “自动TAB键”属性　　D. “ENTER键行为”属性

15. 为窗体中的命令按钮设置单击时发生的动作，应选择设置其“属性表”窗格中对话框的（　　）。

A. “格式”选项卡　　B. “事件”选项卡

C. “方法”选项卡　　D. “数据”选项卡

16. 在“窗体视图”中显示窗体时，窗体中没有记录选择器，应将窗体的“记录选择器”属性值设置为（　　）。

A. 是　　B. 否　　C. 有　　D. 无

17. 在窗体中为了更新数据表中的字段，要选择相关的控件，正确的控件选择是（　　）。

A. 只能选择绑定型控件　　B. 只能选择计算型控件

C. 可以选择绑定型或计算型控件　　D. 可以选择绑定型、非绑定型或计算型控件

18. 若在“销售总数”窗体中有“订货总数”文本框控件，能够正确引用控件值的是（　　）。

A. Forms.[销售总数].[订货总数]　　B. Forms![销售总数].[订货总数]

C. Forms.[销售总数]![订货总数]　　D. Forms![销售总数]![订货总数]

二、填空题

1. 窗体由多个部分组成，每个部分称为一个________。

2. 能够唯一标识某一控件的属性是________。

三、操作题

依次完成例5.1至例5.10中的所有操作。

第6章 报表

学习目标

通过本章的学习，应该掌握以下内容:

（1）报表的功能、结构以及视图方式。

（2）创建报表的方法。

（3）报表的编辑。

（4）报表的排序与分组统计。

（5）报表的页面设置与打印。

6.1 报表概述

报表是 Access 提供的一种对象，它可以将数据库中的数据信息和文档信息以多种形式通过屏幕显示出来，或通过打印机打印出来，同时还可以在报表中进行多级汇总、统计、平均、求和等计算。报表可以基于某一数据表，也可以基于某一查询结果，这个查询结果可以是在多个表之间的关系查询结果集。报表在打印之前可以预览。

6.1.1 报表的功能

报表作为 Access 2010 数据库的一个重要组成部分，提供了以下功能:

（1）能够呈现格式化数据，格式丰富，使报表更易于阅读和理解。

（2）可以使用剪贴画、图片或者扫描图像来美化报表的外观。

（3）能够分组组织数据，对数据进行汇总，使报表更加清晰，便于比较分析。

（4）能够输出标签、清单、订单、信封和发票等样式的报表，使报表更加有效地处理商务信息，满足不同用户的需求。

（5）通过页眉和页脚，可以在每页的顶部和底部打印标识信息，便于保存和归档。

6.1.2 报表的结构

在 Access 中，报表是按“节”来设计的。报表通常由报表页眉、报表页脚、页面页眉、页面页脚、组页眉、组页脚及主体 7 部分组成，每一部分称为一个节。表 6-1 所示为节的类型及其用法。

表 6-1　节的类型及其用法

节的类型	功能
报表页眉	在报表开头打印一次。“报表页眉”包含可能出现在封面上的一般信息，如徽标或标题和日期。报表页眉打印在页面页眉之前
页面页眉	打印在每一页的顶部。例如，使用页面页眉可以在每一页上重复报表标题
组页眉	打印在每个新记录组的开头。使用组页眉可以打印组名称
主体	对记录源中的每一行打印一次。“主体”节是构成报表主要部分的控件所在的位置
组页脚	打印在每个记录组的结尾。显示组统计信息
页面页脚	打印在每一页的结尾。使用页面页脚可以打印页码或每一页的特定信息
报表页脚	在报表结尾打印一次。使用报表页脚可以打印针对整个报表的报表合计或其他汇总信息。注意，报表页脚在报表“设计视图”中显示在最后，但打印在最后一页的页脚之前

6.1.3　报表的视图

Access 为报表提供了 4 种视图操作窗口：报表视图、打印预览、布局视图和设计视图。

1. 报表视图

报表视图是报表的显示视图，在里面执行各种数据的筛选和查看方式。

2. 打印预览

在打印预览中，可以看到报表的打印外观，所显示的报表布局和打印内容与实际打印效果是一致的，所见即所得。

3. 布局视图

布局视图的界面和报表视图几乎一样，但是该视图中各个控件的位置可以移动，用户可以重新布局各种控件、删除不需要的控件、设置各个控件的属性等，但是不能像设计视图一样添加控件。在 Access 2010 中，发布到 Web 报表必须使用布局视图。

4. 设计视图

在设计视图中，Access 2010 为用户提供了丰富的可视化设计手段，用户不必编程就可以创建和编辑修改报表中需要显示的元素，调整报表的结构布局。

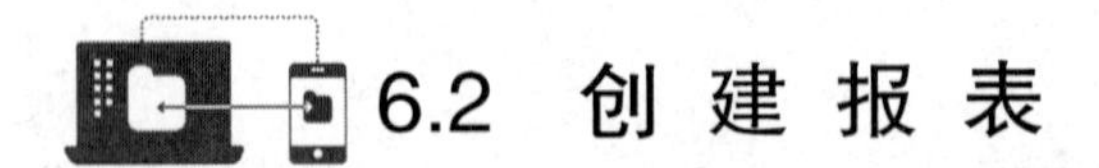

6.2　创建报表

Access 中提供了 5 种创建报表的方式，如图 6-1 所示。

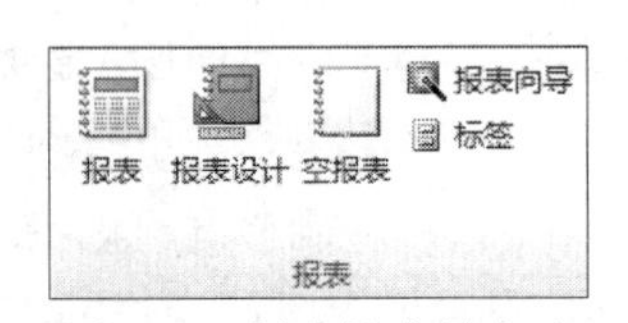

图 6-1　创建报表的方法

6.2.1　使用“报表”创建报表

可以使用“报表”快速创建一个单项目报表。这类报表每次显示关于一条记录的信息，在某些情况下，Access 会添加一个子数据表以显示相关信息。使用“报表”时，基础数据源中的所有字段都会添加到该报表中。可以立即开始使用此新报表，也可以在布局视图或设计视图中修改它，以便更好地满足需要。

操作步骤如下：

（1）在“导航窗格”中单击包含要在报表上显示的数据的表或查询。

（2）单击“创建”选项卡→“报表”选项组→“报表”按钮。

（3）Access 将创建报表，并以布局视图显示该报表。在布局视图中，可以在报表显示数据的同时对报表进行设计方面的更改。例如，可以调整文本框的大小，使其与数据相适应。

若要开始使用报表，需切换到报表视图：单击“开始”选项卡→“视图”选项组→“视图”→“报表视图”按钮。

如果 Access 发现某个表与用来创建报表的表或查询之间有一对多关系，Access 将向基于相关表或查询的报表添加一个子数据表。如果决定不希望报表上有子数据表，可以删除该子数据表，方法是切换到布局视图，选择该数据表，然后按【Delete】键。

【例 6.1】以“课程”表为数据源，使用“报表”工具创建报表，命名为“课程”。

操作步骤如下：

（1）在“导航窗格”中，单击包含要在报表上显示的数据的表“课程”。

（2）单击“创建”选项卡→“报表”选项组→“报表”按钮。此时，屏幕上立即显示新建的报表，如图 6-2 所示。

课程

2013年4月2日
19:42:00

课程编号	课程名称	课程类别	学时	学分	课程简介
J0101	大学英语	必修课	108	6	
J0102	计算机导论	必修课	72	4	
J0103	程序设计基础	必修课	72	4	
J0104	汇编语言	必修课	72	4	
J0105	数值分析	选修课	72	4	
J0106	经济预测	限选课	72	4	
J0107	计算机组成原理	必修课	72	4	
J0108	数字电路	必修课	72	4	
J0109	系统结构	限选课	72	4	

图 6-2　“课程”报表

微视频6-1
使用报表工具创建报表

（3）单击快速访问工具栏中的“保存”按钮，弹出“另存为”对话框，在“报表名称”文本框中输入报表的名称“课程”，单击“确定”按钮，保存该报表。

6.2.2　使用“报表向导”创建报表

要更好地选择哪些字段显示在报表上，可以使用“报表向导”来创建报表，还可以指定数据的组合和排序方式。并且，如果事先指定了表与查询之间的关系，还可以使用来自多个表或查询的字段。

操作步骤如下：

（1）单击“创建”选项卡→“报表”选项组→“报表向导”按钮。

（2）按照“报表向导”各个页面上显示的说明执行操作。

提示： 若要将多个表和查询中的字段包括在报表上，则在报表向导的第一页上选择第一个表或查询中的字段后，不要单击“下一步”或“完成”按钮。而是应该重复这些步骤，选择一个表或查询，然后单击要包括在报表上的任何其他字段。然后单击“下一步”或“完成”按钮继续操作。

（3）在该向导的最后一页上，单击“完成”按钮。

微视频6–2
使用报表向导创建报表

【例 6.2】以“教师”表为数据源，使用“报表向导”功能创建报表，以“所属院系”字段分组，以“编号”字段升序排列，报表布局为“递阶”，命名为“教师”。

操作步骤如下：

（1）单击“创建”选项卡→“报表”选项组→“报表向导”按钮，弹出“报表向导”的第一个对话框。单击“表/查询”右侧的下拉按钮，从下拉列表选择“表：教师”。这时在左侧“可用字段”列表框中列出了所有可用的字段，如图 6–3 所示。

（2）单击 >> 按钮选择所有字段，再单击“下一步”按钮，弹出“报表向导”的第二个对话框，设置“是否添加分组级别？”，“所属院系”字段已默认为分组字段，如图 6–4 所示。

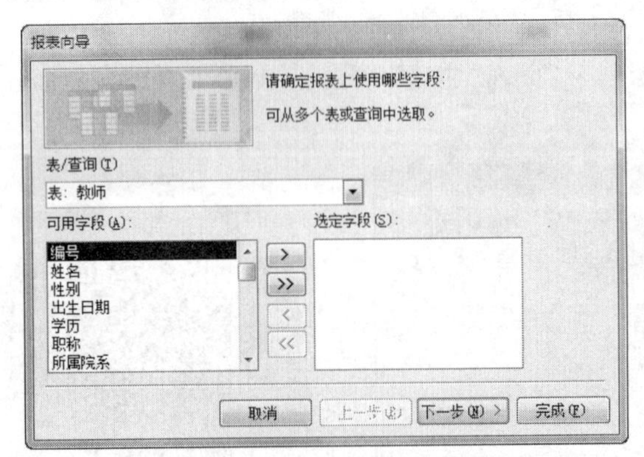

图 6–3 “报表向导”的第一个对话框

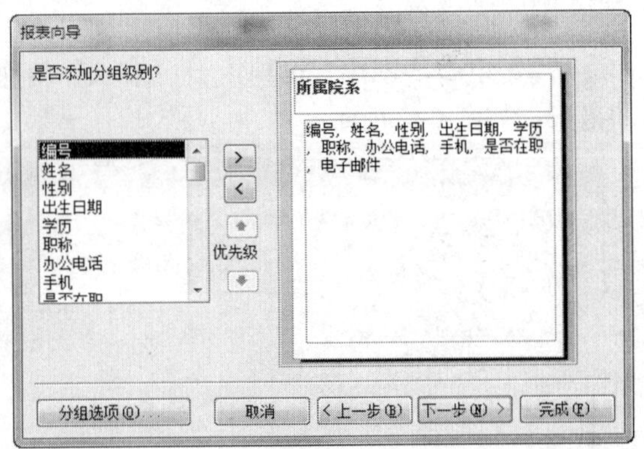

图 6–4 “报表向导”的第二个对话框

（3）单击“下一步”按钮，弹出“报表向导”的第三个对话框，在第一个排序字段右侧的下拉列表框中选择“编号”字段，如图 6–5 所示。

（4）单击“下一步”按钮，弹出“报表向导”的第四个对话框，确定报表的布局方式，如图 6–6 所示。

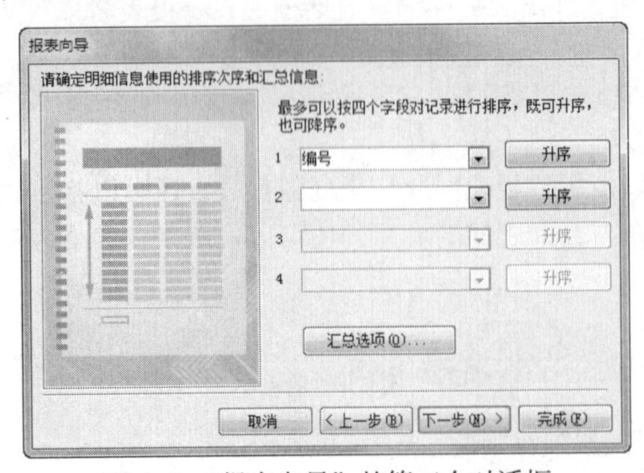

图 6–5 “报表向导”的第三个对话框

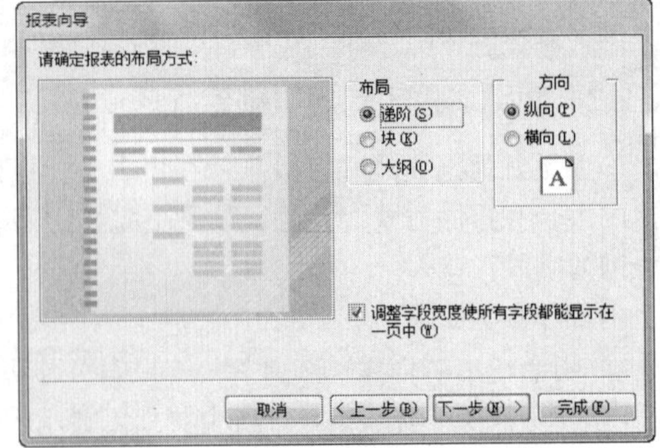

图 6–6 “报表向导”的第四个对话框

（5）单击“下一步”按钮，弹出“报表向导”的最后一个对话框，为报表指定标题“教师”，如图 6–7 所示。

（6）单击“完成”按钮，效果如图 6–8 所示。

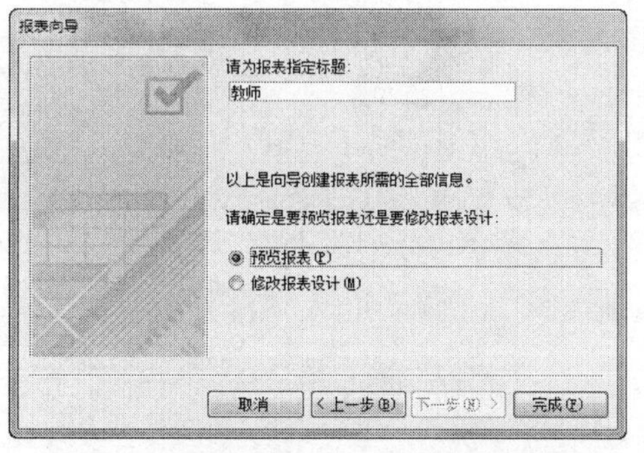

图 6-7 “报表向导”的最后一个对话框

所属院系	编号	姓名	性	出生日期	学历	职称	办公	手机	是否	电子邮件
01										
	2004591	吴俊伟	男	1973/1/25	大学本	教授	010-6	1390101	☑	
	2004592	孙海强	男	1969/6/25	研究生	副教授	010-6	1390101	☑	
	2004593	方征	男	1967/9/18	研究生	教授	010-6	1390101	☑	
	2004594	郑宇琪	男	1978/9/9	研究生	讲师	010-6	1390101	☑	
	2004595	马茜	女	1963/5/19	研究生	讲师	010-6	1390101	☐	
	2004596	肖瑞华	男	1980/6/25	研究生	讲师	010-6	1390101	☑	
	2004597	陈果	女	1970/6/18	大学本	副教授	010-6	1390101	☑	
	2004598	李秋艳	女	1970/6/18	大学本	副教授	010-6	1390101	☑	
02										
	2003101	王子怡	女	1970/6/18	研究生	副教授	010-6	1390101	☑	
	2003102	张国良	男	1968/7/8	大学本	讲师	010-6	1390101	☐	
	2003103	刘福敏	女	1972/1/27	研究生	副教授	010-6	1390101	☑	

图 6-8 “教师”报表

6.2.3 使用“空报表”创建报表

如果向导或报表构建工具不符合需要，可以使用“空报表”构建报表。这是一种非常快捷的报表构建方式，尤其是只在报表上放置很少几个字段时。

（1）单击“创建”选项卡→“报表”选项组→“空报表”按钮，Access 将在布局视图中打开一个空白报表，并显示“字段列表”窗格。

（2）在“字段列表”窗格中，单击要在报表上显示的字段所在的一个或多个表旁边的加号。

（3）若要向报表添加一个字段，可双击该字段，或者将其拖到报表上。

提示： 在添加第一个字段后，可以一次添加多个字段，方式是在按住【Ctrl】键的同时单击所需的多个字段，然后将它们同时拖到报表上。“字段列表”窗格中表的顺序可以更改，具体取决于当前选择报表的哪一部分。如果想要添加的字段不可见，可尝试选择报表的其他部分，然后再次尝试添加字段。

（4）使用“设计”选项卡→“页眉 / 页脚”选项组中的工具可向报表添加徽标、标题或日期和时间。

（5）使用“设计”选项卡→“控件”选项组中的工具可向报表添加更多类型的控件。若要略微扩大控件的选择范围，可右击该报表，然后选择“设计视图”以切换到设计视图。

【例 6.3】 以“成绩”表为数据源，使用“空报表”工具创建报表，命名为“成绩”。

操作步骤如下：

（1）单击“创建”选项卡→“报表”选项组→“空报表”按钮，Access 将在布局视图中打开一个空白报表，并显示“字段列表”窗格，如图 6-9 所示。

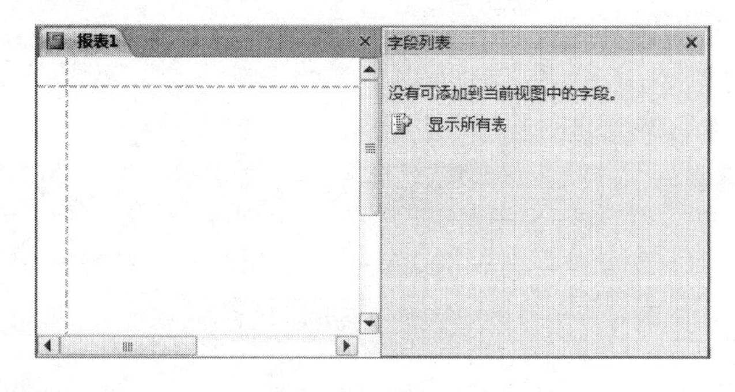

图 6-9　空白报表

微视频6-3
使用空报表工具创建报表

（2）在“字段列表”窗格中单击“显示所有表”，再单击要在报表上显示的字段所在表“成绩”旁边的加号。

（3）双击“成绩”表中的所有字段，将其拖到报表上，效果如图 6-10 所示。

（4）单击快速访问工具栏中的“保存”按钮，弹出“另存为”对话框，在“报表名称”文本框中输入报表的名称“成绩”，单击“确定”按钮，保存该报表。单击“开始”选项卡→“视图”选项组→“视图”→“报表视图”按钮，切换到“报表视图”，效果如图 6-11 所示。

图 6-10　拖动字段到“主体”区

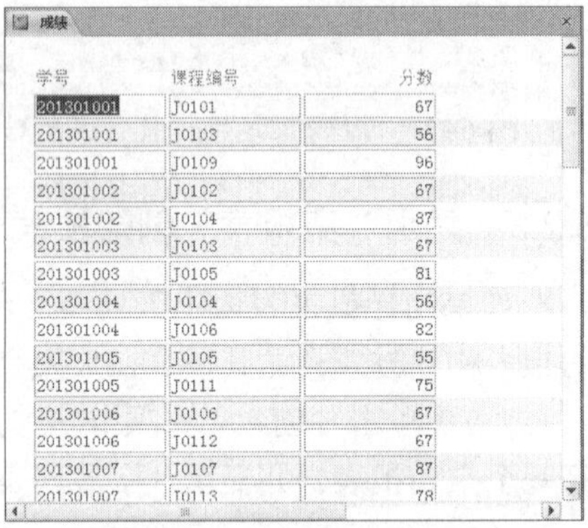

图 6-11　成绩报表

6.2.4　使用“设计视图”创建报表

在“设计视图”中手动创建报表。可以在“设计视图”中创建基本报表并对其进行自定义，使其满足实际需要。

微视频6-4
使用设计视图创建报表

【例 6.4】以“院系”表为数据源，使用“设计视图”创建报表，命名为“院系”报表。

操作步骤如下：

（1）单击“创建”选项卡→“报表”选项组→“设计报表”按钮，Access 将在布局视图中打开一个空白报表，并显示“字段列表”窗格。

（2）在“字段列表”窗格中单击“显示所有表”，再单击要在报表上显示的字段所在表“院系”旁边的加号。

（3）双击“院系”表中的所有字段，将其拖到报表上，效果如图 6-12 所示。

（4）单击快速访问工具栏中的“保存”按钮，弹出“另存为”对话框，在“报表名称”文本框中输入报表的名称“院系”，单击“确定”按钮，保存该报表。单击“开始”选项卡→“视图”选项组→“视图”→“报表视图”按钮，切换到“报表视图”，效果如图 6-13 所示。

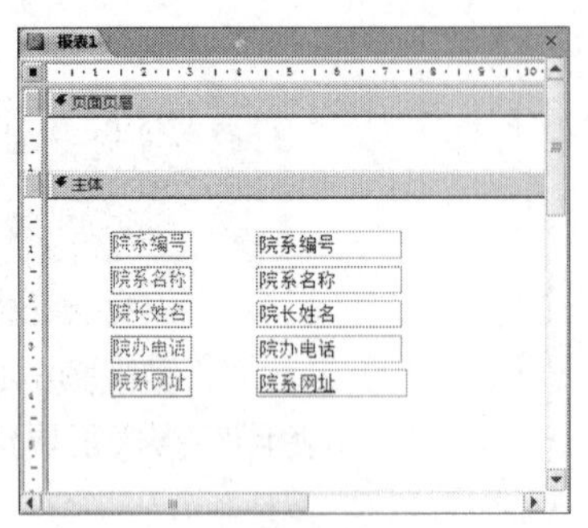

图 6-12　添加字段到主体区

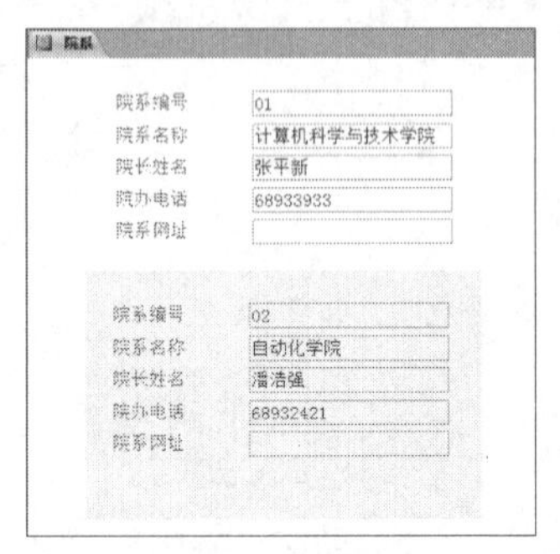

图 6-13　“院系”报表

【例 6.5】修改“院系”报表的布局，以表格方式显示，如图 6-14 所示。

微视频6-5
设置报表的布局及控件属性

院系

院系编号	院系名称	院长姓名	院办电话	院系网址
01	计算机科学与技术学院	张平新	68933933	
02	自动化学院	潘浩强	68932421	
03	电子工程学院	李进贤	68933912	
04	通信工程学院	王向华	68937365	

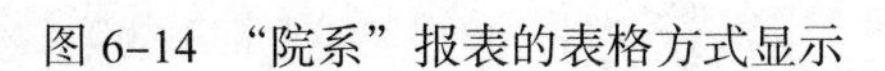
图 6-14　“院系”报表的表格方式显示

操作步骤如下：

（1）打开“院系”报表的“设计视图”。

（2）单击“院系编号”标签，单击“开始”选项卡→“剪贴板”选项组→“剪切”按钮，再单击“页面页眉”区域，然后单击“开始”选项卡→“剪贴板”选项组→“粘贴”按钮，把标签移动到“页面页眉”区域。用同样的方法把其他字段也移到“页面页眉”区域。调整各个控件的大小和位置，效果如图 6-15 所示。

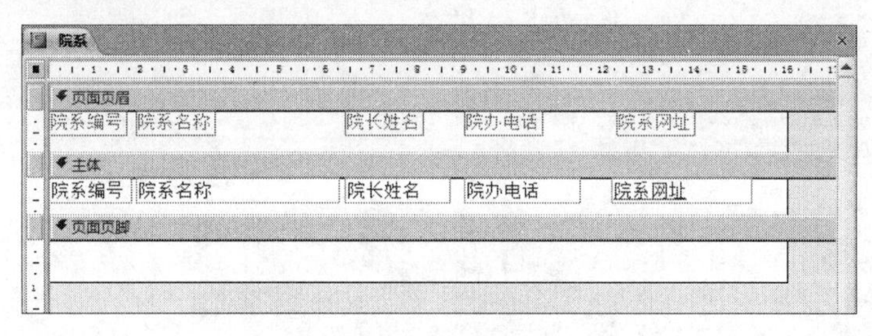

图 6-15　“院系”报表的设计视图

提示：各个控件的对齐方式、大小和间距可以通过“报表设计工具”→“排列”选项卡→“调整大小和排序”选项组→“大小 / 空格”和“对齐”中的相应命令来完成。

（3）单击快速访问工具栏中的“保存”按钮，保存该报表的修改。切换到“报表视图”，效果如图 6-14 所示。

6.2.5　使用“标签向导”创建报表

在 Access 中可以应用“标签向导”快速地制作标签报表。

【例 6.6】以“教师”为数据源，使用“标签向导”创建报表，命名为“教师联系方式”。

微视频6-6
使用标签工具创建报表

操作步骤如下：

（1）在“导航窗格”中，单击要在报表上显示数据的表“教师”。

（2）单击“创建”选项卡→“报表”选项组→“标签”按钮，弹出“标签向导”的第一个对话框。可以选择标准型号的标签，也可以自定义标签的大小。这里选择 C2166 标签样式，如图 6-16 所示。

（3）单击“下一步”按钮，弹出“标签向导”的第二个对话框，可以设置适当的字体、字号、字体粗细和文本颜色，如图 6-17 所示。

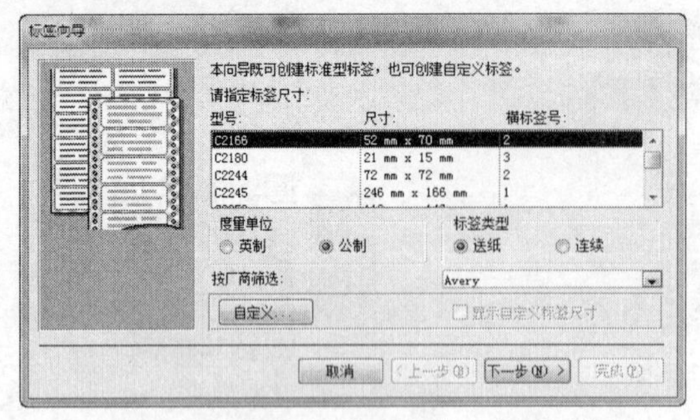

图 6-16 “标签向导”的第一个对话框

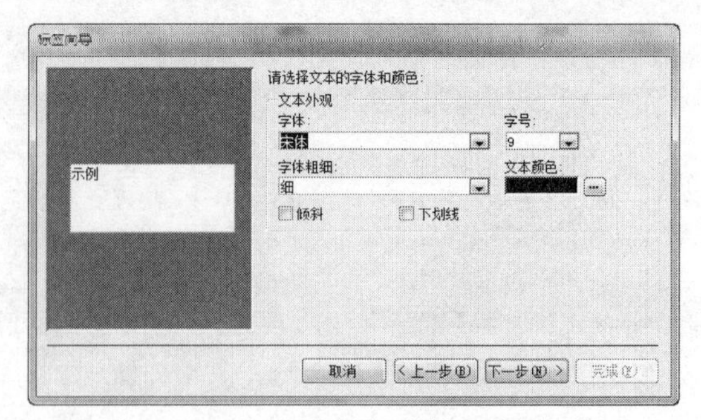

图 6-17 “标签向导”的第二个对话框

（4）单击“下一步”按钮，弹出“标签向导”的第三个对话框，根据需要选择创建标签要使用的字段。单击左侧“可用字段”列表框中的“姓名”字段，单击 > 按钮把它添加到右侧的“原型标签”列表框中，用同样的方法把“职称”字段也添加到右侧的“原型标签”列表框中。然后按【Enter】键，转到下一行，输入文字“联系电话：”，再把“办公电话”字段也添加到右侧的列表框中，如图 6–18 所示。

（5）单击“下一步”按钮，弹出“标签向导”的第四个对话框，为标签选择“请确定按哪些字段排序”，选择教师“编号”，如图 6–19 所示。

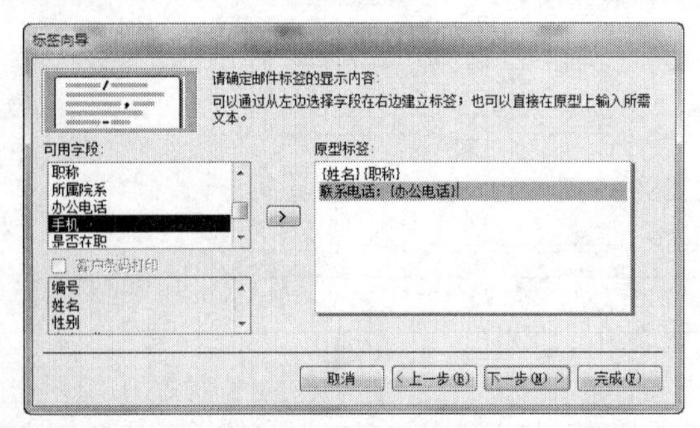

图 6–18 “标签向导”的第三个对话框

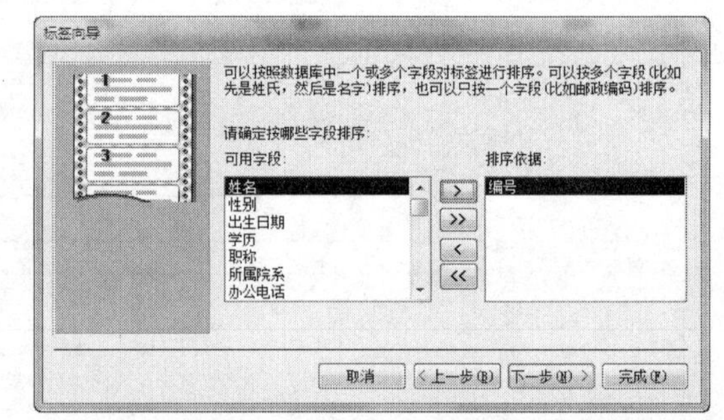

图 6–19 “标签向导”的第四个对话框

（6）单击“下一步”按钮，弹出“标签向导”的最后一个对话框，为新建的标签命名“教师联系方式”，如图 6–20 所示。

（7）单击“完成”按钮，显示图 6–21 所示的报表。

图 6–20 指定报表名称

图 6–21 “教师联系方式”报表

6.2.6 编辑报表

在报表的“设计视图”中，可以对报表进行编辑和修改。

1. 使用主题功能

主题为报表提供了更好的格式设置选项，可以自定义、扩展和下载主题，还可以通过 Office Online 或电子邮件与他人共享主题。此外，还可将主题发布到服务器。

操作步骤如下：

（1）在“设计视图”中打开报表。

（2）单击“报表设计工具”→“设计”选项卡→“主题”选项组→“主题”按钮，在弹出的列表中选择相应的内置主题，也可以启用来自 Office.com 的内容更新。

2. 使用节

报表中的内容是以节划分的。每一个节都有其特定的目的，而且按照一定的顺序输出在页面及报表中。

1）添加 / 删除报表页眉和报表页脚、页面页眉和页面页脚

在报表的“设计视图”中，在“主体”区右击，弹出如图 6-22 所示的快捷菜单，选择相应的选项。

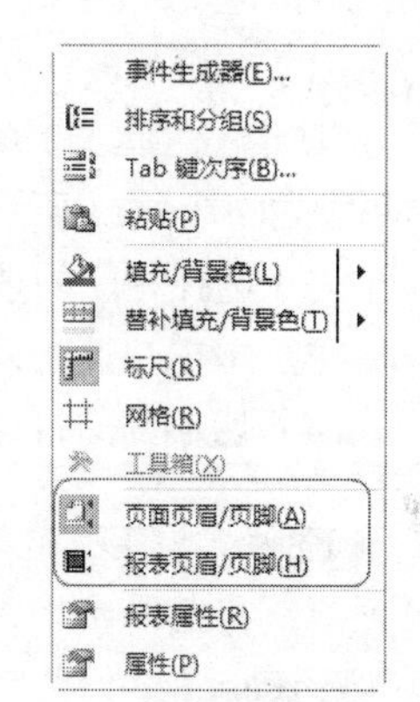

图 6-22　设置页眉 / 页脚

页眉和页脚只能成对添加，如果不需要页眉或页脚，可以将相关节的“可见”属性设置为“否”，或者删除该节中的所有控件，然后将其大小设置为零或将其“高度”属性设置为 0。如果删除页眉和页脚，Access 将同时删除页眉、页脚中的控件。

2）改变报表页眉、页脚或其他节的大小

可以单独改变报表上各个节的大小。将鼠标放在节的底边，上下拖动可以改变高度。将鼠标放在节的右边，左右拖动鼠标可以改变宽度。将鼠标放在节的右下角上，按对角线方向拖动可同时改变节的高度和宽度。

注意：报表只有唯一的宽度，改变一个节的宽度将改变整个报表的宽度。

3. 添加日期和时间

有时需要在报表的页眉或页脚显示日期和时间。

操作步骤如下：

（1）在报表的“设计视图”下，单击“报表设计工具”→“设计”选项卡→“页眉 / 页脚”选项组→“日期和时间”按钮，弹出“日期和时间”对话框。

（2）调整日期在设计视图中的位置。

（3）单击快速访问工具栏中的“保存”按钮保存报表。

（4）切换到“打印预览”视图，查看效果。

4. 添加分页符

在报表中，可以在某一节中使用分页符控件来标志需要另起一页的位置。例如，如果需要将报表标题页和前言信息分别打印在不同的页上，则可以在报表页眉中放置一个分页符，该分页符位于标题页上显示的所有控件之后、第二页的所有控件之前。

操作步骤如下：

（1）在“设计视图”中打开该报表。

（2）单击“设计”选项卡→“控件”选项组→“插入分页符”按钮。

（3）单击希望放置分页符控件的位置。Access 在报表的左边缘使用短行标记分页符。

提示：（1）将分页符控件放在报表现有控件的上面或下面以避免拆分该控件中的数据。（2）分页符可在“打印预览”或“报表视图”中查看，而不是在“布局视图”中查看。

5. 添加页码

有时需要在报表的页眉或页脚显示页码。

操作步骤如下：

（1）在报表的“设计视图”下，单击“报表设计工具”→“设计”选项卡→“页眉 / 页脚”选项组→“页码”按钮，弹出“页码”对话框，如图 6-23 所示。

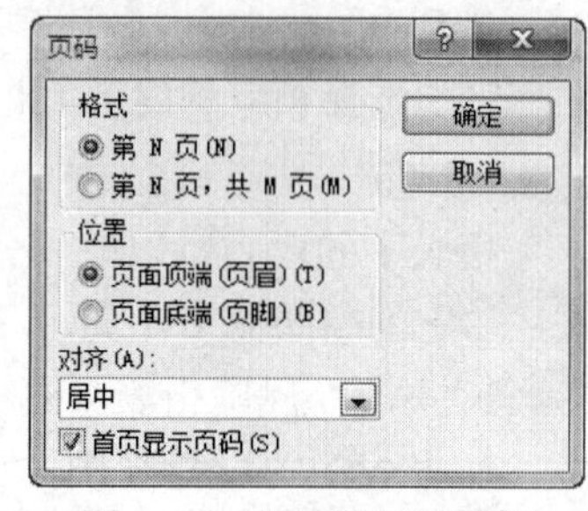

图 6-23 “页码”对话框

（2）选择相应的选项，单击“确定”按钮，完成页码的插入。

（3）单击快速访问工具栏中的“保存”按钮保存报表。

（4）切换到“打印预览”视图，查看效果。

提示：也可以添加计算控件（如文本框）来显示页码，[Page] 代表当前页，[Pages] 代表总页数。要想显示格式为“共 N 页，第 N 页”的页码，应该采用“="共"& [Pages] & "页，第"& [Page] & "页"”这种写法，其中符号“&”是用来连接前后字符串的。

6. 在报表中添加计算控件

可以使用计算控件显示计算的结果。在报表中创建计算控件时，可使用以下两种方法：如果控件是文本框，可以直接在控件中输入计算表达式；不管控件是不是文本框，都可以使用表达式生成器来创建表达式。

使用表达式生成器创建计算控件的操作步骤如下：

（1）在“设计视图”中打开报表。

（2）创建或选定一个非绑定的控件。

（3）单击“工具”选项组→“属性表”按钮，弹出“属性表”窗格。

（4）选择“数据”选项卡。

（5）单击“控件来源”属性右侧的“表达式生成器”按钮，弹出“表达式生成器”对话框。

（6）单击 = 按钮，并单击相应的计算按钮。

（7）双击计算中使用的一个或多个字段。

（8）输入表达式中的其他数值。

（9）单击“确定”按钮。

【例 6.7】创建“学生年龄信息报表”，显示内容为学生的“学号”“姓名”“性别”和“年龄”，其中“年龄”字段为计算字段。“学生年龄信息报表”报表的“打印预览”视图如图 6-24 所示。

微视频6-7
在报表中添加计算控件

操作步骤如下：

（1）单击“创建”选项卡→“报表”选项组→“报表设计”按钮，Access 将在设计视图中打开一个空白报表。

（2）单击“报表选定器”，再单击“工具”选项组→“属性表”按钮，弹出“属性表”窗格，在“数据”选项卡下，设置报表的记录源为“学生”表。

图 6–24　学生年龄信息报表

（3）单击“工具”选项组→“添加现有字段”按钮，弹出“字段列表”对话框，双击“学生”表中的“学号”“姓名”和“性别”字段，将其拖动到报表上。

（4）单击标签“学号”，单击“开始”选项卡→“剪贴板”选项组→“剪切”按钮，再单击“页面页眉”区域，然后单击“开始”选项卡→“剪贴板”选项组→“粘贴”按钮，把标签移动到“页面页眉”区域。用同样的方法把其他字段也移动到“页面页眉”区域。调整各个控件的大小和位置，效果如图 6–25 所示。

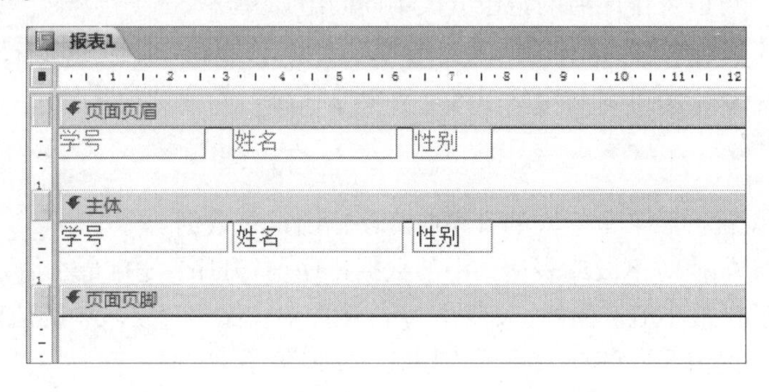

图 6–25 “学生年龄信息报表”的设计视图

（5）在控件组中单击“文本框”控件，在报表主体区中拖动画一个矩形区域，释放鼠标。单击文本框的“标签”控件，单击“开始”选项卡→“剪贴板”选项组→“剪切”按钮，再单击“页面页眉”区域，然后单击“开始”选项卡→“剪贴板”选项组→“粘贴”按钮，把标签移动到“页面页眉”区域，并修改标签的标题为“年龄”。选中“文本框”控件，右击，在弹出的快捷菜单中选择“属性”命令，弹出“属性表”窗格，选择“数据”选项卡，再单击“控件来源”属性右侧的 ... 按钮，弹出“表达式生成器”对话框，在文本框中输入“=Year(Date())-Year([出生日期])”，如图 6–26 所示。然后单击“确定”按钮。

提示：直接在文本框控件中输入“=Year(Date())-Year([出生日期])”，其效果是一样的。

（6）调整标签和文本框的适当位置，效果如图 6–27 所示。

（7）单击快速访问工具栏中的“保存”按钮，弹出“另存为”对话框，在“报表名称”文本框中输入报表的名称“学生年龄信息报表”，单击“确定”按钮，保存该报表。切换到“打印预览”视图，效果如图 6–24 所示。

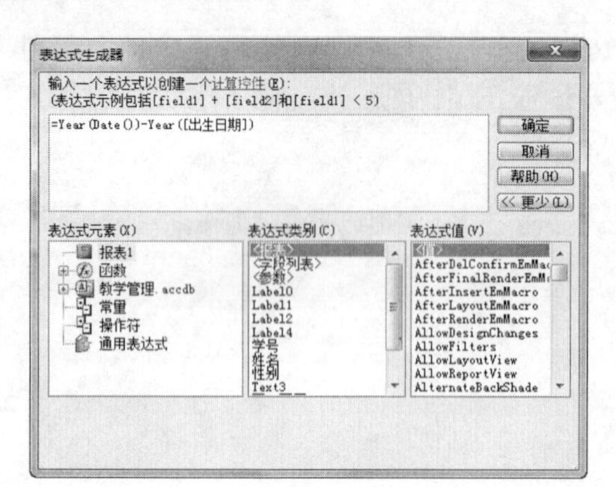

图 6-26 “表达式生成器”对话框

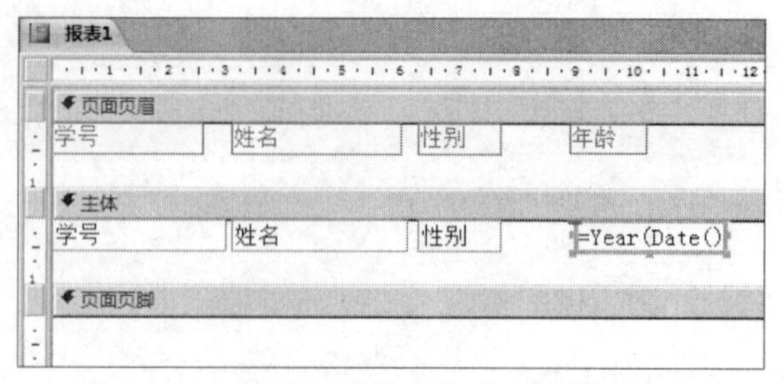

图 6-27 “学生年龄信息报表”的设计视图

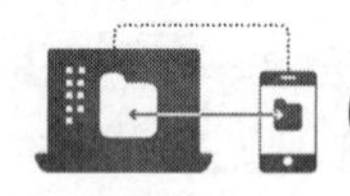

6.3 报表排序和分组统计

可以对数据表、窗体或报表中的数据进行排序。排序操作将按一个或多个字段中的值来组织记录。在报表中，可以将排序后的记录分成不同的组。

通过分组可以按组来组织和安排记录。组可以嵌套，这样就能轻松地看出组之间的关系并能迅速找到所需的信息。还可以使用分组来计算汇总信息，如合计和百分比。

6.3.1 记录排序

在报表中可以设置按照某个字段的升序或降序输出记录数据。

排序次序是指定如何对字段或表达式中的数据排序。“升序”先排最小值，后排最大值。“降序”先排最大值，后排最小值。例如，如果按字母顺序对“文本”字段中的值以升序进行排序，它将先排“数值”字段值为 0 的项，后排“数值”字段值最大的项。

6.3.2 记录分组

在报表中可以设置按照某个字段的升序或降序输出记录数据，还可以将记录进行分组，把有某种关系的记录放在同一个组中，便于对整个组进行统计和查看。

在“分组、排序和汇总”窗格中指定排序字段之后，可以通过添加组页眉和组页脚来创建组。使用“组页眉”属性可以添加或删除组的页眉，使用“组页脚”属性可以添加或删除组的页脚。对于作为分组形式的每个字段和表达式，可以为其设置页眉或页脚，也可以同时设置页眉和页脚。

通常，在组开头单独的一节中使用组页眉来显示用于标识该组的数据，在组结尾单独的一节中使用组页脚来汇总组中的数据。

“分组形式”属性显示的设置取决于作为分组形式的字段的数据类型。按“文本”字段对记录分组时，可以将“分组形式”属性设置为图 6-28 所示。按“日期 / 时间”字段对记录分组时，可以将“分组形式”属性设置为图 6-29 所示。

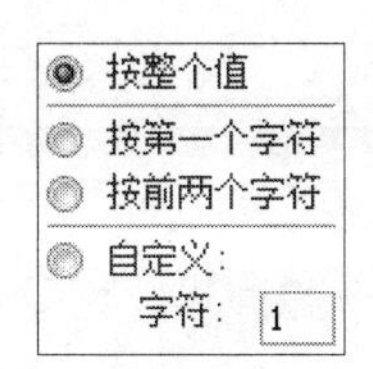

图 6–28　文本类型分组形式

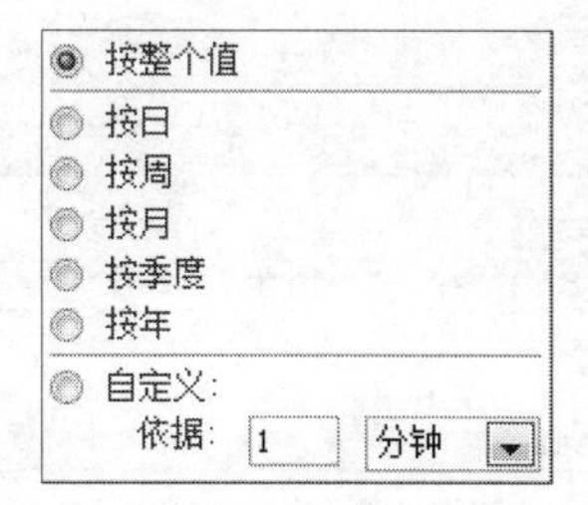

图 6–29　日期 / 时间类型分组形式

【例 6.8】以“学生成绩查询”为数据源创建一个报表，以“学号”和“姓名”字段分组，按“学号”字段升序排列，显示学生的“课程名称”和“分数”，所创建的报表命名为“学生成绩查询报表”，显示效果如图 6–30 所示。

操作步骤如下：

（1）单击“创建”选项卡→“报表”选项组→“设计报表”按钮，Access 将在设计视图中打开一个空白报表。

（2）单击“报表选定器”，再单击“工具”选项组→“属性表”按钮，弹出“属性表”窗格，在“数据”选项卡下，设置报表的记录源为“学生成绩查询”。

（3）单击“工具”选项组→“添加现有字段”按钮，弹出“字段列表”对话框。双击“学生”表中的“学号”“姓名”字段、“课程”表中的“课程名称”字段和“成绩”表中的“分数”字段，将其拖动到报表上，如图 6–31 所示。

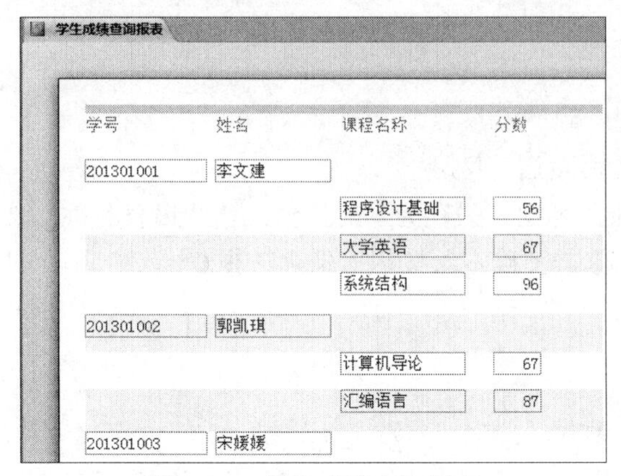

图 6–30　学生成绩查询报表

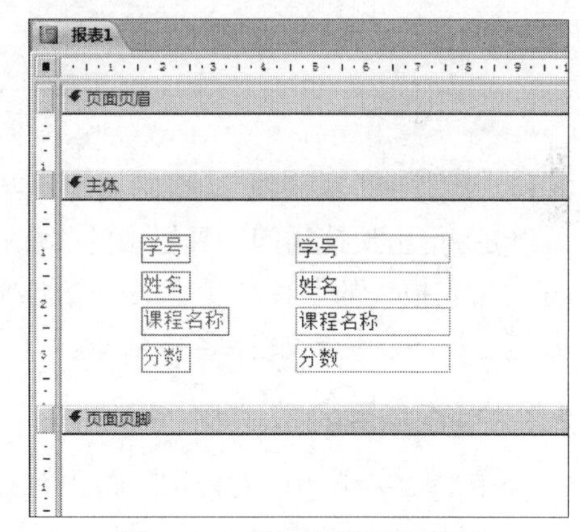

图 6–31　添加字段到主体区

（4）单击标签“学号”，单击“开始”选项卡→“剪贴板”选项组→“剪切”按钮，再单击“页面页眉”区域，然后单击“开始”选项卡→“剪贴板”选项组→“粘贴”按钮，把标签移动到“页面页眉”区域。用同样的方法把其他字段也移动到“页面页眉”区域。调整各个控件的大小和位置，效果如图 6–32 所示。

（5）单击“报表设计工具”→“设计”选项卡→“分组和汇总”选项组→“分组和排序”按钮，弹出“分组、排序和汇总”窗格，如图 6–33 所示。

（6）单击“添加组”按钮，单击“选择字段”下拉列表中的“学号”字段；单击“更多”按钮，打开更多选项。设置排序次序为“升序”，选择“有页眉节”“有页脚节”选项，如图 6–34 所示。

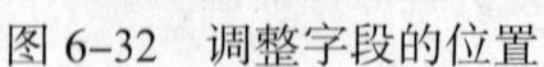

图 6-32　调整字段的位置

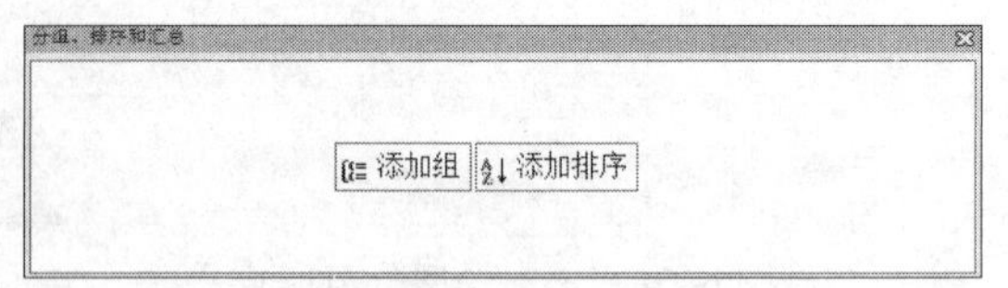

图 6-33　“分组、排序和汇总”窗格

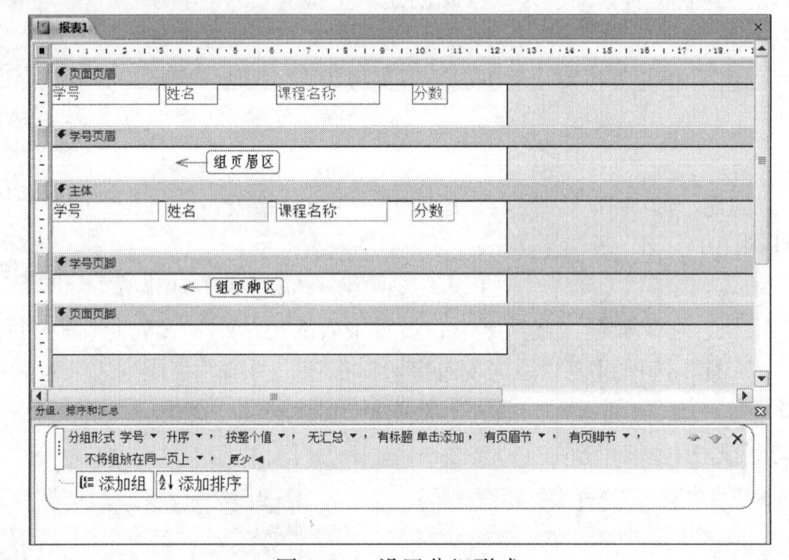

图 6-34　设置分组形式

（7）把“学号”和“姓名”字段移动到“学号页眉”区域。

（8）单击快速访问工具栏中的“保存”按钮，弹出“另存为”对话框，在“报表名称”文本框中输入报表的名称“学生成绩查询报表”，单击“确定”按钮，保存该报表。切换到“打印预览”视图，效果如图 6-30 所示。

6.3.3　报表常用函数

为了汇总表中的所有数据，可以创建一个包括 Sum() 或 Avg() 之类函数的聚合查询。运行查询时，结果集中将包括一行汇总信息。使用聚合函数时，默认情况下汇总信息包含所有指定的行。表 6-2 所示为常用的聚合函数及其说明。

表 6-2　常用的聚合函数及其说明

聚 合 函 数	说　　明
Avg(expr)	列中所有值的平均值。该列只能包含数值数据。Null 值将被忽略
Count(exp) Count(*)	列中值的数目（如果指定列名为 expr）或者表或组中所有行的数目（如果指定 *）
Max(expr)	列中最大的值（对于文本数据类型，按字母排序的最后 1 个值）。忽略空值
Min(expr)	列中最小的值（对于文本数据类型，按字母排序的第 1 个值）。忽略空值
Sum(expr)	列中值的总和。列中只能包含数值数据

6.3.4　分组统计

可以使用分组来计算汇总信息，如合计和百分比。

微视频6-9
报表分组统计

【例 6.9】在“学生成绩查询报表”的基础上，统计每个学生的总分和平均分。效果如图 6–35 所示。

操作步骤如下：

（1）打开“学生成绩查询报表”的“设计视图”。

（2）在“学号页脚”区域内添加 2 个文本框控件，在第一个文本框控件内输入“=Sum([分数])”，在第二个文本框控件内输入“=Avg([分数])”，然后对文本框的标签和文本框进行格式（标题、大小和颜色等）的设置，效果如图 6–36 所示。

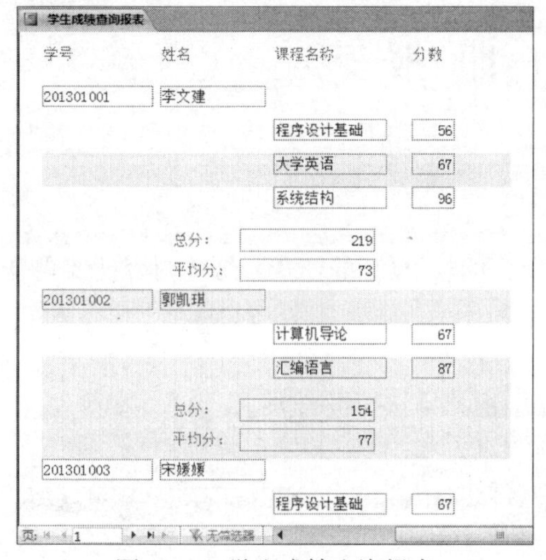

图 6–35　学生成绩查询报表

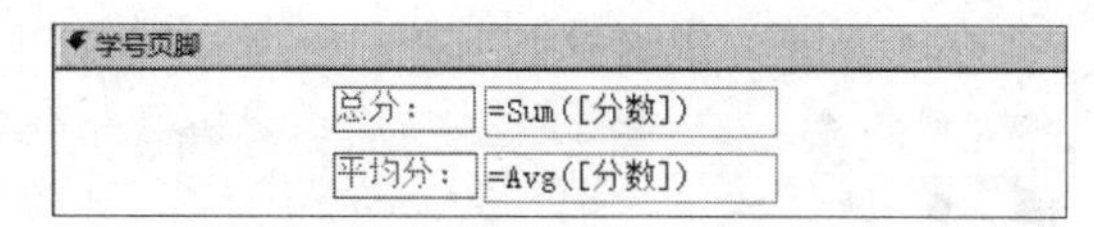

图 6–36　设置学号页脚区

（3）单击快速访问工具栏中的“保存”按钮，保存该报表的修改。切换到“打印预览”视图，效果如图 6–35 所示。

【例 6.10】在“学生成绩查询报表”的基础上，统计所有学生的总分和平均分，效果如图 6–37 所示。

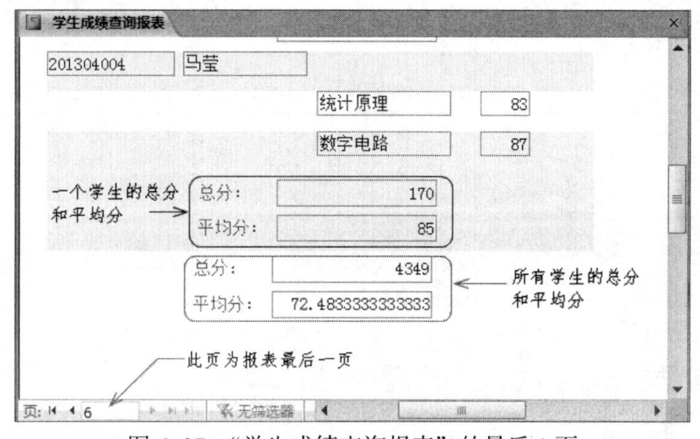

图 6–37　“学生成绩查询报表”的最后 1 页

操作步骤如下：

（1）打开“学生成绩查询”报表的“设计视图”。

（2）在主体区右击，在弹出的快捷菜单中选择“报表页眉 / 页脚”命令。

（3）在“报表页脚”区域内添加 2 个文本框控件，在第一个文本框控件内输入“=Sum([分数])”，在第二个文本框控件内输入“=Avg([分数])”，然后对文本框的标签和文本框进行格式（大小、颜色等）的设置，效果如图 6–38 所示。

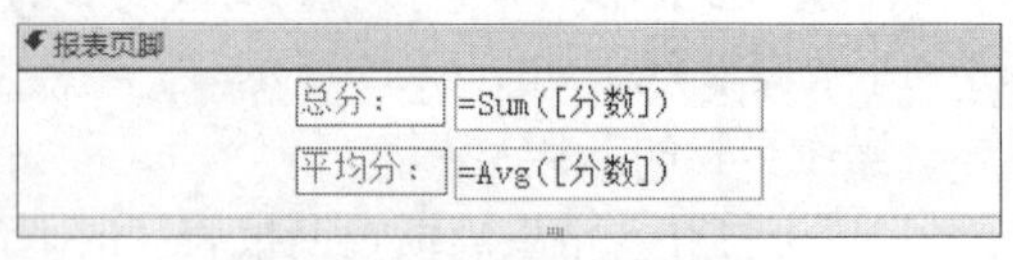

图 6–38 设置报表页脚区

（4）单击快速访问工具栏中的“保存”按钮，保存该报表的修改。切换到“打印预览”视图，效果如图 6–37 所示。

6.4 打 印 报 表

6.4.1 页面设置

报表的页面设置是用来确定报表页的大小，以及页眉、页脚的样式。这些内容还要根据所使用的打印机的特性来设置。

操作步骤如下：

（1）在任何视图中打开报表（或在“导航窗格”窗口中选择报表）。

（2）单击“报表设计工具”→“页面设置”选项卡，如图 6–39 所示。

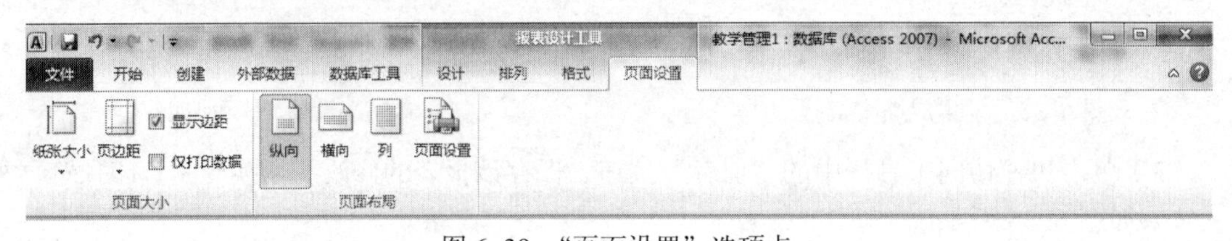

图 6–39 “页面设置”选项卡

（3）单击“页面大小”选项组或“页面布局”选项组中的相应命令进行相应的设置。也可单击“页面布局”选项组→“页面设置”按钮，弹出“页面设置”对话框，进行详细的设置。在“页面设置”对话框有 3 个选项卡，如图 6–40 所示。

（a）“打印选项”选项卡

（b）“页”选项卡

（c）“列”选项卡

图 6–40 “页面设置”选项卡

【例 6.11】创建多列报表（这里以“教师联系方式”报表为例，创建 3 列报表）。

操作步骤如下：

（1）打开“教师联系方式”报表的“设计视图”。

（2）单击“报表设计工具”→“页面设置”选项卡，如图 6–39 所示。单击“页面布局”选项组→“列”按钮，在“网格设置”标题下的“列数”文本框中输入每一页所需的列数，设置列数为 3。

（3）在“列尺寸”标题下的“宽度”文本框中输入单个标签的列宽，在“高度”文本框中输入单个标签的高度值。也可以用鼠标拖动节的标尺来直接调整“主体”节的高度。

（4）单击“确定”按钮，完成报表设计；保存报表。切换到“打印预览”视图，效果如图 6–41 所示。

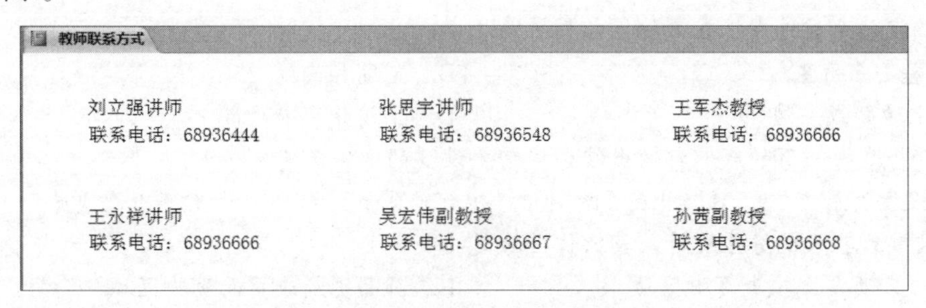

图 6–41　“教师联系方式”报表打印预览

6.4.2　打印

可以从“打印预览”“版面预览”“设计视图”或“导航窗格”窗口打印报表。在打印之前，需要仔细检查页面设置，如边距或页面方向。Access 将页面设置与报表一起保存，所以只需设置它们一次，只有在更改时才需要再次设置它们。

操作步骤如下：

（1）在任何视图中打开报表。

（2）单击“文件”选项卡→“打印”→“打印”按钮，Access 会显示“打印”对话框，如图 6–42 所示。

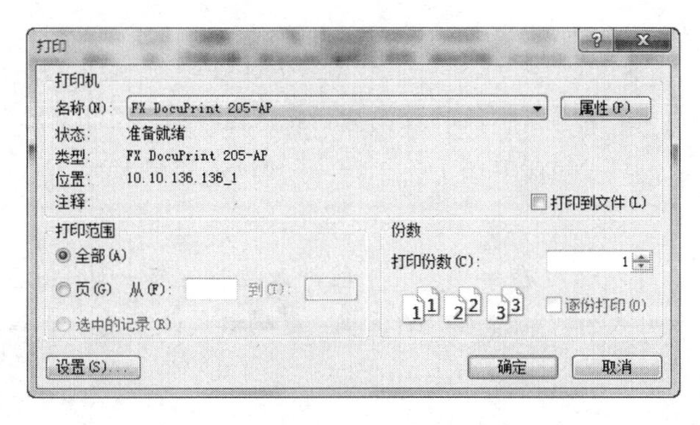

图 6–42　“打印”对话框

（3）为打印机、打印范围和打印份数等设置选择相应的选项。

（4）单击“确定”按钮。

习　题　6

一、选择题

1. 下列关于报表的叙述中，正确的是（　　）。

A. 报表只能输入数据　　B. 报表只能输出数据

C. 报表可以输入数据和输出数据　　D. 报表不能输入数据和输出数据

2. 可作为报表记录源的是（　　）。

A. 表　　B. 查询　　C. SELECT 语句　　D. 以上都可以

3. 确定一个控件在报表上位置的属性是（　　）。

A. 宽度或高度　　B. 宽度和高度

C. 上边距或左边距　　D. 上边距和左边距

4. 在报表每一页的底部都输出信息，需要设置的区域是（　　）。

A. 报表页眉　　B. 报表页脚　　C. 页面页眉　　D. 页面页脚

5. 要实现报表的分组统计，其操作区域是（　　）。

A. 报表页眉或报表页脚区域　　B. 页面页眉或页面页脚区域

C. 主体区域　　D. 组页眉或组页脚区域

6. 在设计报表时，如果要统计报表中某个字段的全部数据，应将计算表达式放在（　　）。

A. 组页眉 / 组页脚　　B. 页面页眉 / 页面页脚

C. 报表页眉 / 报表页脚　　D. 主体

7. 要在报表中输出时间，设计报表时要添加一个控件，且需要将该控件的“控件来源”属性设置为时间表达式，最合适的控件是（　　）。

A. 标签　　B. 文本框　　C. 列表框　　D. 组合框

8. 在报表设计的工具栏中，用于修饰版面以达到更好显示效果的控件是（　　）。

A. 直线和矩形　　B. 直线和圆形　　C. 直线和多边形　　D. 矩形和圆形

9. 如果设置报表上某个文本框的控件来源属性为“=7 Mod 4”，则“打印预览”视图中，该文本框显示的信息为（　　）。

A. 未绑定　　B. 3　　C. 7 Mod 4　　D. 出错

10. 在报表中，要计算“数学”字段的最高分，应将控件的“控件来源”属性设置为（　　）。

A. =Max([数学])　　B. Max(数学)　　C. =Max[数学]　　D. =Max(数学)

二、填空题

1. 在报表设计中，可以通过添加________控件来控制另起一页输出显示。

2. 在报表中要显示格式为“第 N 页”的页码，页码格式设置是: =" 第 " &________& " 页 "。

三、操作题

依次完成例 6.1 至例 6.11 中的所有操作。

第7章 宏

学习目标

通过本章的学习，应该掌握以下内容：

（1）宏的功能、种类和常见的宏操作。

（2）独立的宏、嵌入的宏、宏组和条件宏的创建和设计。

（3）宏的运行、调试与修改。

7.1 宏 概 述

“宏”是 Access 中的一个对象，是一种功能强大的工具。在 Access 2010 中，可以利用宏定义各种操作，如打开或关闭窗体、预览或打印报表等。

7.1.1 宏的功能

宏是一个或多个操作的集合，其中每个操作能完成一个指定的动作，并实现特定的功能。在 Access 中，可以利用宏定义各种操作，如打开或关闭窗体、预览或打印报表等。使用宏可以将表、查询、窗体和报表这 4 个对象有机地整合在一起，完成特定的任务。

宏的主要功能如下：

（1）打开和关闭表、查询、窗体等对象。

（2）执行查询操作及数据筛选功能。

（3）设置窗体中控件的属性值。

（4）执行报表的显示、预览和打印功能。

（5）执行菜单上的选项命令。

7.1.2 宏的种类

在 Access 中，宏可以分为操作序列宏、条件操作宏和宏组。

（1）操作序列宏：包含一系列操作的宏。

（2）条件操作宏：使用条件表达式确定在什么情况下运行宏，以及是否执行某个操作。

（3）宏组：即由一些相关宏组成的宏组。

图 7–1 创建了一个宏 m1，其中包含了一个 MessageBox 操作。运行后弹出一个对话框显示“大家好，欢迎使用宏！”，运行效果如图 7–2 所示。

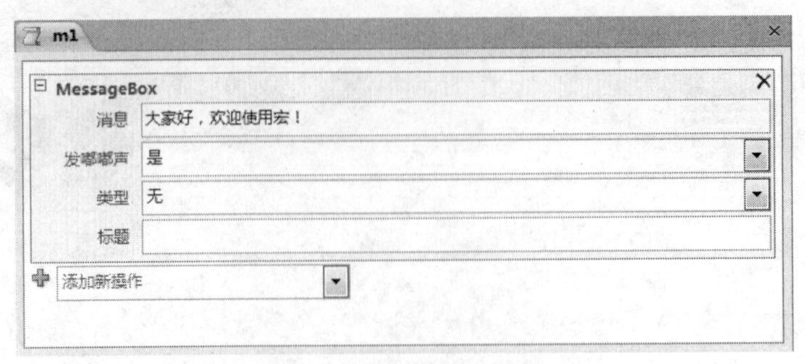

图 7–1　宏 m1 设计窗口

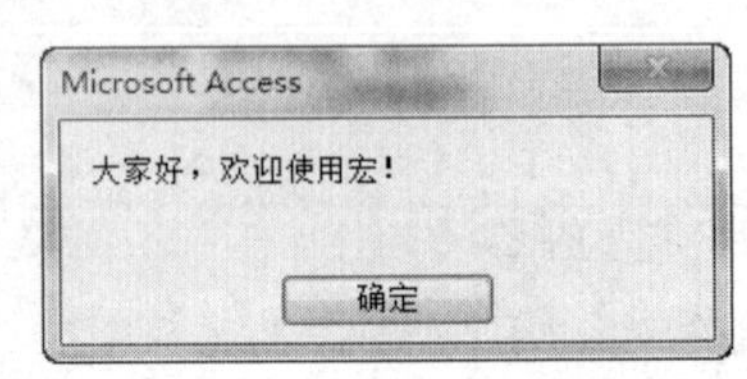

图 7–2　宏 m1 运行效果

宏中包含的操作都是系统提供的、由用户选择的操作命令，名称不能更改。一个宏中的多个操作命令在运行时是按先后顺序依次执行的。如果设计了条件宏，则操作会根据相应的条件决定能否执行。

7.1.3　宏的设计器

Access 2010 提供了用于创建宏的新设计器。此新设计器的一些优点包括：

（1）操作目录：宏操作按类型组织，并且可以搜索。

（2）IntelliSense：输入表达式时，IntelliSense 会提示可能的值，让用户在其中选择一个正确的值。

（3）键盘快捷方式：使用组合键可以更加快速轻松地编写宏。

（4）程序流程：使用注释行和操作组创建可读性更高的宏。

（5）条件语句：允许更复杂的逻辑执行，支持嵌套的 If/Else/Else If。

（6）宏重复使用：操作目录显示用户已创建的其他宏，让用户能够将它们复制到正在使用的宏中。

（7）更轻松的共享：复制宏，然后以 XML 格式将其粘贴到电子邮件、新闻组文章、博客或代码示例网站中。

当用户首次打开宏生成器时，会显示“添加新操作”窗口和“操作目录”列表，如图 7–3 所示。

“添加新操作”下拉列表是供用户选择各种操作的，如图 7–4 所示。当用户在该文本框中输入操作名时，系统会自动出现提示，以减少错误的发生。

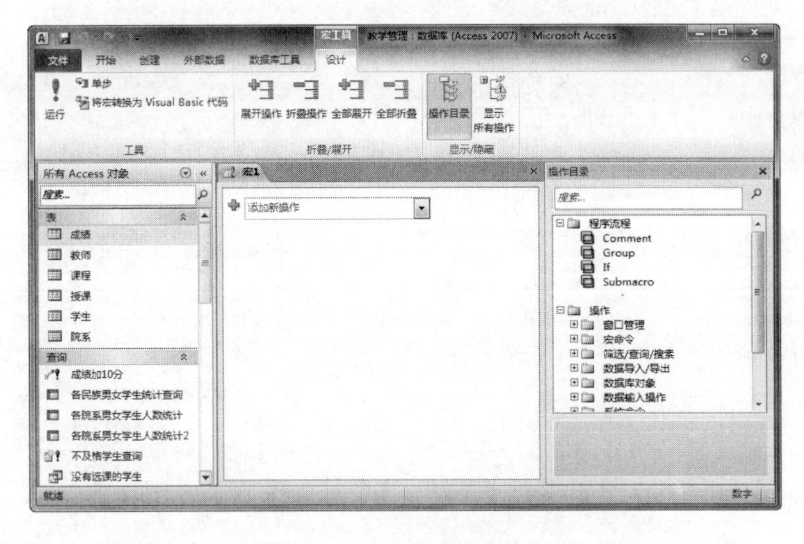

图 7-3　宏设计窗口

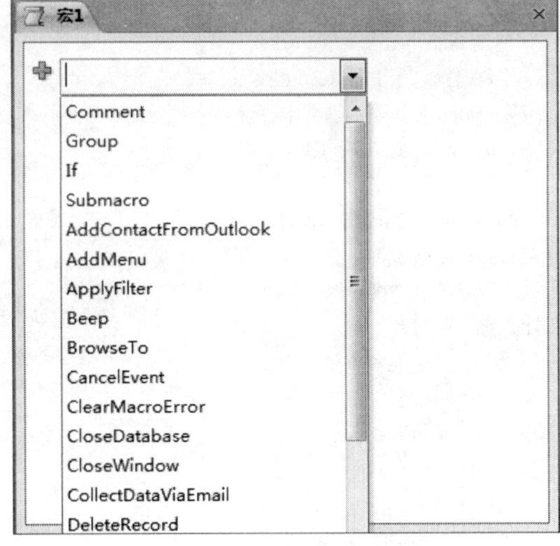

图 7-4　宏操作名列表

7.1.4　宏操作

在 Access 2010 中，提供了 70 种宏操作，用户可以从这些操作中进行选择，以创建自己的宏。而对于这些操作，用户可以通过查看帮助，从中了解每个操作的含义和功能。表 7-1 是常见的宏操作。

表 7-1　常见的宏操作

类　型	命　　令	功 能 描 述	参 数 说 明
窗口管理	CloseWindow	关闭指定的窗口。如果无指定的窗口，则关闭当前的活动窗口	对象类型：选择要关闭的对象类型 对象名称：选择要关闭的对象名称 保存：选择“是”和“否”
	MaximizeWindow	活动窗口最大化	无参数
	MinimizeWindow	活动窗口最小化	无参数
	RestoreWindow	窗口还原	无参数

续表

类型	命令	功能描述	参数说明
宏命令	CancelEvent	终止一个事件	无参数
	RunCode	运行 Visaul Basic 的函数过程	函数名称：要执行的 Function 过程名
	RunMacro	运行一个宏	宏名：所要运行的宏的名称 重复次数：运行宏的最大次数 重复表达式：输入当值为假时停止宏的运行的表达式
	StopMacro	停止当前正在运行的宏	无参数
	StopAllMacro	终止所有正在运行的宏	无参数
筛选/查询/搜索	FindRecord	查找符合指定条件的第一条记录或下一条记录	查找内容：输入要查找的数据； 匹配：选择“字段的任何部分”“整个字段”或“字段开头”； 区分大小写：选择“是”或“否”； 搜索：选择“全部”“向上”或“向下”； 格式化搜索：选择“是”或“否”； 只搜索当前字段：选择“是”或“否”； 查找第一个：选择“是”或“否”
	FindNextRecord	使用 FindNext 操作可以查找下一个符合前一个 FindRecord 操作或“查找和替换”对话框中指定条件的记录。使用 FindNext 操作可以反复搜索记录	无参数
	OpenQuery	打开选择查询或交叉表查询，或者执行操作查询。查询可在“数据表”视图、“设计视图”或“打印预览”中打开	查询名称：打开查询的名称； 视图：打开查询的视图； 数据模式：查询的数据输入方式
	ShowAllRecords	关闭活动表、查询的结果集合和窗口中所有已应用过的筛选，并显示表或结果集合，或窗口的基本表或查询中的所有记录	无参数
数据库对象	GoToControl	将焦点移动到激活的数据表或窗体上指定的字段或控件上	控件名称：输入将要获得焦点的字段或控件名称
	GoToRecord	将表、窗体或查询结果中的指定记录设置为当前记录	对象类型：选择对象类型； 对象名称：当前记录的对象名称； 记录：要作为当前记录的记录。可在“记录”框中单击“向前移动”“向后移动”“首记录”“尾记录”“定位”或“新记录”。默认值为“向后移动”； 偏移量：整型数或整型表达式
	OpenForm	在“窗体视图”“设计视图”、“打印预览”或“数据表”视图中打开窗体	窗体名称：打开窗体的名称； 视图：选择打开“窗体视图”或“设计视图”等； 筛选名称：限制窗体中记录的筛选； WHERE 条件：输入一个 SQL WHERE 语句或表达式，以从窗体的数据基本表或查询中选定记录； 数据模式：窗体的数据输入方式； 窗体模式：打开窗体的窗口模式

续表

类　型	命　　令	功 能 描 述	参 数 说 明
数据库对象	OpenReport	在“设计视图”或“打印预览”中打开报表，或立即打印该报表	报表名称：打开报表的名称； 视图：选择打开“报表”或“设计视图”等； 筛选名称：限制报表中记录的筛选； WHERE 条件：输入一个 SQL WHERE 语句或表达式，以从报表的基本表或查询中选定记录； 窗口模式：打开报表的窗口模式
	OpenTable	在“数据表视图”“设计视图”或“打印预览”中打开表	表名称：打开表的名称； 视图：打开表的视图； 数据模式：表的数据输入方式
系统命令	Beep	使计算机发出嘟嘟声	无参数
	QuitAccess	退出 Microsoft Access	无参数
用户界面命令	AddMenu	为窗体或报表将菜单添加到自定义菜单栏	菜单名称：出现在自定义菜单栏中的菜单的名称； 菜单宏名称：输入或选择宏组名称； 状态栏文字：此文本将出现在状态栏上
	Echo	指定是否打开响应	打开回响：是否响应打开状态栏文字，关闭响应时，在状态栏中显示的文字
	MessageBox	显示含有警告或提示消息的消息框	消息：消息框中的文本； 发嘟嘟声：选择“是”或“否”； 类型：选择消息框的类型； 标题：消息框标题栏中显示的文本

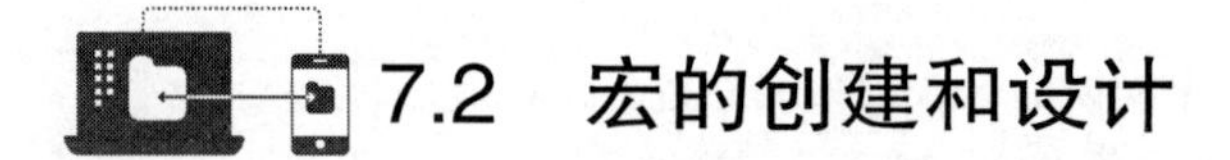

7.2　宏的创建和设计

创建宏的过程主要有指定宏名、添加操作、设置参数及提供注释说明信息等。

7.2.1　创建独立的宏

可以创建独立的宏对象，这些宏对象将显示在“导航窗格”中的“宏”下。如果希望在应用程序的很多位置重复使用宏，则独立的宏是非常有用的。通过从其他宏调用宏，可以避免在多个位置重复相同的代码。

（1）单击“创建”选项卡→“宏与代码”选项组→“宏”按钮，Access 将打开宏生成器。

（2）选择相应的宏操作、参数等。

（3）在快速访问工具栏中单击“保存”按钮。

（4）弹出“另存为”对话框，为宏输入一个名称，然后单击“确定”按钮。

如果把宏命名为 Autoexec，则称其为自动运行宏。如果数据库中有名为 Autoexec 的宏，则在打开数据库时会自动运行该宏。因此，如果用户想在打开数据库时自动执行某些操作，可以通过自动运行宏实现。要想在打开数据库时取消自动运行宏，则应在打开数据库时先按住【Shift】键。

微视频7-1
创建独立的宏

【例 7.1】创建一个独立的宏，命名为“打开输入学生基本信息窗体”，功能是打开已经创建的“输入学生基本信息”窗体。

操作步骤如下：

（1）打开“教学管理”数据库。

（2）单击“创建”选项卡→“宏与代码”选项组→“宏”按钮，打开宏设计器。

（3）单击“添加新操作”文本框，输入OpenForm操作命令，或者单击下拉按钮，在下拉列表中选择该命令，然后填写各个参数，如图7-5所示。

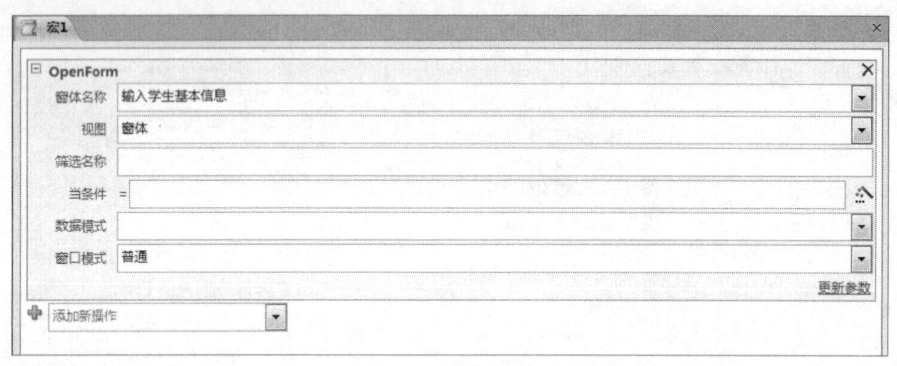

图7-5　宏的操作

（4）在宏设计窗口中，单击快速访问工具栏中的“保存”按钮，弹出“另存为”对话框，在“另存为”对话框中输入宏名“打开输入学生基本信息窗体”，再单击“确定”按钮，保存宏，结束宏的创建。

（5）单击“宏工具”→“设计”选项卡→“工具”选项组→“运行”按钮，运行该宏，查看效果。

【例7.2】创建一个宏，命名为“多操作宏”，功能为依次打开“教师”表、“课程”表和“学生成绩查询”查询。

微视频7-2
创建多操作宏

操作步骤如下：

（1）打开“教学管理”数据库。

（2）单击“创建”选项卡→“宏与代码”选项组→“宏”按钮，打开宏设计窗口。

（3）单击“添加新操作”文本框，输入OpenTable操作命令，或者单击下拉按钮，在下拉列表中选择该命令，然后填写各个参数（功能为打开“教师”表）。

（4）单击“添加新操作”文本框，输入OpenTable操作命令，或者单击下拉按钮，在下拉列表中选择该命令，然后填写各个参数（功能为打开“课程”表）。

（5）单击“添加新操作”文本框，输入OpenQuery操作命令，或者单击下拉按钮，在下拉列表中选择该命令，然后填写各个参数（功能为打开“学生成绩查询”），效果如图7-6所示。

图7-6　宏的操作

（6）在宏设计窗口中，单击快速访问工具栏中的“保存”按钮，弹出“另存为”对话框，在“另存为”对话框中输入宏名“多操作宏”，再单击“确定”按钮，保存宏，结束多操作宏的创建。

（7）单击“宏工具”→“设计”选项卡→“工具”选项组→“运行”按钮，运行该宏，查看效果。

7.2.2　创建嵌入的宏

此过程可以创建嵌入在对象的事件属性中的宏。此类宏不会显示在“导航窗格”中，但可从一些事件（例如 On Load 或 On Click）调用。

由于宏将成为窗体或报表对象的一部分，因此建议使用嵌入的宏来自动执行特定于特定的窗体或报表的任务。

（1）在“导航窗格”中，右击将包含宏的窗体或报表，然后单击“设计视图”。

（2）如果“属性表”窗格未显示，可按【F4】键打开以显示它。

（3）单击包含要在其中嵌入该宏的事件属性的控件或节。也可以使用“属性表”顶部的“所选内容的类型”下拉列表选择该控件或节（或者整个窗体或报表）。

（4）在“属性表”窗格中选择“事件”选项卡。单击要为其触发宏的事件的属性框。例如，对于一个命令按钮，如果希望在单击该按钮时运行宏，可单击“单击”属性框。

【例 7.3】创建一个嵌入式宏，功能是当打开“主窗体”时弹出欢迎信息“欢迎您使用教学管理系统”。

微视频7-3
创建嵌入式宏

操作步骤如下：

（1）打开“教学管理”数据库。

（2）打开“主窗体”的设计视图。

（3）双击“窗体选定器”按钮，打开“主窗体”的“属性表”窗格，选择“事件”选项卡，如图 7-7 所示。

（4）单击“加载”属性框右侧的…按钮，弹出图 7-8 所示的“选择生成器”对话框。

（5）单击“确定”按钮，打开宏设计器窗口，如图 7-9 所示。

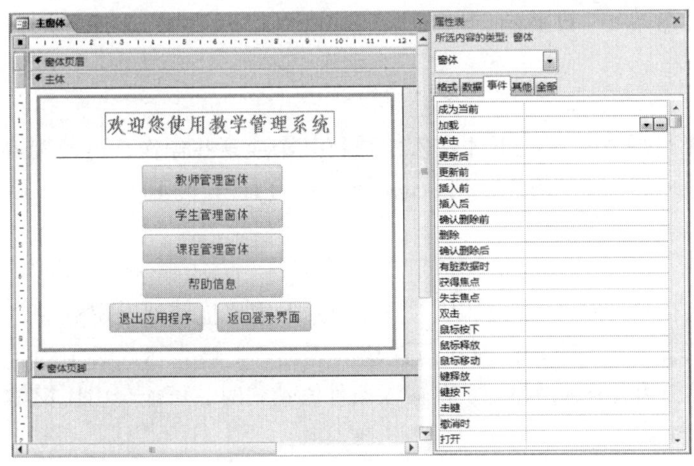

图 7-7　“事件”选项卡

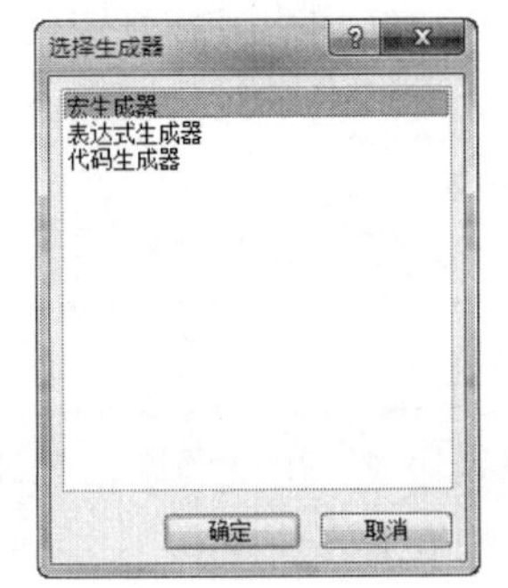

图 7-8　“选择生成器”对话框

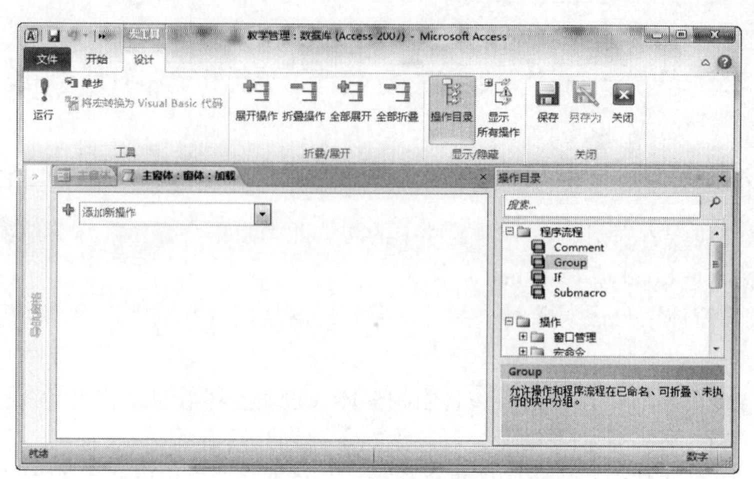

图 7–9　宏设计器窗口

（6）单击“添加新操作”文本框，输入 MessageBox 操作命令；或者单击下拉按钮，在下拉列表中选择该命令，然后填写各个参数，如图 7–10 所示。

（7）在宏设计窗口中，单击快速访问工具栏中的“保存”按钮。

（8）切换到“主窗体”的窗体视图，查看效果。

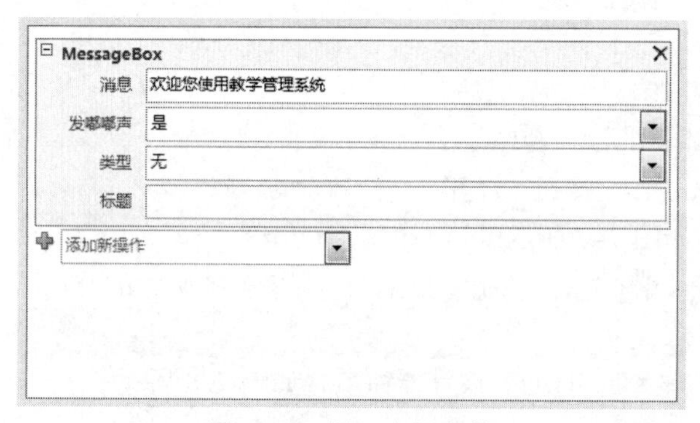

图 7–10　设置宏的参数

7.2.3　创建条件操作宏

有时用户可能希望仅仅在某些条件成立的情况下才在宏中执行某个或某些操作，可使用 If 块，它可以取代早期版本的 Access 中使用的“条件”列。也可以使用 Else If 和 Else 块来扩展 If 块。

向宏添加 If 块的操作步骤如下：

（1）从“添加新操作”下拉列表中选择 If，或将其从“操作目录”窗格拖动到宏窗格中。

（2）在 If 块顶部的文本框中，输入一个决定何时执行该块的表达式。该表达式必须为布尔表达式（也就是说，其计算结果必须为 Yes 或 No）。在输入条件表达式时，可能会引用窗体或报表上的控件值。可以使用下列语法：

```
Forms![窗体名称]![控件名称] 或 [Forms]![窗体名称]![控件名称]
Reports![报表名称]![控件名称] 或 [Reports]![报表名称]![控件名称]
```

（3）向 If 块添加操作，方法是从显示在该块中的“添加新操作”下拉列表中选择操作，或将操作从“操作目录”窗格拖动到 If 块中。

向 If 块添加 Else 或 Else If 块的操作步骤如下：

（1）选择 If 块，然后在该块的右下角单击“添加 Else”或“添加 Else If”。

（2）如果要添加 Else If 块，可输入一个决定何时执行该块的表达式。该表达式必须为布尔表达式（也就是说，其计算结果必须为 True 或 False）。

（3）向 Else If 或 Else 块添加操作，方法是从显示在该块中的“添加新操作”下拉列表中选择操作，或将操作从“操作目录”窗格拖动到该块中。

微视频7-4
创建条件宏

【例 7.4】创建一个条件宏，命名为“验证密码”。功能为判断“条件宏示例”窗体上的密码框（名字为 password）中输入的密码是否正确（这里密码暂定为 123456）。如果正确，则打开“主窗体”窗体，否则弹出一个消息框提示“您的密码输入有误，请核对后再重新输入”。

提示：“条件宏示例”窗体需先自行创建。窗体上的控件如表 7-2 所示，窗体视图如图 7-11 所示。

表 7-2　窗体上的控件

控件类型	控件名称	控件标题
1 个标签控件	lbl1	请输入密码：
1 个文本框控件	password	
2 个命令按钮	check	验证密码
	cmdQuit	退出

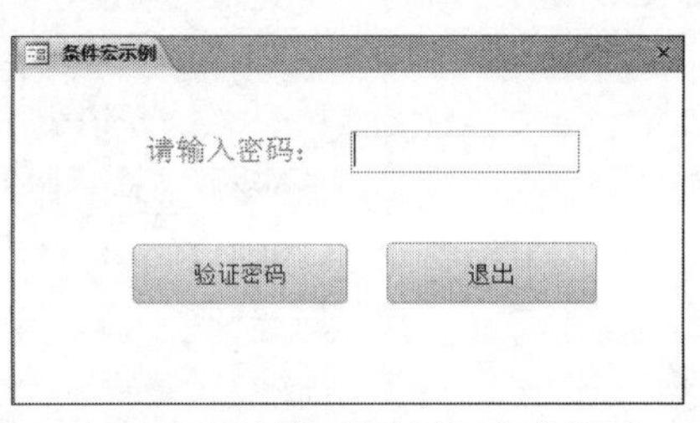

图 7-11　“条件宏示例”窗体视图

操作步骤如下：

（1）单击“创建”选项卡→“宏与代码”选项组→“宏”按钮，打开宏设计窗口。

（2）从“添加新操作”下拉列表中选择 If，或将其从“操作目录”窗格拖动到宏窗格中，如图 7-12 所示。

图 7-12　添加 If 操作

（3）在 If 文本框中输入条件“[Forms]![条件宏示例]![password].[Value]= "123456"”，在“添加新操作”下拉列表中选择 OpenForm，在宏操作参数“窗体名称”下拉列表中选择“主窗体”，如图 7-13 所示。

（4）在该块的右下角单击“添加 Else”超链接。在“添加新操作”下拉列表中选择 MessageBox，在宏操作参数“消息”文本框中输入“您的密码输入有误，请核对后再重新输入！”，如图 7-14 所示。

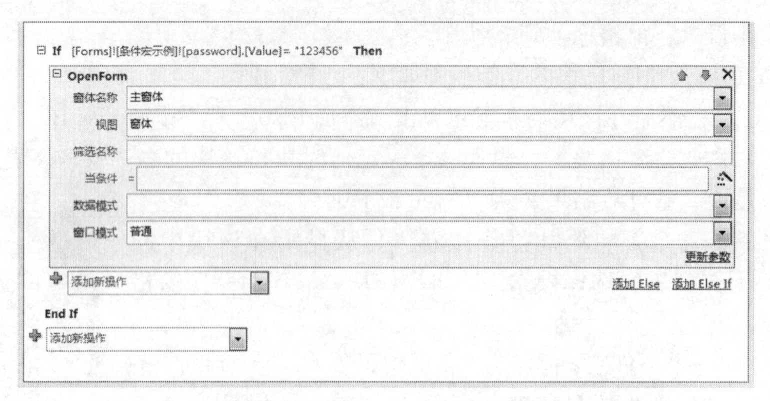

图 7–13　宏的“设计视图”1

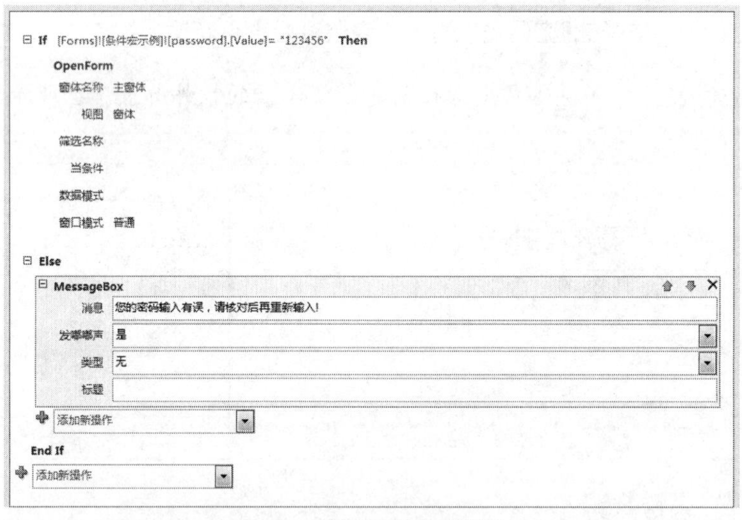

图 7–14　宏的“设计视图”2

（5）单击快速访问工具栏中的“保存”按钮，弹出“另存为”对话框。在“另存为”对话框中，输入宏名“验证密码”，再单击“确定”按钮，保存宏。

7.2.4　创建宏组

如果有多个宏，可将相关的宏设置成宏组，以便于用户管理数据库。使用宏组可以方便管理宏。

在“导航窗格”窗口中只显示宏组名称。如果要指定宏组中的某个宏，应使用格式为“宏组名 . 宏名”。如果直接运行宏组，则只执行最前面的宏。

微视频7–5
创建宏组

【例 7.5】设计一个宏组“学生操作”，宏组的具体操作如表 7–3 所示。

> **提示：**女同学信息查询请参照例 4.4 自行创建。

表 7-3　学生操作宏组

宏　　名	操　　作	操作参数
查询男生	OpenQuery	男同学信息查询
	MaximizeWindow	
查询女生	OpenQuery	女同学信息查询
	MaximizeWindow	
关闭窗体	CloseWindow	

操作步骤如下：

（1）打开“教学管理”数据库。

（2）单击“创建”选项卡→“宏与代码”选项组→“宏”按钮，打开宏设计窗口。

（3）从“添加新操作”下拉列表中选择 Submacro，或将其从“操作目录”窗格拖动到宏窗格中，如图 7-15 所示。

（4）输入子宏的名称“查询男生”，单击“添加新操作”文本框，输入 OpenQuery 操作命令；或者单击下拉按钮，在下拉列表中选择该命令，然后填写各个参数。再单击“添加新操作”文本框，输入 MaximizeWindow 操作命令，然后填写各个参数。填写后的效果如图 7-16 所示。

图 7-15　创建子宏

图 7-16　“查询男生”子宏

（5）从“添加新操作”下拉列表中选择 Submacro，输入子宏的名称“查询女生”；单击“添加新操作”文本框，输入 OpenQuery 操作命令，然后填写各个参数。再单击“添加新操作”文本框，输入 MaximizeWindow 操作命令，完成“查询女生”子宏的创建。

（6）从“添加新操作”下拉列表中选择 Submacro，输入子宏的名称“关闭窗体”；再单击“添加新操作”文本框，输入 CloseWindow 操作命令，完成“关闭窗体”子宏的创建。

（7）在宏设计窗口中，单击快速访问工具栏中的“保存”按钮，弹出“另存为”对话框。在“另存为”对话框中输入宏名“学生操作”，再单击“确定”按钮，保存宏组，结束包含多个宏操作的宏组创建，效果如图 7-17 所示。

图 7-17　宏的“设计视图”

7.3 宏的运行、调试与修改

对于非宏组的宏，可直接指定该宏名运行该宏。对于宏组，如果直接指定该宏组名运行该宏时，仅运行该宏组中的第一个宏名的宏，该宏组中其他宏名所标识的宏不会被运行。如果需要运行宏组中的任何一个宏，则需要采用“宏组名 . 宏名”格式指定某个宏。

7.3.1 宏的运行

可以使用以下任何方法运行宏：

（1）在“导航窗格”中双击要运行的宏。

（2）在宏的设计视图中，单击“宏工具”→“设计”选项卡→“工具”选项组→“运行”按钮。

微视频7–6
实现验证密码功能

（3）使用 RunMacro 或 OnError 宏操作调用宏。

（4）在对象的事件属性中输入宏名称，宏将在该事件触发时运行。

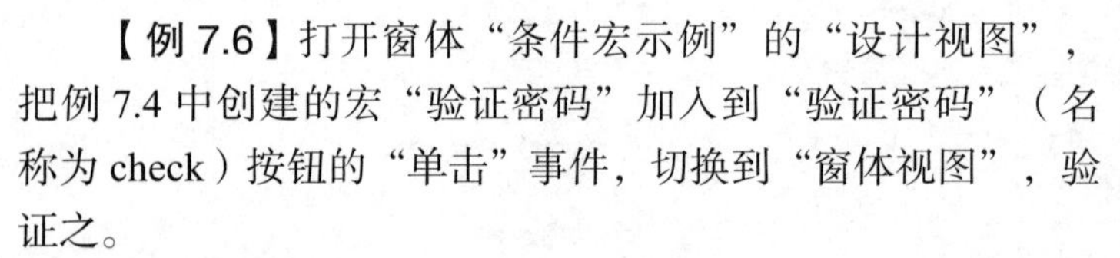

【例 7.6】打开窗体“条件宏示例”的“设计视图”，把例 7.4 中创建的宏“验证密码”加入到“验证密码”（名称为 check）按钮的“单击”事件，切换到“窗体视图”，验证之。

操作步骤如下：

（1）打开“条件宏示例”窗体的“设计视图”。

（2）选中“验证密码”命令按钮，右击，在弹出的快捷菜单中选择“属性”命令，弹出命令按钮的“属性表”窗口，在“事件”选项卡“单击”属性右侧的下拉列表中选择宏对象“验证密码”，如图 7–18 所示。

图 7–18 “事件”选项卡

（3）切换到“条件宏示例”窗体的“窗体视图”，在密码框中输入密码，单击“密码验证”按钮验证之。

【例 7.7】把宏组“学生操作”放到“宏组示例”窗体上相应按钮的单击事件中。

> **提示：** 需先自行创建“宏组示例”窗体，窗体上的控件如表 7–4 所示，窗体视图如图 7–19 所示。

微视频7–7
在窗体中应用宏组

表 7–4 窗体上的控件

控件类型	控件名称	控件标题
3 个命令按钮	Command0	查询男生
	Command1	查询女生
	Command2	关闭

操作步骤如下：

（1）打开“宏组示例”窗体的“设计视图”。

（2）选中第一个命令按钮“查询男生”，右击，在弹出的快捷菜单中选择“属性”命令，弹出命令按钮的“属性表”窗格，在“事件”选项卡中“单击”属性右侧的下拉列表中选择宏对象“学生操作 . 查询男生”，如图 7–20 所示。

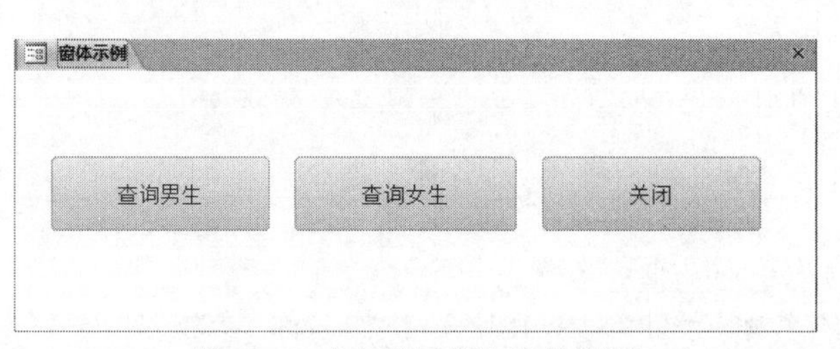

图 7–19　“宏组示例”窗体视图

图 7–20　“事件”选项卡

（3）用同样的方法，给第二个命令按钮设置宏对象“学生操作 . 查询女生”，给第三个命令按钮设置宏对象“学生操作 . 关闭窗体”。

（4）单击快速访问工具栏中的“保存”按钮，保存窗体的修改。

（5）切换到“窗体视图”，单击各个按钮，查看效果。

7.3.2　宏的调试

如果在运行宏时遇到问题，可以使用以下几种工具找出问题的起因。

1. 向宏添加错误处理操作

在编写宏时向每个宏添加错误处理操作，并将这些操作永久保留在宏中。使用此方法出现错误时，Access 就会显示错误的说明。这些错误说明可以帮助了解错误，以便更快地纠正错误。

使用以下过程可将错误处理子宏添加到宏：

（1）在“设计视图”中打开宏。

（2）在宏的底部，从“添加新操作”下拉列表中选择“子宏”。

（3）在“子宏”文本框中输入子宏的名称，如 ErrorHandler。

（4）从显示在 Submacro 块中的“添加新操作”下拉列表中选择 MessageBox 宏操作。

（5）在“消息”文本框中输入“=[MacroError].[Description]”。

（6）在宏的底部，从“添加新操作”下拉列表中选择 OnError。

（7）将“转至”参数设置为“宏名”。

（8）在“宏名称”文本框中输入错误处理子宏的名称（在本示例中，该宏名称为 ErrorHandler）。

（9）将 OnError 宏操作拖动到宏的顶部。

图 7–21 显示了一个宏，该宏包含 OnError 操作，还包含一个名为 ErrorHandler 的子宏。OnError 宏操作位于宏的顶部，在发生错误的情况下它会调用 ErrorHandler 子宏。

只有在由 OnError 操作调用时，ErrorHandler 子宏才会运行，并显示一个对错误进行说明的消息框。

图 7-21 错误处理

2. 使用单步执行命令

在 Access 2010 中可以采用宏的单步执行。单步执行是一种宏调试模式，可用于每次执行一个宏操作。执行每个操作后，将出现一个对话框，显示关于操作的信息，以及由于执行操作而出现的任何错误代码。

若要启动单步执行模式，可执行下列操作：

（1）在“设计视图”中打开宏。

（2）单击“设计”选项卡→“工具”选项组→“单步”按钮。

（3）保存并关闭宏。

下一次运行宏时，将出现“单步执行宏”对话框。该对话框显示关于每个操作的以下信息：宏名称、条件（对于 If 块）、操作名称、参数、错误号（错误号 0 表示没有发生错误）。

执行这些操作时，可单击对话框中 3 个按钮中的某一个：

- 若要查看关于宏中的下一个操作的信息，可单击“单步执行”按钮。
- 若要停止当前正在运行的所有宏，可单击“停止所有宏”按钮。下一次运行宏时，单步执行模式仍然有效。
- 若要退出单步执行模式并继续运行宏，可单击“继续”按钮。

7.3.3 宏的修改

在对宏进行调试的过程中，对宏操作的运行结果进行分析后，需要修改宏的内容，而修改宏仍将在宏设计窗口中进行。

操作步骤如下：

（1）打开数据库。

（2）在“导航窗格”中单击“宏”对象，选中要修改的宏，右击，在弹出的快捷菜单中选择“设计视图”命令，打开宏的“设计视图”窗口。

（3）在宏的“设计视图”窗口中，可以修改宏的操作以及相应参数，最后保存宏，结束宏的修改。

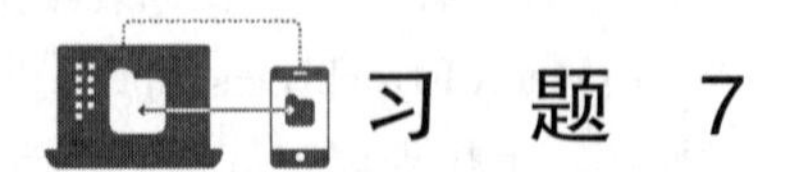

习 题 7

一、选择题

1. 下列操作中，适合使用宏的是（　　）。

A. 修改数据表结构　　B. 创建自定义过程

C. 打开或关闭报表对象　　D. 处理报表中错误

2. 宏操作不能处理的是（　　）。

A. 打开报表　　B. 对错误进行处理
C. 显示提示信息　　D. 打开和关闭窗体

3. 要限制宏命令的操作范围，可以在创建宏时定义（　　）。
A. 宏操作对象　　B. 宏条件表达式
C. 窗体或报表控件属性　　D. 宏操作目标

4. 使用宏组的目的是（　　）。
A. 设计出功能复杂的宏　　B. 设计出包含大量操作的宏
C. 减少程序内存消耗　　D. 对多个宏进行组织和管理

5. 打开窗体的正确宏操作命令是（　　）。
A. OpenReport　B. OpenQuery　C. OpenTable　D. OpenForm

6. 下列属于通知或警告用户的命令是（　　）。
A. PrintOut　B. OutputTo　C. MessageBox　D. RunWarnings

7. 打开查询的宏操作是（　　）。
A. OpenForm　B. OpenQuery　C. OpenTable　D. OpenModule

8. 宏操作 QuitAccess 的功能是（　　）。
A. 关闭表　B. 退出宏　C. 退出查询　D. 退出 Access

9. 在 Access 数据库中，自动启动宏的名称是（　　）。
A. autoexec　B. auto　C. auto.bat　D. autoexec.bat

10. 在一个数据库中已经设置了自动宏 AutoExec，如果在打开数据库时不想执行这个自动宏，正确的操作是（　　）。
A. 用【Enter】键打开数据库　　B. 打开数据库时按住【Alt】键
C. 打开数据库时按住【Ctrl】键　　D. 打开数据库时按住【Shift】键

11. 在宏的条件表达式中，要引用窗体 F1 上的 Text1 文本框的值，应该使用的表达式是（　　）。
A. [Forms]![F1]![Text1]　　B. Text1
C. [F1]![Text1]　　D. [Forms][F1][Text1]

12. 在宏的条件表达式中，要引用 rptT 报表上名为 txtName 控件的值，应该使用的表达式为（　　）。
A. [Reports]![rptT]![txtName]　　B. Report!txtName
C. rptT!txtName　　D. txtName

13. 在宏的调试中，可配合使用设计器上的（　　）工具按钮。
A. “调试”　B. “条件”　C. “单步”　D. “运行”

二、填空题

1. 宏是一个或多个________的集合。
2. 打开一个数据表应该使用的宏操作是________。
3. Access 中用于执行指定的 SQL 的宏操作名是________。
4. 在一个查询集中，要将指定的记录设置为当前记录，应该使用的宏操作是________。

三、操作题

依次完成例 7.1 至例 7.7 中的所有操作。

第8章 模块与VBA编程

学习目标

通过本章的学习，应该掌握以下内容:

（1）VBA编程环境。

（2）VBA编程的基本概念。

（3）VBA程序设计基础。

（4）VBA程序控制语句。

（5）面向对象程序设计的基本概念。

（6）VBA模块的创建、过程调用和参数传递。

（7）VBA常用操作。

（8）VBA的数据库编程技术。

（9）VBA程序调试与错误处理。

8.1 VBA的编程环境

VBA（Visual Basic for Applications）是Microsoft Office系列软件的内置编程语言，VBA的语法与独立运行的Visual Basic编程语言互相兼容。当某个特定的任务不能用其他Access对象实现，或实现起来较为困难时，可以利用VBA语言编写代码，完成这些特殊的、复杂的操作。

Visual Basic编辑器（Visual Basic Editor，VBE）是编辑VBA代码时使用的界面。VBE提供了完整的开发和调试工具，可用于创建和编辑VBA程序。

微视频8-1
打开VBE窗口

8.1.1 打开VBE窗口

在Access 2010中，打开VBE窗口有以下几种方法：

- 在数据库中，单击“数据库工具”选项卡→“宏”选项组→

Visual Basic 按钮。

- 在数据库中，单击“创建”选项卡→“宏与代码”选项组→ Visual Basic 按钮。
- 创建新的标准模块。单击“创建”选项卡→“宏与代码”选项组→“模块”按钮，则在 VBE 编辑器中创建一个空白模块。
- 如果已有一个标准模块，可选择“导航窗格”窗口上的“模块”对象，在模块对象列表中双击选中的模块，则在 VBE 编辑器中打开该模块。
- 对于属于窗体或报表的模块，可以打开窗体或报表的设计视图，单击“属性表”窗格“事件”选项卡中某个事件框右侧的“生成器”按钮，弹出“选择生成器”对话框，选择其中的“代码生成器”选项，单击“确定”按钮即可，如图 8–1 所示。

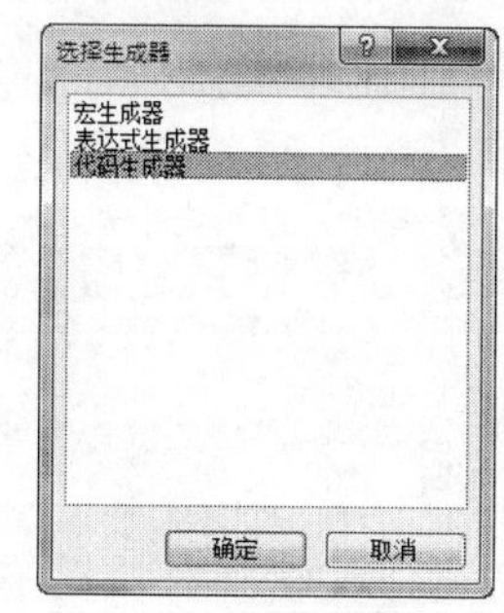

图 8–1　“选择生成器”对话框

8.1.2　VBE 窗口简介

VBE 窗口由 VBE 工具栏、“工程”窗口、“属性”窗口和代码窗口组成，如图 8–2 所示。

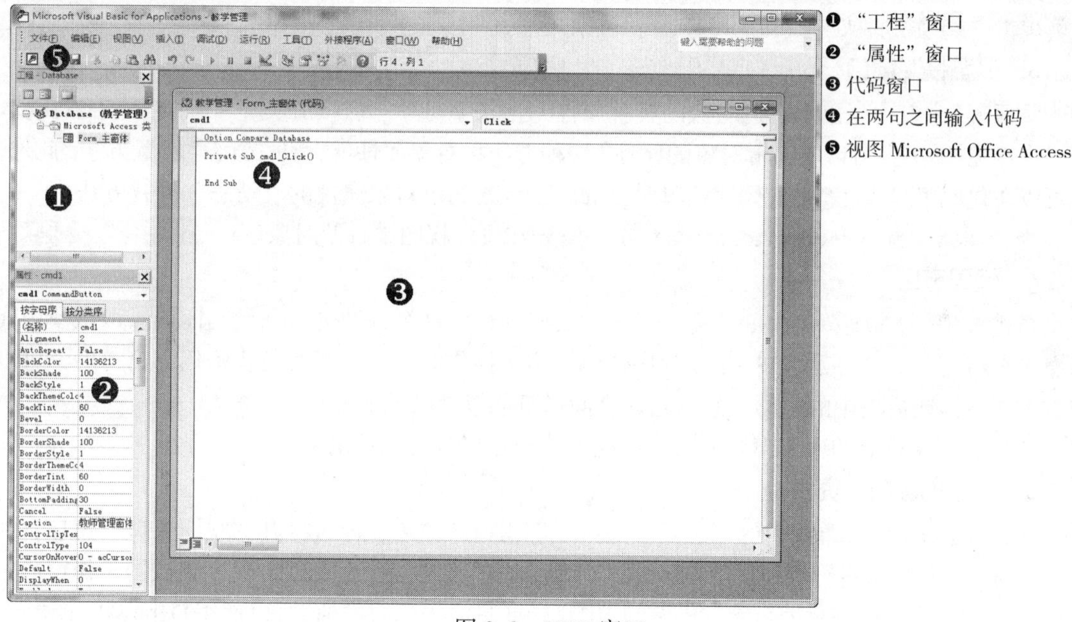

图 8–2　VBE 窗口

1. VBE 工具栏

VBE 工具栏如图 8–3 所示。工具栏中的部分按钮名称及功能说明如表 8–1 所示。

图 8–3　VBE 工具栏

表 8–1　工具栏上的部分按钮及功能说明

按　钮	名　称	功　能
	视图 Microsoft Office Access	切换到 Access 的数据库窗口
	插入模块	用于插入新模块

续表

按　钮	名　称	功　能
	运行子过程 / 用户窗体	运行模块中的程序
	中断	中断正在运行的程序
	重新设置	结束正在运行的程序
	设计模式	在设计模式和非设计模式之间切换
	工程资源管理器	用于打开工程资源管理器
	属性窗口	用于打开属性窗口
	对象浏览器	用于打开对象浏览器
行 4，列 1	行列	代码窗口中光标所在的行号和列号

2. “工程”窗口

“工程”窗口又称工程资源管理器，其中的列表框中列出了在应用程序中用到的模块文件。可单击“查看代码”按钮显示相应的代码窗口，或单击“查看对象”按钮显示相应的对象窗口，也可单击“切换文件夹”按钮隐藏或显示对象文件夹。

3. “属性”窗口

“属性”窗口中列出了所选对象的各种属性，分“按字母序”和“按分类序”两种格式查看属性。可以直接在“属性”窗口中编辑对象的属性，这种方法称对象属性的一种“静态”设置方法；此外，还可以在代码窗口内用 VBA 代码编辑对象的属性，这属于对象属性的“动态”设置方法。

为了在属性窗口中显示 Access 类对象，应先在设计视图中打开对象。

4. 代码窗口

单击 VBE 窗口菜单栏中的“视图”→“代码窗口”命令，即可打开代码窗口。可以使用代码窗口来编写、显示以及编辑 VBA 程序代码。实际操作时，在打开各模块的代码窗口后，可以查看不同窗体或模块中的代码，并在它们之间做复制以及粘贴的操作。

双击工程窗口上的一个模块或类，相应的代码窗口就会显示出来。

5. “立即窗口”窗口

单击 VBE 窗口菜单栏中的“视图”→“立即窗口”命令，即可打开“立即窗口”窗口，如图 8-4 所示，是用来进行快速计算的表达式计算、简单方法的操作及进行程序测试的工作窗口。在代码窗口中编写代码时，要在“立即窗口”中打印变量或表达式的值，可以使用 Debug.Print 语句。在“立即窗口”中使用“?”或“Debug.Print”语句显示表达式的值。

6. “本地窗口”窗口

单击 VBE 窗口菜单栏中的“视图”→“本地窗口”命令，即可打开“本地窗口”窗口，如图 8-5 所示。

在“本地窗口”中，可自动显示出所有在当前过程中的变量声明及变量值。

7. “监视窗口”窗口

单击 VBE 窗口菜单栏中的“视图”→“监视窗口”命令，即可打开“监视窗口”窗口，如图 8-6 所示，用于调试 Visual Basic 过程，通过在“监视窗口”中增添监视表达式的方法，程序可以动态了解一些变量或表达式的值的变化情况，进而对代码的正确与否有清楚的判断。

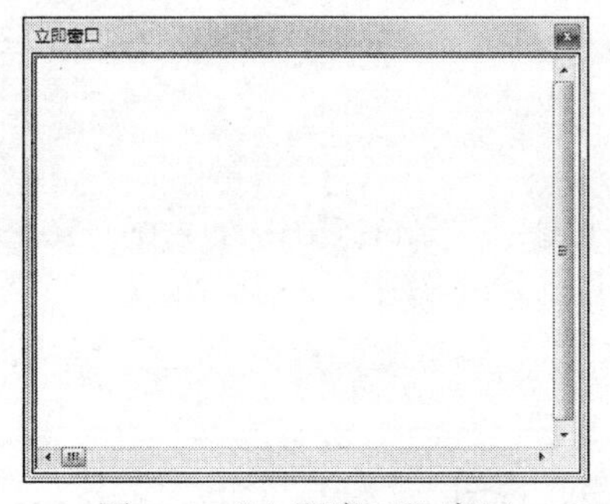

图 8-4　“立即窗口”窗口

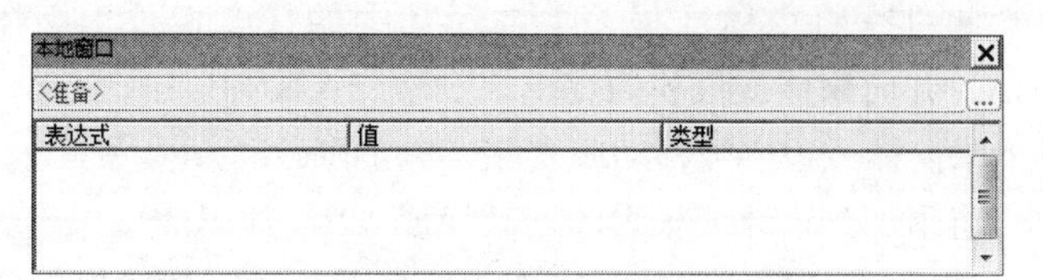

图 8-5　“本地窗口”窗口

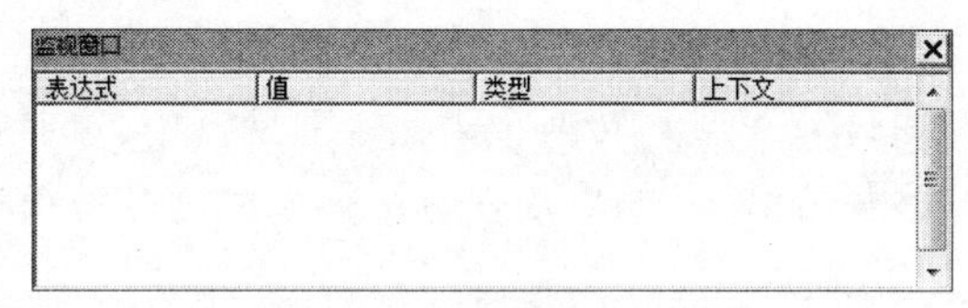

图 8-6　“监视窗口”窗口

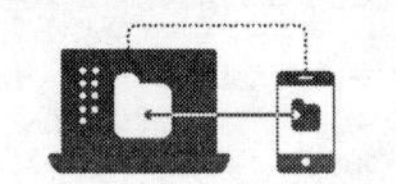

8.2　VBA 模块简介

模块是 Access 数据库中的一个数据库对象，它以 VBA 语言为基础编写。通俗来说，模块是 Access 数据库中用于保存 VBA 程序代码的容器。模块基本上是由声明、语句和（Sub 和 Function）过程组成的集合，它们作为一个已命名的单元存储在一起，对 VBA 程序代码进行组织。

8.2.1　模块的类型

Access 有两种类型的模块：标准模块和类模块。

1. 标准模块

标准模块包含在数据库窗口的模块对象列表中，包括通用过程和常用过程，这些过程不与 Access 数据库文件中的任何对象相关联。也就是说，如果控件没有恰当的前缀，这些过程就没有指向 Me（当前对象）或控件名的引用。但可以在数据库中的任何其他对象中引用标准模块中的过程。

2. 类模块

类模块是包含类的定义的模块，包括其属性和方法的定义。类模块有 3 种基本形式：窗体类模块、报表类模块和自定义类模块，它们各自与某一窗体或报表相关联。为窗体（或报表）创建第一个事件过程时，Access 将自动创建与之关联的窗体或报表模块。单击窗体（或报表）设计视图中“工具”选项组→“查看代码”按钮，可以查看窗体（或报表）的模块。

8.2.2　VBA 代码编写模块的过程

过程是模块的主要单元组成，由 VBA 代码编写而成。过程分为两种类型：Sub 子过程和 Function 函数过程，具体编写模块的过程参见本章的 8.6.2 节和 8.6.3 节。

8.2.3　将宏转换为模块的过程

使用 Access 2010 自动将宏转换为 VBA 模块或类模块，可以转换附加到窗体或报表的宏，而不管它们是作为单独的对象存在还是作为嵌入的宏存在，还可以转换未附加到特定窗体或报表的全局宏。

1. 转换附加到窗体或报表的宏

此过程将窗体或报表（或者其中的任意控件）引用（或嵌入在其中）的任意宏转换为VBA，并向窗体或报表的类模块中添加VBA代码。该类模块将成为窗体或报表的组成部分，并且如果窗体或报表被移动或复制，它也随之移动。

将附加到窗体或报表的宏转换成VBA代码的操作步骤如下：

（1）在“导航窗格”中右击窗体或报表，然后单击“设计视图”。

（2）单击“设计”选项卡→“工具”选项组→“将窗体的宏转换为Visual Basic代码”或“将报表的宏转换为Visual Basic代码”按钮。

（3）在弹出的“转换窗体宏”或“转换报表宏”对话框中，选择是否希望Access向它生成的函数中添加错误处理代码。此外，如果宏内有注释，可选择是否希望将它们作为注释包括在函数中。单击“转换”按钮继续。

如果该窗体或报表没有相应的类模块，Access将创建一个类模块，并为与该窗体或报表关联的每个宏向该模块中添加一个过程。Access还会更改该窗体或报表的事件属性，以便它们运行新的VBA过程，而不是宏。

（4）查看和编辑VBA代码。

2. 转换全局宏

将全局宏转换成VBA代码的操作步骤如下：

（1）在“导航窗格”中右击要转换的宏，然后单击“设计视图”。

（2）单击“设计”选项卡→“工具”选项组→“将宏转换为Visual Basic代码”按钮。

（3）在弹出的“转换宏”对话框中，选择所需的选项，然后单击“转换”按钮。Access将转换宏并打开Visual Basic编辑器。

（4）查看和编辑VBA代码。

8.2.4 在模块中执行宏

在模块的定义过程中，使用Docmd对象的RunMacro方法，可以执行设计好的宏。其调用格式为：

```
Docmd.RunMacro MacroName[,RepeatCount][,RepeatExpression]
```

其中，MacroName表示当前数据库中宏的有效名称；RepeatCount为可选项，用于计算宏运行次数的整数值；RepeatExpression为可选项，是数值表达式，在每一次运行宏时进行计算，结果为False时，停止运行宏。

8.3 VBA程序设计基础

在Access程序设计中，一条语句是能够执行一定任务的一个命令，程序中的功能是靠一连串的语句的执行累积起来实现的。VBA中的一条语句是一个完整的命令，它可以包含关键字、运算符、变量、常量和表达式。

8.3.1 程序书写原则

1. 程序书写规定

通常将一条语句写在一行中，但当语句较长，一行写不下时，也可以利用续行符（下画线）“_”将语句接续到下一行中。有时需要在一行中写几句代码，这时需要用冒号“:”将不同的几个语句分开。

例如，一行写一条语句：

```
mycount=10*x+7*y+z/5
```

一条语句一行写不下，写成两行：

```
mycount=10*x+7*y _
          +z/5
```

两条语句写在一行：

```
Text1.Value="Hello" : Text1.ForeColor=255
```

如果在输入一行代码并按【Enter】键后，该行代码以红色文本显示，同时也可能显示一个出错信息，此时就必须找出语句中的错误并更正它。

2. 注释语句

注释语句用于对程序或语句的功能给出解释和说明。通常一个好的程序都会有注释语句，这对程序的维护有很大的好处。

在 VBA 程序中，注释的内容被显示成绿色文本。可以通过以下两种方式添加注释：

（1）使用“'”，格式如下：

```
'注释语句
```

这种注释语句可以直接放在其他语句之后而无须分隔符。

（2）使用 Rem 语句，格式如下：

```
Rem 注释语句
```

这种注释语句需要另起一行书写，也可以放在其他语句之后，但需要用冒号隔开。

3. 书写格式

利用空格、空行、缩进使得程序层次分明。

8.3.2 数据类型

VBA 一般用变量保存计算的结果，进行属性的设置，指定方法的参数以及在过程间传递数值。为了高效率地执行，VBA 为变量定义了一个数据类型的集合。在 Access 2010 中，很多地方都要指定数据类型，包括过程中的变量、定义表和函数的参数等。

1. 标准的数据类型

VBA 支持多种数据类型。表 8–2 列出了 VBA 程序中的标准数据类型，以及它们所占用的存储空间和取值范围。

表 8-2　VBA 的标准数据类型

数据类型	类型标识	符　号	所占字节数	范　　围
字节型	Byte	无	1 字节	0 ~ 255
布尔型	Boolean	无	2 字节	True 或 False
整型	Integer	%	2 字节	-32 768 ~ 32 767
长整型	Long	&	4 字节	-2 147 483 648 ~ 2 147 483 647
单精度	Single	!	4 字节	负数：-3.402823E38 ~ -1.401298E-45 正数：1.401298E-45 ~ 3.402823E38
双精度	Double	#	8 字节	负数：-1.79769313486232E308 ~ -4.94065645841247E-324 正数：4.94065645841247E-324 ~ 1.7976931 3486232E308
货币型	Currency	@	8 字节	-922 337 203 685 477.580 8 ~ 922 337 203 685 477.580 7
日期型	Date	无	8 字节	1000 年 1 月 1 日到 9999 年 12 月 31 日
字符型	String	$	与串长有关	0 ~ 65 535 个字符
对象型	Object	无	4 字节	任何对象引用
变体型	Variant	无	根据分配确定	

2. 用户自定义的数据类型

当需要使用一个变量来保存包含不同数据类型字段的数据表的一条或多条记录时，用户自定义数据类型就特别有用。

用户自定义数据类型可以在 Type…End Type 关键字间定义，定义格式如下：

```
Type 自定义类型名
      元素名  As 类型
      …
      [元素名 As 类型]
End Type
```

例如，定义一个学生信息的数据类型如下：

```
Type Student
    SNo As String
    SName As String
    SAge As Integer
End Type
```

上述例子定义了由 SNo（学号）、SName（姓名）、SAge（年龄）3 个分量组成的名为 Student 的数据类型。

一般用户定义数据类型时，首先要在模块区域中定义用户数据类型，然后用 Dim、Public 或 Static 关键字来定义此用户类型变量。声明变量的方法参见 8.3.3 节。

用户定义类型变量的取值，可以指明变量名及分量名，两者之间用句点分隔。

【例 8.1】声明一个学生信息类型的变量 Stu，并操作分量。

```
Dim Stu As Student                  '定义一个学生信息类型变量 Stu
Stu.SNo="201109001"
```

```
Stu.SName="张丽"
Stu.SAge=18
```

可以用关键字 With 简化程序中的重复部分。例如，为例 8.1 中的变量 Stu 赋值：

```
With Stu
  .SNo="201109001"                  '注意分量名前用的英文句点
  .SName="张丽"
  .SAge=18
End With
```

8.3.3　变量与常量

变量是指在程序运行过程期间取值可以变化的量。可以在 VBA 代码中声明和使用指定的变量来存储值、计算结果或操作数据库中的任意对象。

1. 变量的命名规则

变量命名时应遵循以下准则：

（1）变量名必须以英文字母开头，可以包含字母、数字或下画线字符“_”。

（2）变量名不能包含空格、句点等字符。

（3）变量名的长度不能超过 255 个字符，且变量名不区分大小写。

（4）不能在某一范围内的相同层次中使用重复的变量名。

（5）变量的名字不能是 VBA 的关键字。

2. 变量的声明

变量一般应先声明再使用。变量声明有两个作用，一是指定变量的数据类型，二是指定变量的适用范围。VBA 应用程序并不要求在过程中使用变量以前明确地进行声明。如果使用一个没有明确声明的变量，Visual Basic 会默认地将它声明为 Variant 数据类型。

变量声明语句：

```
Dim <变量名> [As <数据类型>]
```

其中，Dim 是关键字，说明这个语句是变量的声明语句，给出变量名并指定这个变量对应的数据类型。该语句的功能是：变量声明，并为其分配存储空间。如果没有 As 子句，则默认该变量为 Variant 类型。

说明：在 VBA 语句格式中，通常方括号表示可选项，尖括号表示必选项（其中内容由用户给定），具体使用时不包括方括号、尖括号。

【例 8.2】声明字符串变量，并为之赋值。

```
Dim Student Name As String
```

该语句声明了一个名为 StudentName 的 String（字符串）型变量，声明之后，就可以给它赋值：

```
StudentName="张丽"
```

赋值之后，还可以再改变它的值：

```
StudentName="吴薇"
```

VBA 允许在同一行内声明多个变量，变量间用英文逗号分隔。

【例8.3】在一个语句中声明3个不同类型的变量，其中aaa为布尔型变量，bbb为变体型变量，ccc为日期型变量。

```
Dim aaa As Boolean,bbb,ccc As Date
```

其中，bbb 的类型为 Variant，因为声明时没有指定它的类型。

如果要求在过程中使用变量前必须进行声明，其操作步骤如下：

（1）在 VBE 窗口中，单击“工具”→“选项”命令，弹出“选项”对话框。

（2）在“编辑器”选项卡下，选择“代码设置”栏中的“要求变量声明”复选框，如图 8-7 所示。

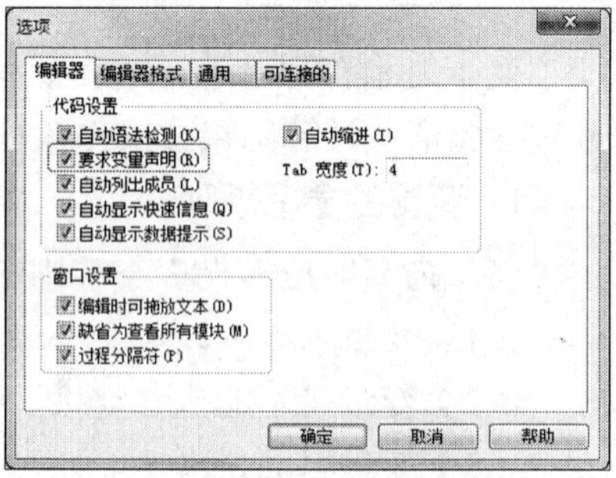

图 8-7 “选项”对话框

当“要求变量声明”复选框被选中时，Access 将自动在数据库所有新模块（包括与窗体或报表相关的新建模块）的声明节中生成一个 Option Explicit 语句。也可以直接将该语句写到模块的通用节。该语句的功能是：在模块级别中强制对模块中的所有变量进行显式声明。

3. 变量的作用域

变量的作用域确定了能够使用该变量的那部分代码。一旦超出了作用范围，就不能引用它的内容。变量的作用范围是在模块中声明确定的。声明变量时可以使用 3 种不同的作用范围：Public、Private、Static 或 Dim。

变量的作用域决定了这个变量是被一个过程使用还是一个模块中的所有过程使用，或被数据库中的所有过程使用。

1）过程内部使用的变量

过程级变量只有在声明它们的过程中才能被识别，也称它们为局部变量。用 Dim 或者 Static 关键字来声明它们。例如：

```
Dim V1 As Integer
```

或

```
Static V1 As Integer
```

在过程结束之前，Dim 语句一直保存着变量的值，也就是说，使用 Dim 语句声明的变量在过程之间调用时会丢失数据。而用 Static 语句声明的变量则在模块内一直保留其值，直到模块被复位或重新启动。在非静态过程中，用 Static 语句来显式声明只在过程中可见的变量，但其生存存期与定义了该过程的模块一样长。

在过程中，对在过程之间调用时保留值的变量，要用关键字 Static 来声明它的数据类型。

在过程结束之前，清除静态变量的方法是：单击“运行”→“重新设置”命令。

2）模块内部使用的变量

模块级变量对该模块的所有过程都可用，但对其他模块的代码不可用。可在模块顶部的声明段用 Private 关键字声明变量，从而建立模块级变量。例如：

```
Private V1 As Integer
```

在模块级，Private 和 Dim 之间没有什么区别，但 Private 更好些，因为很容易把它和 Public 区别开来，使代码更容易理解。

3）所有模块使用的变量

为了使模块级的变量在其他模块中也有效，可用 Public 关键字声明变量。公用变量中的值可用于应用程序的所有过程。和所有模块级变量一样，也在模块顶部的声明中来声明公用变量。例如：

```
Public V1 As Integer
```

用户不能在过程中声明公用变量，而在模块中声明的变量可用于所有模块。

也可以用 Static 关键字来声明函数和子程序，以便在模块的生存期内保留函数和子程序内的所有局部变量。

4. 数据库对象变量

Access 建立的数据库对象及其属性，均可被看成 VBA 程序代码中的变量及其指定的值来加以引用。例如，Access 中窗体与报表对象的引用格式为：

```
Forms!窗体名称!控件名称[.属性名称]
Reports!报表名称!控件名称[.属性名称]
```

关键字 Forms 或 Reports 分别表示窗体或报表对象集合。感叹号分隔开对象名称和控件名称。

5. 数组

数组是在有规则的结构中包含一种数据类型的一组数据，也称数组元素变量。数组变量由变量名和数组下标构成。通常用 Dim 语句来定义数组。

1）一维数组

定义格式如下：

```
Dim <数组名>([<下标下限> To] <下标上限>)[As <数据类型>]
```

默认情况下，下标下限为 0。

【例 8.4】定义一维数组。

```
Dim  y(10)  As Integer
```

该语句声明数组变量为 y，该数组元素从 y(0) ~ y(10) 共有 11 个元素。

数组的下标也可以不从 0 开始定义，模块的顶部使用 Option Base 语句，将第一个元素的默认索引值从 0 改为其他值。

【例 8.5】声明一个有 10 个元素的数组变量 y，类型为整型，其下标起始值设置成 1。

```
Option Base 1
Dim y(10)  As Integer
```

声明的数组变量 y 有 10 个元素。因为 Option Base 语句将数组下标的起始值变成了 1。

也可以利用 To 子句来对数组下标进行显式声明。

【例 8.6】用 To 子句在定义一维数组时对数组下标进行显式声明。

```
Dim y(1 To 10) As Integer
Dim y(10 To 50)  As String
```

两条语句分别指定数组的下标从 1 开始到 10 结束和从 10 开始到 50 结束。

2）多维数组

多维数组指有多个下标的数组。在 VBA 中可以声明变量最多到 60 维。

【例 8.7】定义二维数组。

```
Dim T(3, 2) As Integer
```

定义了一个二维数组，数组名为 T，类型为 Integer，该数组有 4 行（0 ~ 3）3 列（0 ~ 2），占据 12（4×3）个整型变量的空间，如图 8-8 所示。

	第 0 列	第 1 列	第 2 列
第 0 行	T(0,0)	T(0,1)	T(0,2)
第 1 行	T(1,0)	T(1,1)	T(1,2)
第 2 行	T(2,0)	T(2,1)	T(2,2)
第 3 行	T(3,0)	T(3,1)	T(3,2)

图 8-8　二维数组 T(3,2) 的 12 个元素

6. 变量标识命名法则

在编写 VBA 程序代码时，会用到大量的变量名称和不同的数据类型。对于控件对象，可以用 VBA 的 Set 关键字将每个命名的控件对象指定为一个变量名称。

目前，VB 和 VBA 均推荐使用 Hungarian 符号法作为命名法则。该方法也被广泛应用在 C 和 C++ 等一些程序中。Hungarian 符号法使用一组代表数据类型的码。用小写字母作为变量的第一个字符。例如，代表文本框的字首码是 txt，那么文本框变量名为 txtName。

7. 符号常量

对于程序中经常出现的常量，以及难以记忆且无明确意义的数值，使用符号常量可使代码更容易读取与维护。常量是指在程序运行过程中始终固定不变的量。VBA 的常量包括数值常量、字符常量、日期常量、符号常量、固有常量和系统定义常量等。符号常量是需要声明的常量，用 Const 语句来声明并设置其值。格式如下：

```
Const 符号常量名称 = 常量值
```

例如：

```
Const PI=3.1415926
```

若是在模块的声明区中定义符号常量，则建立一个所有模块都可使用的全局符号常量。一般是 Const 前加上 Global 或 Public 关键字。例如：

```
Global Const PI=3.1415926
```

这一符号常量会涵盖全局或模块级的范围。

8. 系统常量

Access 系统内部包含若干启动时就建立的系统常量，有 True、False、Yes、No、On、Off

和 Null 等，在编码时可以直接使用。

8.3.4　常用的标准函数

在 VBA 中，除在模块创建中可以定义子过程与函数过程完成特定功能外，还提供了近百个内置的标准函数，可以方便完成许多操作。

标准函数一般用于表达式中，有的能和语句一样使用。其使用形式如下：

```
函数名 ( <参数 1 ><, 参数 2 > [, 参数 3][, 参数 4][, 参数 5]…)
```

其中，函数名必不可少，函数的参数放在函数名后的圆括号中，参数可以是常量、变量或表达式，可以有一个或多个，少数函数为无参函数。

关于常用函数部分，参见第 1 章 1.6.3 节。

8.3.5　运算符和表达式

在 VBA 编程语言中，提供了许多运算符来完成各种形式的运算和处理。根据运算的不同，可以分成 4 种类型的运算符：算术运算符、关系运算符、逻辑运算符和连接运算符。表达式是各种数据、运算符、函数、控件和属性的组合，其运算结果是某个确定数据类型的值。表达式能实现数据计算、条件判断、数据类型转换等许多功能。

关于运算符和表达式部分，参见第 1 章 1.6.2 节。

8.4　VBA 程序流程控制语句

一条语句是能够完成某项操作的一条命令。VBA 程序的功能就是由大量的语句串命令构成的。

VBA 程序语句按照其功能不同分成两大类型：一是声明语句，用于给变量、常量或过程定义命名；二是执行语句，用于执行赋值操作，调用过程，实现各种流程控制。

在 VBA 程序中，按语句代码执行的顺序可分为顺序结构、选择结构和循环结构。

（1）顺序结构：按照语句顺序顺次执行。如赋值语句、过程调用语句。

（2）选择结构：又称分支结构，根据条件选择执行路径。

（3）循环结构：重复执行某一段程序语句。

顺序流程的控制比较简单，只是按照程序中的代码顺序依次执行，而对程序走向的控制则需要通过控制语句来实现。在 VBA 中，可以使用选择结构语句和循环结构语句来控制程序的走向。

8.4.1　赋值语句

赋值语句指定一个值或表达式给变量。赋值语句通常会包含一个等号“=”。

语法形式如下：

```
Let <变量名> = <值或表达式>
```

说明： 赋值语句用于指定变量为某个值或某个表达式。用 Let 语句赋值，对应的数据类型为字符、数值类型等。Let 通常可以省略。

【例 8.8】赋值语句示例。

```
Dim y As Integer          '定义一个变量为整型
y=18                      '给 y 赋值 18
```

8.4.2 选择结构语句

在解决一些实际问题时，往往需要按照给定的条件进行分析和判断，然后根据判断结果的不同执行程序中不同部分的代码，这就是选择结构。

1. If 条件语句

If 条件语句是常用的一种选择结构语句，它有以下 3 种语法形式：

1）单分支结构

格式：

```
If  <条件>  Then  <语句块>
```

功能：当 <条件> 为真时，执行 <语句块>；否则，执行 If 语句后的语句。

单分支结构流程图如图 8-9 所示。

【例 8.9】单分支结构示例。

```
If x<y Then t=x:x=y:y=t       '如果 x 小于 y，就把 x 和 y 交换
```

2）双分支结构

格式：

```
If  <条件>  Then
     <语句块 1>
[ Else
     <语句块 2>]
End If
```

功能：当 <条件> 为真时，执行 <语句块 1>，然后转向执行 End If 后的语句；当 <条件> 为假时，由 Else 语句执行 <语句块 2>，没有 Else 语句，执行 End If 后的语句。

双分支结构流程图如图 8-10 所示。

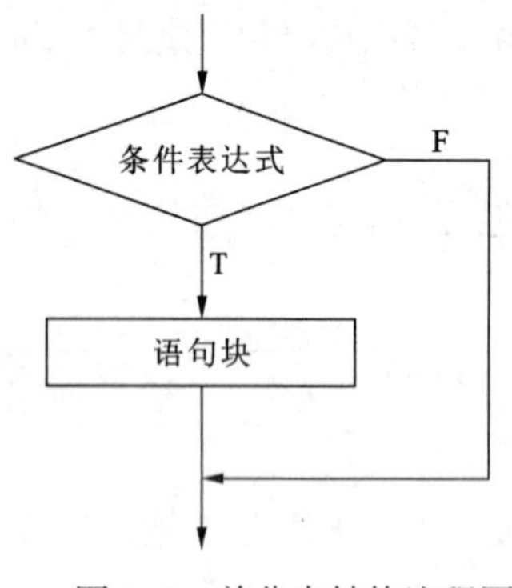

图 8-9　单分支结构流程图

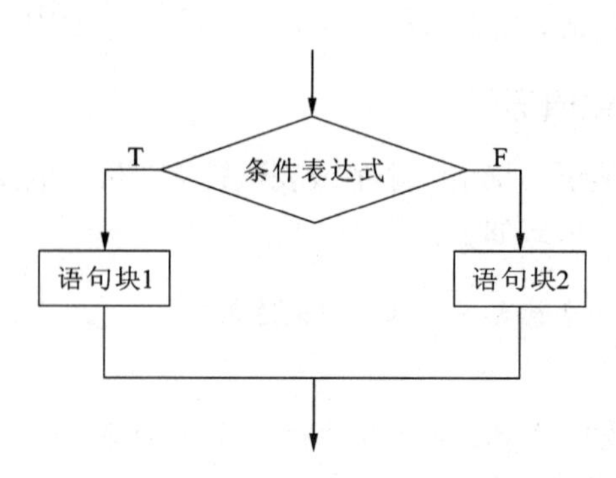

图 8-10　双分支结构流程图

【例 8.10】设电费的收费标准是 100 kW · h 以内（包括 100 kW · h）0.48 元 /（kW · h），超过部分 0.96 元 /（kW · h）。编写程序，要求根据输入的任意用电量（kW · h），计算出应收的电费。电费收费程序窗体如图 8–11 所示。

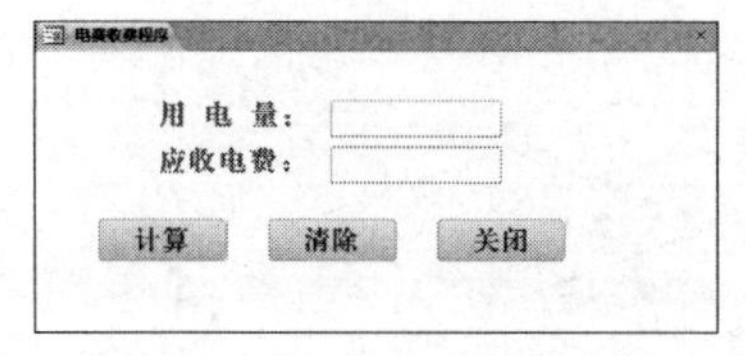

图 8–11　电费收费程序窗体

窗体中“计算”按钮的鼠标单击事件代码设计如下：

```
Private Sub cmd1_Click()
   Dim y As Single          '定义一个变量用于表示用电量
   Dim p As Single          '定义一个变量用于表示费用
   y=Val(Txt1.Value)        'Txt1 为第一个文本框的名称，用来输入用电量
   If y>100 Then
      p=(y-100)*0.96+100*0.48
   Else
      p=y*0.48
   End If
   Txt2.Value=p             'Txt2 为第二个文本框的名称，用来显示金额
End Sub
```

3）多分支结构

格式：

```
If  <条件 1>  Then
    <语句块 1>
ElseIf <条件 2> Then
    <语句块 2>
…
ElseIf <条件 n> Then
    <语句块 n>
[Else
    <语句块 n+1> ]
End If
```

功能：当 <条件 1> 为真时，执行 <语句块 1>，然后转向执行 End If 后的语句；否则，再判断 <条件 2>，为真时，执行 <语句块 2>，……，依此类推，当所有的条件都不满足时，执行 <语句块 n+1>。

多分支结构流程图如图 8–12 所示

【例 8.11】“成绩等级鉴定”窗体如图 8–13 所示，要求如下：

输入一个学生的一门课分数 x（百分制），并根据成绩划分等级。

当 $x \geq 90$ 时，输出“优秀”；

当 $80 \leq x < 90$ 时，输出“良好”；

当 $70 \leq x < 80$ 时，输出“中”；

当 $60 \leq x < 70$ 时，输出“及格”，

当 $x < 60$ 时，输出“不及格”。

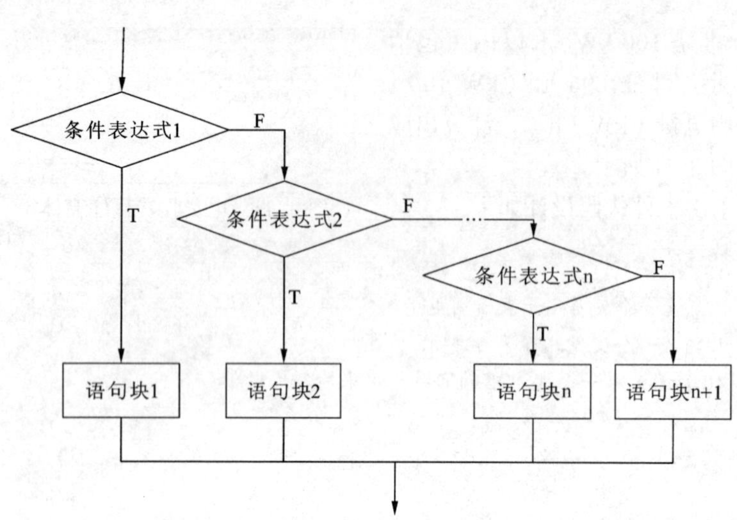

图 8–12　多分支结构流程图

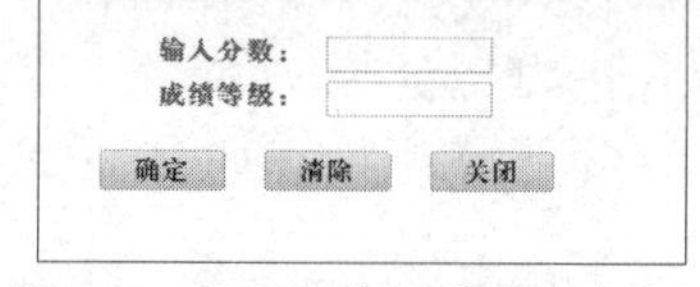

图 8–13　“成绩等级鉴定”窗体

其中“确定”按钮的鼠标单击事件代码如下：

```
Private Sub Cmd1_Click()            '确定命令按钮单击事件
    Dim score As Single
    score=val(Txt1.Value)           'Txt1为第一个文本框的名称，用来输入学生分数
    If score>=90 Then
        Txt2.Value="优秀"            'Txt2为第二个文本框的名称，用来显示等级
    ElseIf score>=80 Then
        Txt2.Value="良好"
    ElseIf score>=70 Then
        Txt2.Value="中"
    ElseIf score>=60 Then
        Txt2.Value="及格"
    Else
        Txt2.Value="不及格"
    End If
End Sub
```

除上述条件语句外，VBA 提供了 3 个函数来完成相应的选择操作。

（1）IIf 函数：IIf(条件式 , 表达式 1, 表达式 2)，该函数是根据“条件式”的值来决定函数返回值。“条件式”的值为“真（True）”，函数返回“表达式 1”的值；“条件式”的值为“假（False）”，函数返回“表达式 2”的值。

【例 8.12】将变量 a 和 b 中值大的量存放在变量 Max 中。

```
Max=IIf(a>b,a,b)
```

（2）Switch() 函数：Switch(条件式 1, 表达式 1,[条件式 2, 表达式 2[…, 条件式 n, 表达式 n]])，该函数是分别根据“条件式 1”“条件式 2”，直至“条件式 n”的值来决定函数返回值。

【例 8.13】根据变量 x 的值来为变量 y 赋值。

```
y=Switch(x>0,1,x=0,0,x<0,-1)
```

（3）Choose() 函数：Choose(索引式 , 选项 1[, 选项 2,…,[, 选项 n]])，该函数是根据“索引项”的值来返回列表中的某个值。“索引式”值为 1，函数返回“选项 1”的值；“索引式”值为 2，函数返回“选项 2”的值；依此类推。

【例 8.14】根据变量 x 的值来为变量 y 赋值。

```
x=2:m=5
y=Choose(x,5,m+1,n)
```

程序运行后，y 的值为 6。

2. Select Case 语句

从上面的例子可以看出，如果条件复杂，分支太多，使用 If 语句就会显得烦琐，而且使程序变得不易阅读。这时可使用 Select Case 语句来写出结构清晰的程序。

Select Case 语句可根据表达式的求值结果，选择几个分支中的一个执行。其语法形式如下：

```
Select Case <表达式>
   Case <值 1>
      <语句 1>
      …
   Case <值 n>
      <语句 n>
   Case Else
      <语句 n+1>
End Select
```

Select Case 语句具有以下几个部分：

（1）表达式：必要参数。可为任何数值表达式或字符串表达式。

（2）值 1 ~ n：可以为单值或一列值（用逗号隔开），与表达式的值进行匹配。

如果“值”中含有关键字 To，如 2 To 8，则前一个值必须是小的值（如果是数值，指的是数值大小；如果是字符串，则指字符排序），且 <表达式> 的值必须介于两个值之间。如果 <值> 中含有关键字 is，则 <表达式> 的值必须为真。

（3）语句 1 ~ n+1：都可包含一条或多条语句。

如果有一个以上的 Case 子句与 <表达式> 匹配，则 VBA 只执行第一个匹配的 Case 后面的语句。如果前面的 Case 子句与 <表达式> 都不匹配，则执行 Case Else 子句中的 <语句 n+1>。

可将另一个 Select Case 语句放在 Case 子句后的语句中，形成 Select Case 语句的嵌套。

【例 8.15】用 Select Case 语句实现分数划分等级输出。

```
Select Case  score
   Case 90 To 100
       Debug.Print "优秀"
   Case 80 To 89
       Debug.Print "良"
   Case 70 To 79
```

```
        Debug.Print "中"
    Case 60 To 69
        Debug.Print "及格"
    Case Else
        Debug.Print "不及格"
End Select
```

8.4.3 循环结构语句

在解决一些实际问题时，往往需要重复某些相同的操作，即对某一语句或语句序列执行多次，解决这类问题要用到循环结构。

1. For…Next 语句

For...Next 循环语句能够重复执行程序代码区域特定次数，使用格式如下：

```
For 循环变量=初值 To 终值 [Step 步长]
    循环体
    [条件语句序列
        Exit For
    结束条件语句序列]
Next [循环变量]
```

其执行步骤如下：

（1）循环变量赋初值。

（2）循环变量与终值比较，确定循环是否进行。

① 步长 >0 时：若循环变量值 <= 终值，循环继续，执行步骤（3）；若循环变量值 > 终值，循环结束，退出循环。

② 步长 =0 时：若循环变量值 <= 终值，死循环；若循环变量值 > 终值，一次也不执行循环。

③ 步长 <0 时：若循环变量值 >= 终值，循环继续，执行步骤（3）；若循环变量值 < 终值，循环结束，退出循环。

（3）执行循环体。

（4）循环变量值增加步长（循环变量 = 循环变量 + 步长），程序跳转至步骤（2）。

For 语句的流程如图 8-14 所示。

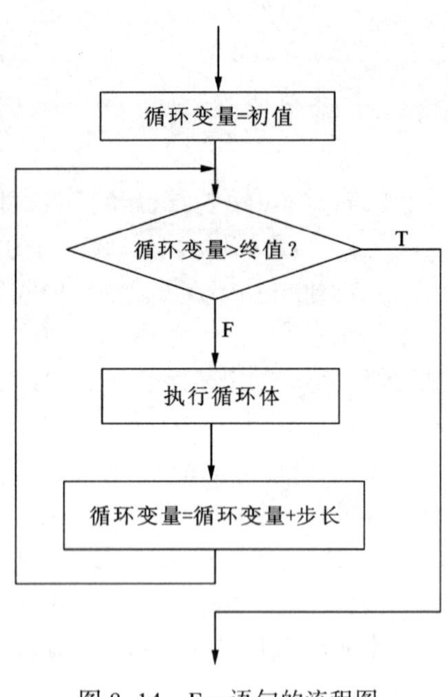

图 8-14 For 语句的流程图

【例 8.16】利用 For…Next 循环语句，求 1+2+…+100 之和。

```
Dim n As Integer,s As Integer
s=0
For n=1 To 100
  s=s+n
```

```
Next n
Debug.Print s        '在立即窗口中打印 s 的值
```

2. Do…Loop 语句

用 Do…Loop 语句可以定义要多次执行的语句块。也可以定义一个条件，当这个条件为假时，就结束这个循环。Do…Loop 语句有两种格式：

（1）格式一：

```
Do [{While|Until}<条件>]      '语句中的竖线表示两边任选其一，以下同
  [<语句>]
  [Exit Do]
  [<语句>]
Loop
```

格式一中的 Do While…Loop 循环语句，当条件结果为真时，执行循环体，并持续到条件结果为假或执行到选择 Exit Do 语句，结束循环。程序流程图如图 8-15 所示。

【例 8.17】Do While…Loop 循环语句示例。

```
k=0
Do While  k<=5
   k=k+1
Loop
```

以上循环的执行次数是 6 次。

格式一中 Do Until…Loop 循环语句，当条件结果为假时，执行循环体，并持续到条件结果为真或执行到选择 Exit Do 语句，结束循环。程序流程图如图 8-16 所示。

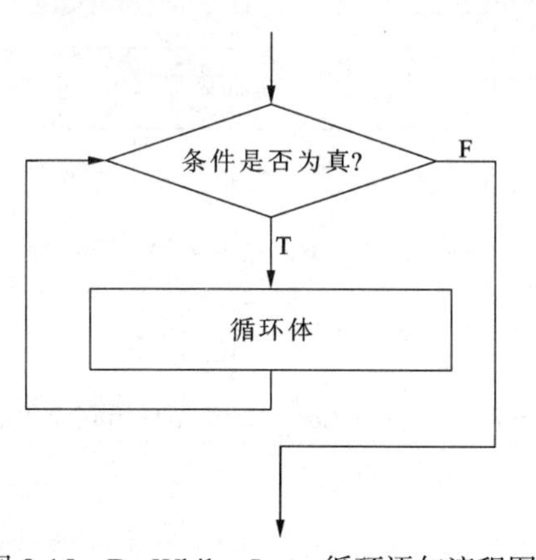

图 8-15　Do While...Loop 循环语句流程图

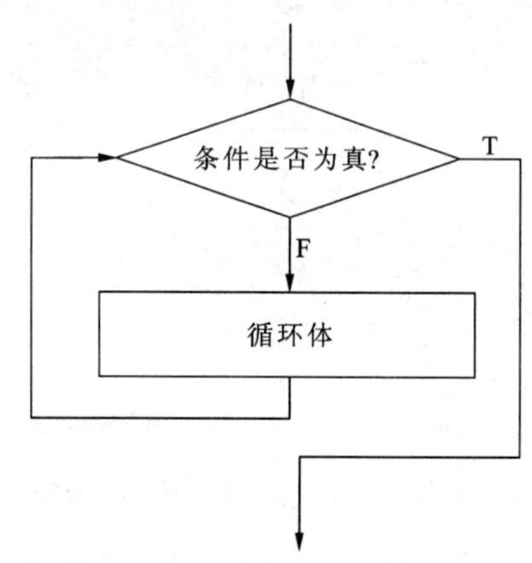

图 8-16　Do Until...Loop 循环语句流程图

【例 8.18】Do Until…Loop 循环语句示例。

```
k=0
Do Until k<=5
   k=k+1
Loop
```

以上循环的执行次数是 0 次。

（2）格式二：

```
Do
    [<语句>]
    [Exit Do]
    [<语句>]
Loop [{While|Until}<条件>]
```

格式二中的 Do...Loop While 循环语句，程序执行时，首先执行循环体，然后再判断条件。当条件结果为真时，执行循环体，并持续到条件结果为假或执行到选择 Exit Do 语句，结束循环。程序流程图如图 8-17 所示。

【例 8.19】Do...Loop While 循环语句示例。

```
num=0
Do
    num=num+1
    Debug.Print num
Loop While num>3
```

运行程序，结果是 1。

格式二中的 Do...Loop Until 循环语句，程序执行时，首先执行循环体，然后再判断条件。当条件结果为假时，执行循环体，并持续到条件结果为真或执行到选择 Exit Do 语句，结束循环。程序流程图如图 8-18 所示。

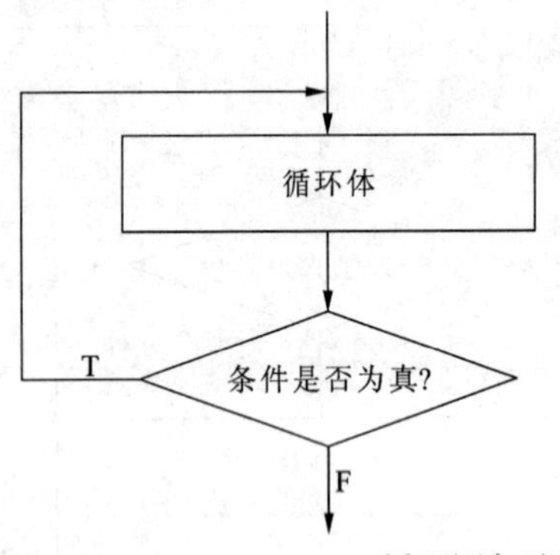

图 8-17　Do…Loop While 循环语句流程图

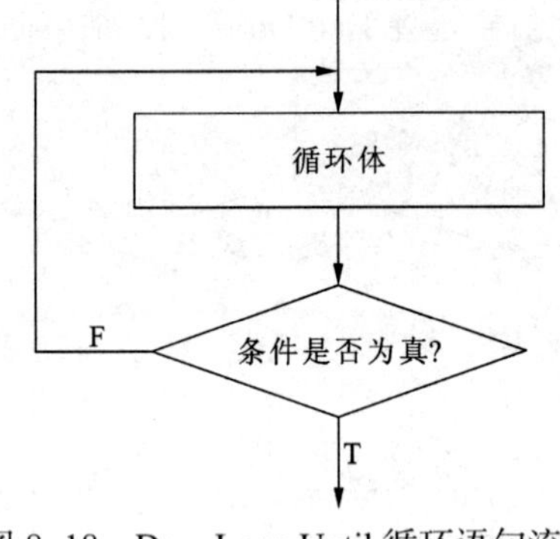

图 8-18　Do…Loop Until 循环语句流程图

【例 8.20】Do…Loop Until 循环语句示例。

```
num=0
Do
    num=num+1
    Debug.Print num
Loop  Until  num>4
```

运行结果：

```
1 2 3 4 5
```

3. While...Wend 语句

For...Next 循环适合于解决循环次数事先能够确定的问题。对于只知道控制条件，但不能预先确定需要执行多少次循环体的情况，可以使用 While 循环。

While 语句格式如下：

```
While  条件
   [循环体]
Wend
```

程序流程图如图 8-19 所示。

1）While 语句说明

"条件"可以是关系表达式或逻辑表达式。While 循环就是当给定的"条件"为 True 时，执行循环体，为 False 时不执行循环体。因此 While 循环又称当型循环。

2）执行过程

（1）执行 While 语句，判断条件是否成立。

（2）如果条件成立，就执行循环体；否则，转到步骤（4）执行。

（3）执行 Wend 语句，转到步骤（1）执行。

（4）执行 Wend 语句下面的语句。

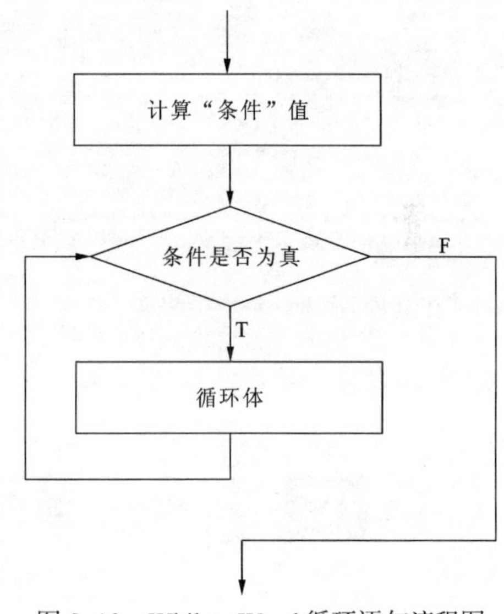

图 8-19　While…Wend 循环语句流程图

3）While 循环的几点说明

（1）While 循环语句本身不能修改循环条件，所以必须在 While...Wend 语句的循环体内设置相应语句，使得整个循环趋于结束，以避免死循环。

（2）While 循环语句先对条件进行判断，然后才决定是否执行循环体。如果开始条件就不成立，则循环体一次也不执行。

（3）凡是用 For...Next 循环编写的程序，都可以用 While...Wend 语句实现；反之则不然。

（4）While…Wend 结构主要是为了兼容 QBasic 和 QuickBASIC 而提供的。由于 VBA 中已有 Do…Loop 循环结构，所有尽量不要使用 While…Wend 循环。

【例 8.21】 While...Wend 语句示例。

```
x=1
While x<4
   Debug.Print x,
   x=x+1
Wend
```

运行结果：

```
1    2    3
```

8.4.4 其他语句——标号和 GoTo 语句

GoTo 语句用于实现无条件转移。使用格式为：

```
GoTo 标号
```

程序运行到此结构，会无条件转移到其后的“标号”位置，并从那里继续执行。GoTo 语句使用时，“标号”位置必须首先在程序中定义好，否则转移无法实现。

【例 8.22】GoTo 语句示例。

```
s=0
For i=1 To 100
   s=s+i
   If s>=500 Then GoTo Mline
Next i
Mline:Debug.Print s
```

在立即窗口中显示结果为：

```
528
```

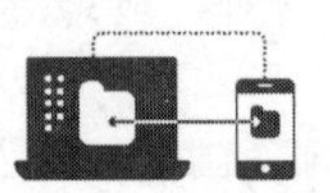

8.5 面向对象程序设计的基本概念

VBA 程序设计是一种面向对象的程序设计。面向对象程序设计是一种系统化的程序设计方法，它基于面向对象模型，采用面向对象的程序设计语言编程实现。

在 VBA 编程中，首先必须理解对象、属性、方法和事件。

8.5.1 对象

对于任何可操作实体，例如数据表、窗体、查询、报表、宏、文本框、列表框、对话框和命令按钮等都视为对象。

Access 根对象有 6 个，如表 8-3 所示。

表 8-3 Access 根对象及说明

对象名	说明
Application	应用程序，即 Access 环境
DBEngine	数据库管理系统，表对象、查询对象、记录对象、字段对象等都是它的子对象
Debug	立即窗口对象，在调试阶段可用其 Print 方法在立即窗口显示输出信息
Forms	所有处于打开状态的窗体所构成的对象
Reports	所有处于打开状态的报表所构成的对象
Screen	屏幕对象

8.5.2　属性

每个对象都有自己的固有特征。对象的特征通过数据来描述，这称为对象的“属性”。

在程序代码中，通过赋值的方式来设置对象的属性，其格式为：

```
对象 . 属性 = 属性值
```

【例 8.23】使用属性示例。

```
Label1.Caption="教师基本情况"    '设置标签 Label1 的标题属性为“教师基本情况”
```

8.5.3　方法

每个对象都有自己的若干方法，从而构成该对象的方法集。可以把方法理解为内部函数，用来完成某种特定的功能。对象方法的调用格式为：

[对象 .] 方法 [参数名表]

说明：方括号内的内容是可选的。

【例 8.24】使用 Debug 对象的 Print 方法，输出表达式 2+3 的结果。

```
Debug.Print 2+3                    '输出 2+3 的结果
```

微视频8-2
Debug对象的Print方法

Access 提供一个重要的对象：DoCmd 对象。它的主要功能是通过调用包含在内部的方法实现 VBA 编程中对 Access 的操作。例如，利用 DoCmd 对象的 OpenForm 方法可以打开窗体“教师”，语句格式为：

```
DoCmd.OpenForm  "教师"
```

DoCmd 对象的方法大都需要参数，有些是必需的，有些是可选的，被忽略的参数取默认值。例如，上述 OpenForm 方法有 4 个参数，见下面调用格式：

```
DoCmd.OpenForm formname [,view][,filtername][,wherecondition]
```

其中，只有 formname（窗体名称）参数是必需的。

DoCmd 对象还有很多方法，可以通过帮助文件查询使用。另外，对窗体、控件来说，还有 SetFocus（获得控制焦点）、Requery（更新数据）等方法。

8.5.4　事件

对于对象而言，事件就是发生在该对象上的事情或消息。在 Access 系统中，不同的对象可以触发的事件不同。总体来说，Access 中的事件主要有键盘事件、鼠标事件、窗口事件、对象事件和操作事件等。

1）键盘事件

键盘事件是操作键盘所引发的事件，“键按下”（KeyDown）、“键释放”（KeyUp）和“击键”（KeyPress）等都属于键盘事件。

2）鼠标事件

鼠标事件即操作鼠标所引发的事件。鼠标事件的应用较广，特别是“单击”（Click）事件。除“单击”事件外，鼠标事件还有“双击”（DblClick）、“鼠标移动”（MouseMove)、“鼠标按下”（MouseDown）和“鼠标释放”（MouseUp）等。

【例 8.25】鼠标单击 Command1 命令按钮时，使标签 label0 的字体颜色变为红色。

```
 '鼠标的单击事件
Private Sub Command1_Click()
   label0.ForeColor=255          '标签 label0 的字体颜色设置为红色
End Sub
```

3）窗口事件

窗口事件是指操作窗口时所引发的事件。常用的窗体窗口事件有打开事件（Open）、加载事件（Load）、调整大小（Resize）、激活事件（Activate）、成为当前事件（Current）、卸载事件（Unload）、停用事件（Deactivate）和关闭事件（Close）。其中，在窗体已打开，但第一条记录尚未显示时，Open 事件发生。对于报表，事件发生在报表被预览或被打印之前。窗体打开并显示其中记录时，Load 事件发生。Open 事件发生在 Load 事件之前，在窗体打开并显示其记录时触发该事件。首次打开窗体时，下列事件将按如下顺序发生：Open → Load → Resize → Activate → Current。Close 事件发生在 Unload 事件之后，在窗体关闭之后但在从屏幕上删除之前触发该事件。关闭窗体时，事件按照以下顺序发生：Unload → Deactivate → Close。

【例 8.26】窗体加载时，窗体的标题设置为当前的系统日期。

```
Private Sub Form_Load()
   Me.Caption=Date()                 '窗体加载时，窗体的标题设置为当前的系统日期
End Sub
```

4）对象事件

对象事件主要是指对象进行操作时所引发的事件。常用的对象事件有“获得焦点”（GetFocus）、“失去焦点”（LostFocus）、“更新前”（BeforeUpdate）、“更新后”（AfterUpdate）和“更改”（Change）等。

5）操作事件

操作事件是指与操作数据有关的事件。常用的操作事件有“删除”（Delete）、“插入前”（BeforeInsert）、“插入后”（AfterInsert）、“成为当前”（Current）、“不在列表中”（NotInList）、“确认删除前”（BeforeDelConfirm）和“确认删除后”（AfterDelConfirm）等。

8.6 VBA 模块的创建

模块将数据库中的 VBA 过程和函数放在一起，作为一个整体来保存。利用 VBA 模块可以开发十分复杂的应用程序。

过程是用 VBA 语言的声明和语句组成的单元，作为一个命名单位的程序段，它可以包含一系列执行操作或计算值的语句和方法。一般使用的过程有两种类型：Sub（子程序）过程和 Function（函数）过程。

8.6.1　VBA 标准模块

1. 创建模块

操作步骤如下：

（1）在数据库窗口中，单击“创建”选项卡→“宏与代码”选项组→“模块”按钮，在 VBE 编辑器中创建一个空白模块。

（2）在模块代码窗口中输入模块程序代码。

2. 确定数据访问模型

Access 支持两种数据访问模型：传统的数据库访问对象 DAO 和 ActiveX 数据对象 ADO。DAO 的目标是使数据库引擎能够快速和简单地开发。ADO 使用了一种通用程序设计模型来访问一般数据，而不是基于某一种数据引擎，它需要 OLEDB 提供对低层数据源的链接。OLEDB 技术最终将取代以前的 ODBC，就像 ADO 取代 DAO 一样。

ADOX 对象集是在 ADO 基础上的扩展，这种扩展包括对象的创建、修改和删除等方面的内容。ADOX 还包括有关安全的对象，它可以管理数据库中的用户（Users）和组（Groups）及其权限。

设置数据访问模型的操作步骤如下：

（1）在数据库窗口中，单击“创建”选项卡→“宏与代码”选项组→“模块”按钮，则在 VBE 编辑器中创建一个空白模块。

（2）单击“工具”选项组→“引用”按钮，弹出“引用”对话框，在“可使用的引用”列表框中，选择需要的引用，如果在模块中需要定义 DataBase 等类型对象，则应该选择 Microsoft DAO 3.6 Object Library，并单击“确定”按钮，如图 8-20 所示。

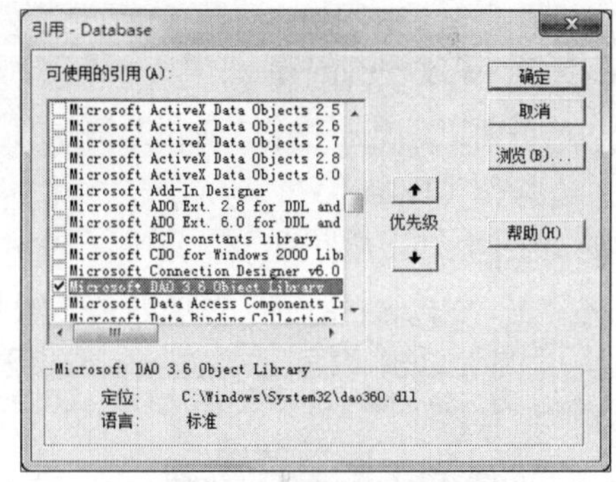

图 8-20　“引用”对话框

3. 模块的调用

模块的调用是对其中过程的使用。创建模块后，就可以在数据库中使用该模块中的过程了。模块的调用有以下两种方式：

（1）直接调用。对于所建立的模块对象，可以直接通过模块名进行调用。

（2）事件过程调用。事件过程的调用是将过程与发生在对象（如窗体或控件）上的事件联系起来，当事件发生后，相应的过程即被执行。

8.6.2　Sub 子过程的创建和调用

1. 子过程的定义

Sub 过程是执行一系列操作的过程，在执行完成后不返回任何值，是能执行特定功能的语句块。Sub 过程可以被置于标准模块和类模块中。

声明 Sub 过程的语法形式如下：

```
[Public|Private][Static] Sub 子程序名 ([<参数>[As 数据类型]])
    [<一组语句>]
    [Exit Sub]
    [<一组语句>]
End Sub
```

说明：尖括号“<>”中为必有内容，方括号“[]”中为可选内容，竖线“|”两边的内容任选其一。

使用 Public 关键字表示在程序的任何地方都可以调用这些过程；用 Private 关键字可以使该子程序只适用于同一模块中的其他过程；使用 Static 关键字时，只要含有这个过程的模块是打开的，则所有在这个过程中的变量值都将被保留。若不使用以上关键字，默认为 Public。其中，< 参数 > 表示调用过程所接收的参数；Exit Sub 语句的功能是跳出过程。

【例 8.27】定义一个过程 swap，该过程的功能为将给定的两个参数 x 和 y 互换。

```
Public Sub swap(x As Integer,y As Integer)
  Dim z As Integer
  z=x
  x=y
  y=z
End Sub
```

2. 子过程的创建

下面以创建子过程 swap 为例介绍子过程的创建。

操作步骤如下：

（1）打开数据库。

（2）单击“创建”选项卡→“宏与代码”选项组→“模块”按钮。

（3）单击“插入”菜单→“过程”命令，显示图 8–21 所示的“添加过程”对话框，输入相应信息。

（4）单击“确定”按钮。

（5）此时在弹出的 Visual Basic 编辑器窗口中添加了一个名为 swap 的过程，并在该过程中输入图 8–22 所示的代码。

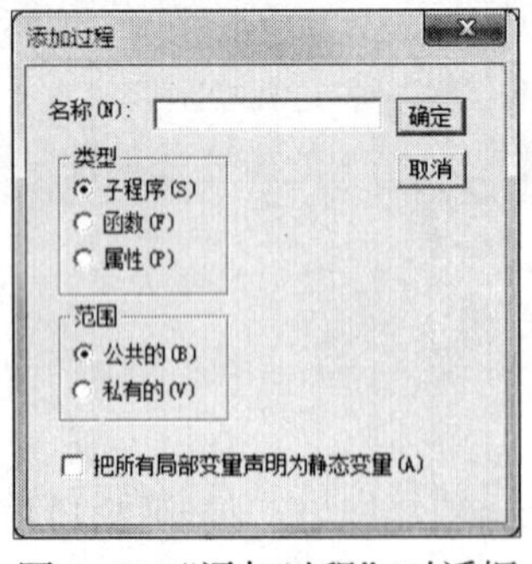

图 8–21 “添加过程”对话框

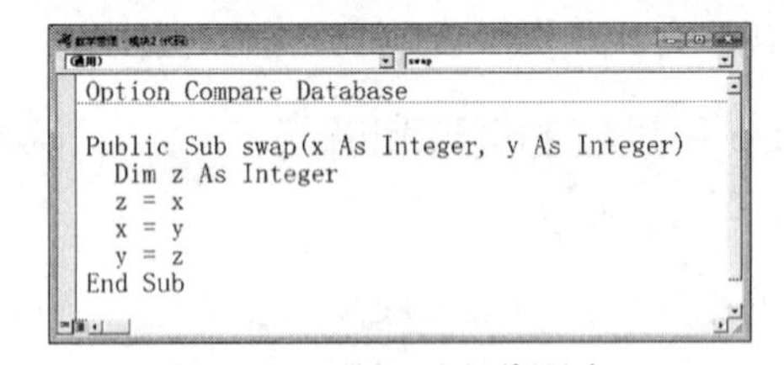

图 8–22 swap 过程代码窗口

（6）单击工具栏中的“保存”按钮，保存模块。

3. 子过程的调用

子过程调用的语法形式如下：

```
子过程名 [参数列表]
```

或

```
Call  子过程名(参数列表)
```

说明：

（1）参数列表称为实参或实元，它必须与形参保持个数相同，位置与类型一一对应。

（2）调用时把实参值传递给对应的形参。其中值传递（形参前有 ByVal 说明）时实参的值不随形参的值变化而改变，而地址传递时实参的值随形参值的改变而改变。

（3）当参数是数组时，形参与实参在参数声明时应省略其维数，但括号不能省。

（4）调用子过程的形式有两种，用 Call 关键字时，实参必须用圆括号括起；反之则实参之间用“,”分隔。

【例 8.28】调用上面定义的 swap 子过程。

操作过程如下：

（1）添加过程 Data_In_Out，实现数据的输入 / 输出，如图 8-23 所示。

（2）单击工具栏中的“保存”按钮，保存模块。

（3）将光标位于 Data_In_Out 过程的任何位置，单击工具栏中的“运行子过程 / 用户窗体”按钮，在“立即窗口”窗口中显示排序结果，如图 8-24 所示。

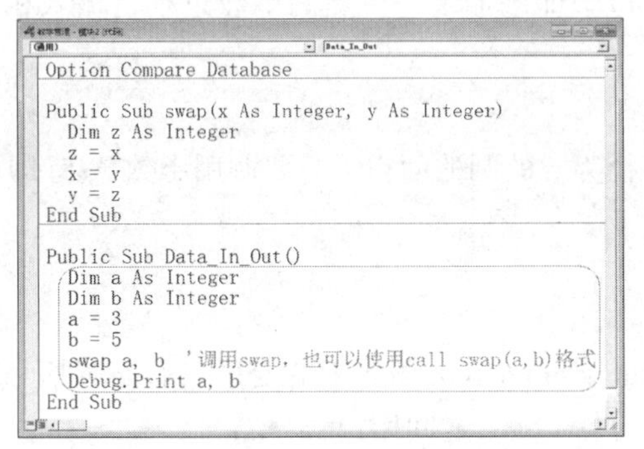

图 8-23　Data_In_Out 过程代码窗口

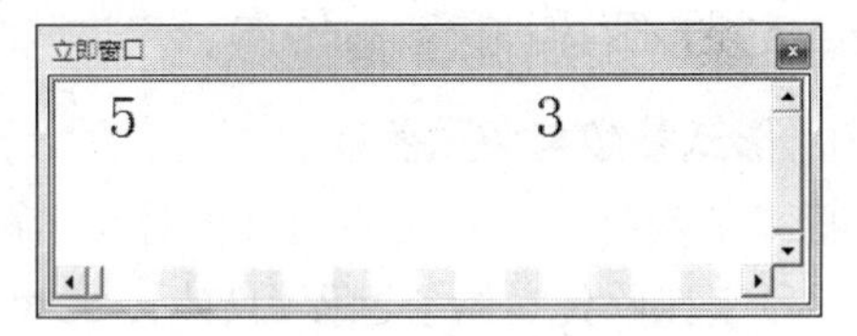

图 8-24　Data_In_Out 过程运行结果

8.6.3　Function 函数过程的创建和调用

1. Function 函数过程的定义

Function 过程又称函数，也是能执行特定功能的语句块。函数也是一种过程。VBA 中提供了大量的内置函数，编程时可以直接引用。但有时需要按自己的要求定义函数，不过它是一种特殊的、能够返回值的 Function 过程。有没有返回值，是 Sub 过程和 Function 过程之间最大的区别。

声明函数的语法形式如下：

```
[Public | Private] [Static] Function 函数名([<参数>[As 数据类型]])[As 返回值数据类型]
    [<一组语句>]
    [函数名=<表达式>]
```

```
    [Exit Function]
    [<一组语句>]
    [函数名=<表达式>]
End Function
```

说明：使用 Public、Private 和 Static 关键字的意义与 Sub 过程相同。

可以在函数名末尾使用一个类型声明字符或使用 As 子句来声明被这个函数返回的变量的数据类型；如果没有，则 VBA 将自动赋给该变量一个最合适的数据类型。

【例 8.29】自定义一个函数 A，功能为求圆面积。

```
Public Function A (R As Single) As Single
    A=3.14*R^2          '求半径为R的圆的面积A
End Function
```

这样，一个面积函数就完成了。

2. 函数过程的创建

在工程资源管理器窗口双击某个模块名打开该模块，然后单击“插入”→“过程”命令，弹出图 8-21 所示的“添加过程”对话框，在“名称”文本框中输入名称，在“类型”选项组中选择“函数”，单击“确定”按钮。VBE 代码窗口中即添加了一个新的函数过程，输入相应代码后保存模块。

3. 函数过程的调用

调用 Function 函数非常方便。如果要计算半径为 5 的圆的面积，只要调用函数 A(5) 即可。

8.6.4 过程调用中的参数传递

1. 形式参数与实际参数

形式参数是指在定义通用过程时，出现在 Sub 或 Function 语句中的变量名后面圆括号内的数，是用来接收传送给子过程的数据，形参表中的各个变量之间用逗号分隔。

实际参数是指在调用 Sub 或 Function 过程时，写入子过程名或函数名后括号内的参数，其作用是将它们的数据（数值或地址）传送给 Sub 或 Function 过程与其对应的形参变量。

实参可由常量、表达式、有效的变量名、数组名（后加左、右括号，如 A()）组成，实参表中各参数用逗号分隔。

2. 参数传递

参数传递（虚实结合）指主调过程的实参（调用时已有确定值和内存地址的参数）传递给被调过程的形参，参数的传递有两种方式：按值传递、按地址传递。形参前加 ByVal 关键字的是按值传递，默认或加 ByRef 关键字的为按地址传递。

1）传址调用

传址的参数传递过程是：调用过程时，将实参的地址传给形参。因此，如果在被调用过程和函数中修改了形参的值，则主调用过程或函数中的值也随之变化。

【例 8.30】传址调用（ByRef）示例。

子过程 S1:

```
Private Sub S1(ByRef x As Integer)
    x=x+2
End Sub
```

主过程:

```
Private Sub  Command1_Click()
    Dim J As Integer
    J=5
    Call S1(J)
    MsgBox J
End Sub
```

主过程执行后 J 的值变为 7。

2）传值调用

传值的参数传递过程是：主调用过程将实参的值复制后传给被调过程的形参，因此，如果在被调用过程和函数中修改了形参的值，则主调用过程或函数中的值不会随之变化。

【例 8.31】传值调用（ByVal）示例。

子过程 S2:

```
Private Sub S2(ByVal x As Integer)
    x=x+2
End Sub
```

主过程:

```
Private Sub  Command2_Click()
    Dim J As Integer
    J=5
    Call S2(J)
    MsgBox J
End Sub
```

主过程执行后 J 的值仍然为 5。

8.7　VBA 常用操作

在 VBA 编程过程中会经常用到一些操作，如打开或关闭某个窗体和报表、给某个量输入一个值、根据需要显示一些提示信息等，可以使用 VBA 的输入框、消息框等来完成。

8.7.1　打开和关闭操作

1. 打开窗体操作

一个程序中往往包含多个窗体，可以用代码的形式关联这些窗体，从而形成完整的程序结构。

命令格式为:

```
Docmd.OpenForm FormName,View,FilterName,WhereCondition,DataMode,WindowMode
```

其中部分参数含义如下：

FormName：必需，Variant 型。字符串表达式，表示当前数据库中窗体的有效名称。

View：可选，AcFormView。AcFormView 可以是表 8-4 所示常量之一。

表 8-4　AcFormView 可选常量

常　量	说　明
acDesign	在“设计视图”中打开窗体
acNormal	默认，在“窗体视图”中打开窗体
acPreview	在“打印预览”视图中打开窗体

如果将该参数留空，将假定为默认常量（acNormal）。

说明：语法中的可选参数可以留空，但是必须包含参数的逗号。如果位于末端的参数留空，则在指定的最后一个参数后面不必使用逗号。

【例 8.32】在“窗体视图”中打开“学生”窗体，并只显示“姓名”字段为“张丽”的记录。可以编辑显示的记录，也可以添加新记录。

```
DoCmd.OpenForm "学生", , ,"姓名 = '张丽'"
```

2. 打开报表操作

命令格式为：

```
Docmd.OpenReport ReportName,View,FilterName,WhereCondition,WindowMode
```

其中部分参数含义如下：

ReportName：Variant 型，必需。字符串表达式，代表当前数据库中报表的有效名称。

View：可选，AcView。该视图应用于指定报表。AcView 可以是表 8-5 所示常量之一。

表 8-5　AcView 可选常量

常　量	说　明
acViewDesign	以“设计视图”方式显示
acViewNormal	默认，立即打印报表
acViewPreview	以“打印预览”方式显示

说明：可以将语法中的可选参数留空，但必须包含参数的逗号。如果将一个或多个位于末端的参数留空，则在指定的最后一个参数后面不必使用逗号。

【例 8.33】以打印预览方式打开“学生”报表。

```
DoCmd.OpenReport "学生",acViewPreview
```

3. 关闭操作

命令格式为：

```
Docmd.Close ObjectType,ObjectName,Save
```

其中各参数含义如下：

ObjectType：可选，AcObjectType 常量。AcObjectType 可以是表 8-6 所示常量之一。

表 8-6　AcObjectType 可选常量

常　量	说　明	常　量	说　明
acDefault	默认值	acReport	报表
acTable	表	acMacro	宏
acQuery	查询	acModule	模块

ObjectName：可选，Variant 型。字符串表达式，ObjectType 参数所选类型的对象的有效名称。

Save：可选，AcCloseSave 常量。AcCloseSave 可以是表 8-7 所示常量之一。

表 8-7　AcCloseSave 可选常量

常　量	说　明
AcSaveNo	不保存
AcSavePrompt	默认值。如果正在关闭 Visual Basic 模块，该值将被忽略。模块将关闭，但不会保存对模块的更改
AcSaveYes	保存

如果将该参数留空，将采用默认常量（acSavePrompt）。

说明：有关该操作及其参数如何使用的详细信息，可参阅该操作的主题。

如果将 ObjectType 和 ObjectName 参数留空（默认常量 acDefault 用作 ObjectType 值），则 Microsoft Access 将关闭活动窗口。如果指定 Save 参数并将 ObjectType 和 ObjectName 参数留空，则必须包含 ObjectType 和 ObjectName 参数的逗号。

【例 8.34】使用 Close 方法关闭“学生”窗体，在不进行提示的情况下，保存所有对窗体的更改。

```
DoCmd.Close acForm, "学生", acSaveYes
```

8.7.2　输入框函数

在输入框函数（InputBox）对话框中显示提示，等待用户输入文本或单击按钮，并返回字符串，其中包含文本框的内容。InputBox( ) 函数示例如图 8-25 所示。

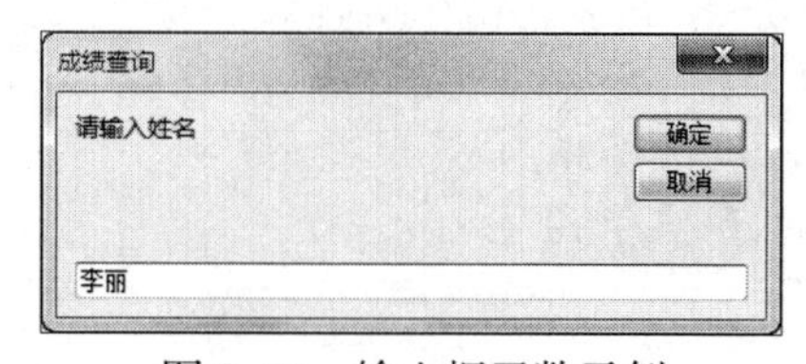

图 8-25　输入框函数示例

语法：

```
InputBox(prompt[,title] [,default] [,xpos] [,ypos] [,helpfile,context])
```

InputBox 语法具有命名参数，如表 8-8 所示。

表 8-8　InputBox 语法命名参数

部　分	说　明
prompt	必选。作为消息在对话框中显示的字符串表达式。prompt 的最大长度大约为 1 024 个字符，这取决于使用的字符的宽度。如果 prompt 包含多行，则可以在行间使用回车符（Chr（13））、换行符（Chr（10））或回车 – 换行符组合（Chr（13）& Chr（10））来分隔行

续表

部　分	说　明
title	可选。在对话框的标题栏中显示的字符串表达式。如果忽略 title，应用程序名称会放在标题栏中
default	可选。在没有提供其他输入的情况下作为默认响应显示在文本框中的字符串表达式。如果忽略 default，则文本框显示为空
xpos	可选。指定对话框左边缘距屏幕左边缘的水平距离的数值表达式，以缇为单位。如果忽略 xpos，则对话框水平居中
ypos	可选。指定对话框上边缘距屏幕顶部的垂直距离的数值表达式，以缇为单位。如果忽略 ypos，对话框会垂直放置在距屏幕上端大约 1/3 的位置
helpfile	可选。字符串表达式，标识用于为对话框提供上下文相关帮助的帮助文件。如果提供了 helpfile，还必须提供 context
context	可选。数值表达式，帮助作者为适当的帮助主题指定的帮助上下文编号。如果提供了 context，还必须提供 helpfile

说明：当同时提供 helpfile 和 context 时，可以按【F1】键（Windows）或【Help】键（Macintosh）来查看与 context 对应的帮助主题。一些宿主应用程序（如 Microsoft Excel）还会自动将“帮助”按钮添加到对话框上。如果单击“确定”按钮或按【Enter】键，InputBox 函数会返回文本框中的任何内容。如果单击“取消”按钮，该函数会返回长度为零的字符串 ("")。

提示：若要指定除第一个命名参数外的其他参数，必须在表达式中使用 InputBox。若要忽略一些定位参数，必须包括相应的逗号分隔符。

【例 8.35】在窗体中有一个名为 Command1 的命令按钮，Click 事件的代码如下。该事件所完成的功能是：某次大赛有 7 个评委同时为一位选手打分，去掉一个最高分和一个最低分，其余 5 个分数的平均值为该名参赛者的最后得分。

```
Sub Command1_Click()
      Dim mark!, aver!,i%,max1!,min1!
      aver=0
      For i=1 To 7
           mark=InputBox(" 请输入第 " & i & " 位评委的打分 ")
           If i=1 Then
               max1=mark
               min1=mark
           Else
               If mark<min1 Then
                  min1=mark
               ElseIf mark>max1 Then
                  max1=mark
               End If
           End If
           aver=aver+mark
```

```
    Next i
    aver=(aver-max1-min1)/5
    MsgBox aver
End Sub
```

8.7.3　消息框

在消息框（MsgBox）对话框中显示消息，并等待用户单击按钮，然后返回一个 Integer 值，该值指示用户单击了哪个按钮。

语法：

```
MsgBox(prompt[,buttons] [,title] [,helpfile,context])
```

MsgBox 语法具有命名参数，如表 8-9 所示。

表 8-9　MsgBox 语法命名参数

部　分	说　明
prompt	必选。这是在对话框中作为消息显示的字符串表达式。prompt 的最大长度大约为 1 024 个字符，这取决于所使用的字符的宽度。如果 prompt 包含多行，则可在行与行之间使用回车符（Chr（13））、换行符（Chr（10））或回车符换行符组合（Chr（13）& Chr（10））来分隔这些行
buttons	可选。数值表达式，它是用于指定要显示的按钮数和类型、要使用的图标样式、默认按钮的标识，以及消息框的形态等各项值的总和。如果省略，则 buttons 的默认值为 0
title	可选。在对话框的标题栏中显示的字符串表达式。如果省略 title，将把应用程序名放在标题栏中
helpfile	可选。这是标识帮助文件的字符串表达式，帮助文件用于提供对话框的上下文相关帮助。如果提供了 helpfile，还必须提供 context
context	可选。表示帮助的上下文编号的数值表达式，此数字由帮助的作者分配给适当的帮助主题。如果提供了 context，还必须提供 helpfile

其中，buttons 参数的设置如表 8-10 所示。

表 8-10　buttons 参数的设置

	常　量	值	说　明
第一组	vbOKOnly	0	只显示“确定”按钮
	vbOKCancel	1	显示“确定”和“取消”按钮
	vbAbortRetryIgnore	2	显示“终止”“重试”和“忽略”按钮
	vbYesNoCancel	3	显示“是”“否”和“取消”按钮
	vbYesNo	4	显示“是”和“否”按钮
	vbRetryCancel	5	显示“重试”和“取消”按钮
第二组	vbCritical	16	显示重要消息图标
	vbQuestion	32	显示警告询问图标
	vbExclamation	48	显示警告消息图标
	vbInformation	64	显示通知消息图标
第三组	vbDefaultButton1	0	第一个按钮为默认值
	vbDefaultButton2	256	第二个按钮为默认值
	vbDefaultButton3	512	第三个按钮为默认值
第四组	vbApplicationModal	0	应用程序模式；用户必须响应消息框后才能继续进行在当前应用程序中的工作
	vbSystemModal	4096	系统模式；所有应用程序都将挂起，直到用户响应了消息框
	vbMsgBoxHelpButton	16384	将“帮助”按钮添加到消息框

第一组值（0 ~ 5）描述了在对话框中显示的按钮数目和类型；第二组值（16、32、48、64）描述了图标样式；第三组值（0、256、512）决定哪个按钮为默认按钮。第四组值（0、4096）决定消息框的模式。将这些数字相加以生成 buttons 参数的最终值时，只能使用每个组中的一个值。例如，语句“MsgBox "AAAA",1+32,"BBBB"”和语句“MsgBox "AAAA",33,"BBBB"”以及语句“MsgBox "AAAA",vbOKCancel+vbQuestion,"BBBB"”是等效的。

消息框的使用一般有两种形式：子过程调用形式和函数过程调用形式。当以函数调用时会有返回值，MsgBox() 函数的返回值表示单击操作所对应的按钮，如表 8-11 所示。

表 8-11　MsgBox() 函数返回值的含义

值	常　量	单击操作所对应的按钮	值	常　量	单击操作所对应的按钮
1	vbOK	确定	5	vbIgnore	忽略
2	vbCancel	取消	6	vbYes	是
3	vbAbort	终止	7	vbNo	否
4	vbRetry	重试			

【例 8.36】MsgBox 子过程使用示例。

在“立即窗口”窗口中输入语句：

```
MsgBox "这里是提示信息",vbYesNoCancel+vbCritical, "这里是标题信息"
```

按【Enter】键后将弹出图 8-26 所示的消息框。

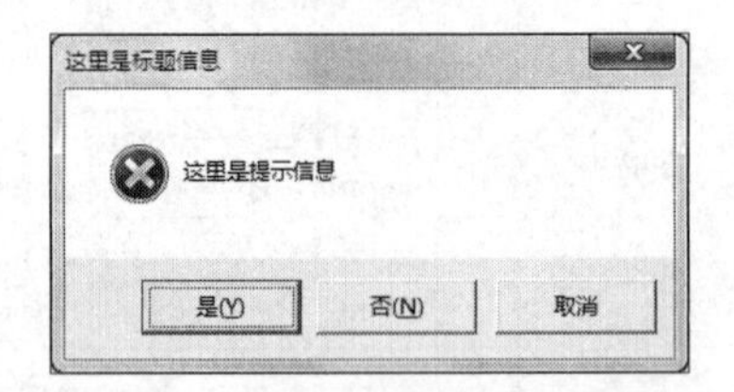

图 8-26　MsgBox 消息框外观样式

【例 8.37】MsgBox 函数过程使用示例。

在“教学管理”数据库中，创建一个窗体，命名为“MsgBox 使用示例”。窗体上的控件如表 8-12 所示，窗体界面如图 8-27 所示。单击窗体上的“测试”按钮，实现的功能是：打开图 8-28 所示的对话框，如果单击“是(Y)”按钮，弹出“您单击了 Yes 按钮”消息，如果单击“否（N）”按钮，弹出“您单击了 No 按钮”消息。

表 8-12　窗体上的控件

控件类型	控件名称	控件标题
标签	lbl1	MsgBox 使用示例
命令按钮	cmd1	测试

图 8-27 “MsgBox 使用示例”窗体

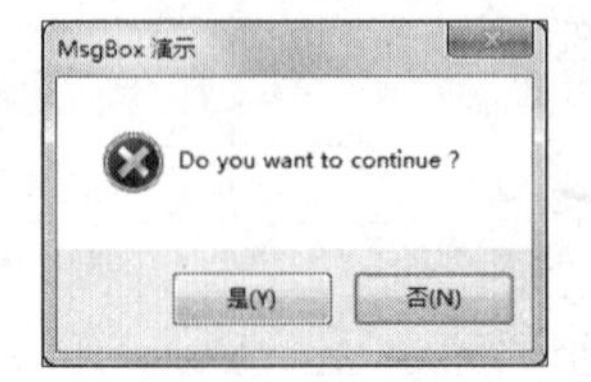

图 8-28　单击“测试”按钮效果

操作步骤如下：

（1）创建一个窗体，在窗体上创建 1 个标签和 1 个命令按钮（不用控件向导）。

（2）修改控件的名称和标题，如表 8-12 所示。

（3）修改窗体的属性，使其不显示记录选择器、导航按钮、分隔线和滚动条，并设置窗体的标题为“MsgBox 使用示例”。

（4）在 cmd1 命令按钮“属性表”窗格中，选择“事件”选项卡中的“单击”事件，单击右侧的按钮，在弹出的“选择生成器”对话框中选择“代码生成器”，进入 VBE 编程窗口。

（5）在代码窗口中，自动显示 cmd1 的 Click 事件的第一句代码 Private Sub cmd1_Click() 和最后一句代码 End Sub。在这两句之间，输入代码如下：

```
Dim Msg,Style,Title,Response

Msg="DO you want to continue ?"
Style=vbYesNo+vbCritical+vbDefaultButton2
Title="MsgBox 演示"

Response=MsgBox(Msg, Style, Title)
If Response=vbYes Then
   MsgBox "您单击了 Yes 按钮"
Else
   MsgBox "您单击了 No 按钮"
End If
```

（6）在代码窗口中，单击左上角的“视图 Microsoft Office Access”按钮，切换到数据库窗口。

（7）切换至窗体视图，单击窗体上的命令按钮，查看运行结果。

（8）保存窗体，命名为“MsgBox 使用示例”。

8.7.4 VBA 编程验证数据

使用窗体，每当保存记录数据时，所做的更改便会保存到数据源表中。在控件中的数据被改变之前或记录数据被更新之前会发生 BeforeUpdate 事件。通过创建窗体或控件的 BeforeUpdate 事件过程，可以实现对输入到窗体控件中的数据进行各种验证。例如，数据类型验证、数据范围验证等。

【例 8.38】 对窗体上文本框控件 txtScore 中输入学生分数数据进行验证。要求：该文本框中只接收大于等于 0 且小于等于 100 的数值数据，若输入超出范围则给出提示信息。

> **提示：** 本例窗体请读者自行创建。

该文本控件的 BeforeUpdate 事件过程代码如下：

```
Private Sub txtScore_BeforeUpdate(Cancel As Integer)
   If Me!txtScore= "" Or  IsNull(Me!txtScore) Then
      '数据为空时的验证
      MsgBox "成绩不能为空！",vbCritical,"警告"
      Cancel=True                      '取消 BeforeUpdate 事件
   ElseIf IsNumeric(Me!txtScore)=False Then
      '非数值型数据输入的验证
      MsgBox "成绩必须输入数值数据！", vbCritical, "警告"
      Cancel=True                      '取消 BeforeUpdate 事件
   ElseIf Me!txtScore<0 and  Me!txtScore>100  Then
```

```
        ' 非法范围数据的验证
        MsgBox " 分数为 0 ～ 100 范围数据! ",vbCritical, " 警告 "
        Cancel=True                    ' 取消 BeforeUpdate 事件
    Else
        MsgBox " 数据验证 OK！ ",vbInformation," 通告 "
    End If
End Sub
```

说明：控件的 BeforeUpdate 事件过程是有参过程。通过设置其参数 Cancel，可以确定 BeforeUpdate 事件是否会发生。将 Cancel 参数设置为 True，将取消 BeforeUpdate 事件。

此外，在进行控件输入数据验证时，VBA 提供了一些相关函数来帮助进行验证。例如，上面过程代码中用到 IsNumeric 函数来判断输入数据是否为数值。下面将常用的一些验证函数列举出来，如表 8-13 所示。

表 8-13　VBA 常用验证函数

函数名称	返　回　值	说　　明
IsNumeric	Boolean 值	指出表达式的运算结果是否为数值。返回 True，为数值
IsDate	Boolean 值	指出一个表达式是否可以转换成日期。返回 True，可转换
IsEmpty	Boolean 值	指出变量是否已经初始化。返回 True，未初始化
IsError	Boolean 值	指出表达式是否为一个错误值。返回 True，有错误
IsArray	Boolean 值	指出变量是否为一个数组。返回 True，为数组
IsNull	Boolean 值	指出表达式是否为无效数据（Null）返回 True，无效数据
IsObject	Boolean 值	指出标识符是否表示对象变量。返回 True，为对象

8.7.5　计时事件 Timer

VBA 中提供 Timer 时间控件可以实现“计时”功能。但 VBA 并没有直接提供 Timer 时间控件，而是通过设置窗体的“计时器间隔（TimerInterval）”属性与添加“计时器触发（Timer）”事件来完成类似“计时”功能。

其处理过程是：Timer 事件每隔 TimerInterval 时间间隔就会被激发一次，并运行 Timer 事件过程来响应。这样不断重复，即实现“计时”处理功能。“计时器间隔”属性值是以毫秒（ms）为计量单位，1 s 等于 1000 ms。

【例 8.39】在窗体上有一个文本框控件，名称为 Text1。同时，窗体加载时设置其计时器间隔为 1 s，计时器触发事件过程则实现在 Text1 文本框中动态显示当前日期和时间。

注意：本例窗体请读者自行创建。

程序代码如下：

```
Private Sub Form_Load()
   Me.TimerInterval=1000
End Sub
Private Sub Form_Timer()
```

```
    Me!Text1=Now()
End Sub
```

在利用窗体的 Timer 事件进行动画效果设计时，只须将相应代码添加进 Form_Timer() 事件模板中即可。

此外，“计时器间隔”属性值（如 Me.TimerInterval=1000）也可以安排在代码中进行动态设置，而且可以通过设置“计时器间隔”属性值为零（Me.TimerInterval=0）来终止 Timer 事件继续发生。

8.8　VBA 的数据库编程技术

前面介绍的是 Access 数据库对象处理数据的方法和形式，要开发出更具有实际应用价值的 Access 数据库应用程序，还应当了解和掌握 VBA 的数据库编程方法。

8.8.1　数据库引擎及其接口

VBA 通过 Microsoftet 数据库引擎工具来支持对数据库的访问。所谓数据库引擎，实际上是一组动态链接库（DLL），当程序运行时被链接到 VBA 程序而实现对数据库的数据访问功能。数据库引擎是应用程序与物理数据之间的桥梁，它以一种通用接口的方式，使各种类型的物理数据库对用户而言都具有统一的形式和相同的数据访问与处理方法。

在 Microsoft Office VBA 中主要提供了 3 种数据库访问接口：开放数据库互连应用编程接口（Open DataBase Connectivity API，ODBC API）、数据访问对象（Data Access Object，DAO）和 ActiveX 数据对象（ActiveX Data Objects，ADO）。

（1）开放数据库互连应用编程接口（ODBC API）：目前 Windows 提供的 32 位 ODBC 驱动程序对每一种客户机 / 服务器 RDBMS、最流行的索引顺序访问方法（ISAM）数据库（Jet、dBase 和 FoxPro）、扩展表（Excel）和划界文本文件都可以操作。在 Access 应用中，直接使用 ODBC API 需要大量 VBA 函数原型声明（Declare）和一些烦琐、低级的编程，因此，在实际编程中很少直接进行 ODBC API 的访问。

（2）数据访问对象（DAO）：DAO 提供了一个访问数据库的对象模型。利用其中定义的一系列数据访问对象，如 DataBase、Querydef、Recordset 等对象，实现对数据库的各种操作。这是 Office 早期版本提供的编程模型，用来支持 Microsoft Jet 数据库引擎，并允许开发者通过 ODBC 和直接连接到其他数据库一样，连接到 Access 数据。DAO 最适合单系统应用程序或在小范围本地分布使用，其内部已经对 Jet 数据库的访问进行了加速优化，而且使用起来也比较方便。所以，如果数据库是 Access 数据库，而且是本地使用，可以使用这种访问方式。

（3）Active 数据对象（ADO）：ADO 是基于组件的数据库编程接口，是一个和编程语言无关的 COM 组件系统。使用它可以方便地连接任何符合 ODBC 标准的数据库。

8.8.2　VBA 访问的数据库类型

VBA 通过数据库引擎可以访问的数据库有以下 3 种类型：

（1）本地数据库：即 Access 数据库。

（2）外部数据库：指所有的索引顺序访问方法（ISAM）数据库，如 dBase、FoxPro。

（3）ODBC数据库：符合开放数据库连接（ODBC）标准的C/S数据库，如Microsoft SQL Server、Oracle等。

8.8.3 数据访问对象

数据访问对象（DAO）包含了很多对象和集合，通过Jet数据库来连接Access数据库和其他ODBC数据库。利用DAO可以完成对数据库的创建、修改、删除和对记录的定位、查询等。

通过DAO编程实现数据库的访问时，首先要创建对象变量，然后通过对象方法和属性来进行操作。下面给出数据库操作的一般语句和步骤：

```
'定义对象变量
Dim ws As Workspace
Dim db As Database
Dim rs RecordSet
'通过Set语句设置各个对象变量的值
Set ws=DBEngine.Workspace(0)                          '打开默认工作区
Set db=ws.OpenDatabase(〈数据库文件名〉)                      '打开数据库文件
Set rs=db.OpenRecordSet(〈表名、查询名或SQL语句〉)            '打开数据记录集
Do While Not rs.EOF                                   '利用循环结构遍历整个记录集直至末尾
   …                                                  '安排字段数据的各种操作
   rs.MoveNext                                        '记录指针移至下一条
Loop
rs.close                                              '关闭记录集
db.close                                              '关闭数据库
Set rs=Nothing                                        '回收记录集对象变量的内存占有
Set db=Nothing                                        '回收数据库对象变量的内存占有
…
```

实际上，在Access的VBA中提供了一种DAO数据库打开的快捷方式，即Set dbName=CurrentDB()，用以绕过模型层次开关的两层集合并打开当前数据库，但在Office其他套件（如Word、Excel、PowerPoint等）的VBA及Visual Basic 6.0的代码中则不支持CurrentDB()的用法。

【例8.40】在“教学管理”数据库中，“学生”表包括“姓名”和“政治面貌”等字段，现分别统计团员、群众、预备党员和其他人员的数量。DAO应用举例窗体如图8-29所示。

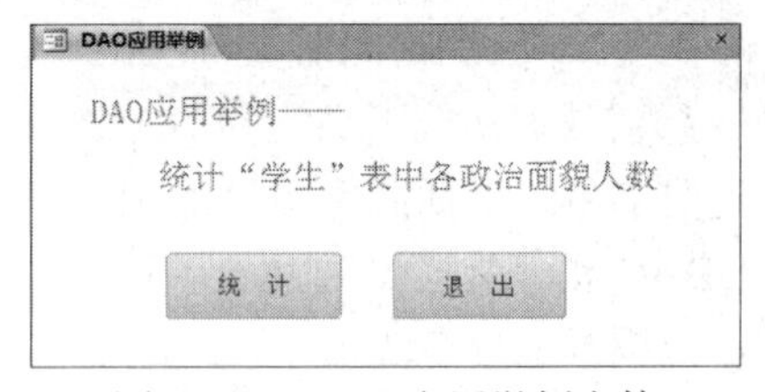

图8-29 DAO应用举例窗体

注意：本例窗体请读者自行创建。

其中，“统计”按钮的单击事件代码如下：

```
Private Sub Command0_Click()
    Dim db As DAO.Database
    Dim rs As DAO.Recordset
```

```
    Dim zc As DAO.Field

    Dim Count1 As Integer,Count2 As Integer,Count3 As Integer,Count4 As Integer

    Set db=CurrentDb()
    Set rs=db.OpenRecordset("学生")
    Set zc=rs.Fields("政治面貌")

    Count1=0:Count2=0:Count3=0:Count4=0
    Do While Not rs.Eof
       Select Case zc
          Case Is="团员"
            Count1=Count1+1
          Case Is="群众"
            Count2=Count2+1
          Case Is="预备党员"
            Count3=Count3+1
          Case Else
            Count4=Count4+1
       End Select
       rs.MoveNext
    Loop
    rs.Close
    Set rs=Nothing
    Set db=Nothing
    MsgBox "团员:" & Count1 & ",群众:" & Count2 & ",预备党员:" & Count3& ",
其他:" & Count4
End Sub
```

单击“统计”按钮后，效果如图 8-30 所示。

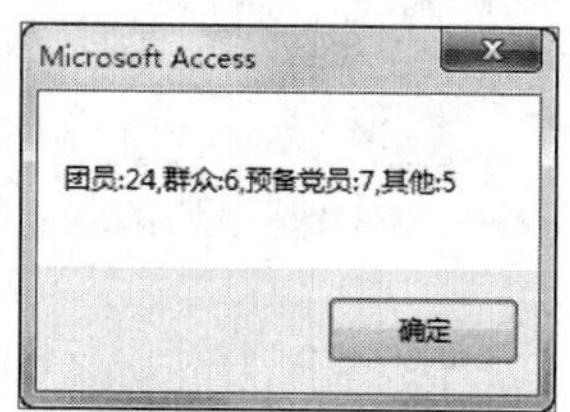

图 8-30　统计结果

8.8.4　ActiveX 数据对象

ActiveX 数据对象（ADO）是基于组件的数据库编程接口，它是一个和编程语言无关的 COM 组件系统，可以对来自多种数据提供者的数据进行读取和写入操作。

通过 ADO 编程实现数据库访问时，首先要创建对象变量，然后通过对象方法和属性进行操作。下面给出数据库操作一般语句和步骤。

程序段 1：在 Connection 对象上打开 RecordSet。

```
...
'创建对象引用
Dim cn As ADODB.Connection                  '创建一个连接对象
Dim rs As ADODB.RecordSet                   '创建一个记录集对象
```

```
cn.Open〈连接串等参数〉                          '打开一个连接
rs.Open〈查询串等参数〉                          '打开一个记录集

Do While Not rs.EOF                              '利用循环结构遍历整个记录集直至末尾
   …                                             '安排字段数据的各种操作
   rs.MoveNext                                   '记录指针移至下一条
Loop
rs.close                                         '关闭记录集
cn.close                                         '关闭连接
Set rs=Nothing                                   '回收记录集对象变量的内存占有
Set cn=Nothing                                   '回收连接对象变量的内存占有
…
```

程序段2：在Command对象上打开RecordSet。

```
…
'创建对象引用
Dim cm As new ADODB.Command                      '创建一命令对象
Dim rs As new ADODB.RecordSet                    '创建一记录集对象

'设置命令对象的活动连接、类型及查询等属性
With cm
    .ActiveConnection=〈连接串〉
    .CommandType=〈命令类型参数〉
    .CommandText=〈查询命令串〉
End With
Rs.Open cm,〈其他参数〉                          '设定rs的ActiveConnection属性
Do While Not rs.EOF                              '利用循环结构遍历整个记录集直至末尾
   …                                             '安排字段数据的各类操作
   rs.MoveNext                                   '记录指针移至下一条
Loop
rs.close                                         '关闭记录集
Set rs=Nothing                                   '回收记录集对象变量的内存占有
```

Access的VBA中为ADO提供了类似DAO的数据库打开快捷方式，即CurrentProject.Connection，它指向一个默认的ADODB.Connection对象，该对象与当前数据库的Jet OLE DB服务提供者一起工作。不像CurrentDB()是可选的，用户必须使用CurrentProject.Connection作为当前打开数据库的ADODB.Connection对象。如果试图为当前数据库打开一个新的ADODB.Connection对象，会收到一个运行时错误，指明该数据库已被锁定。

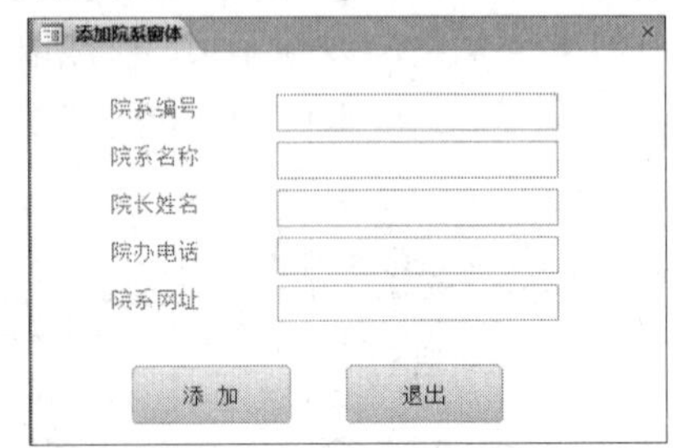

图8-31　添加院系窗体

【例8.41】在“教学管理”数据库中，表“院系”存储院系的基本信息，包括院系编号、院系名称、院长姓名、院办电话和院系网址。下面程序的功能是：通过图8-31所示的窗体向“院系”表中添加院系记录，对应“院系编号”、“院

系名称”“院长姓名”“院办电话”和“院系网址”的 5 个文本框的名称分别为 tNo、tDep、tName、tTel 和 tWeb。单击窗体中的“增加”命令按钮（名称为 command1）时，首先判断院系编号是否重复，如果不重复则向“院系”表中添加新院系记录；如果院系编号重复，则给出提示信息。

```
Private Sub Form_Load()
'打开窗口时，连接 Access 数据库
    Set ADOcn=CurrentProject.Connection
End Sub

Dim ADOcn As New ADODB.Connection

Private Sub Command1_Click()
    '增加院系记录
    Dim strSQL As String
    Dim ADOrs As New ADODB.Recordset
    Set ADOrs.ActiveConnection=ADOcn
    ADOrs.Open "select 院系编号 From 院系 Where 院系编号 ='"+tNo+"'"
    If Not ADOrs.EOF Then'如果该院系记录已经存在，则显示提示信息
        MsgBox "你输入的院系已存在，不能增加！ "
    Else
        '增加新院系的记录
        strSQL="Insert Into 院系（院系编号，院系名称，院长姓名，院办电话，院系网址）"
        strSQL=strSQL+"Values('"+tNo+"','"+tDept+"','"+tName+"','"+tTel+"',
        '"+tWeb+"')"
        ADOcn.Execute strSQL
        MsgBox  "添加成功，请继续！ "
    End If
    ADOrs.Close
    Set ADOrs=Nothing
End Sub
```

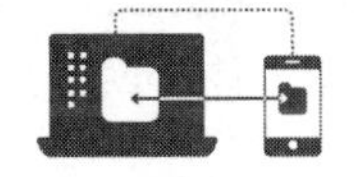

8.9　VBA 程序调试

编写程序时出错是不可避免的，在程序中查找并修改错误的过程称为调试。为了方便编程人员修改程序中的错误，几乎所有程序设计语言编辑器都提供了程序调试手段。

8.9.1　错误类型

程序中的错误主要有编译错误、运行错误和程序逻辑错误。

编译错误是程序编写过程中出现的，主要是由于使用语句错误引起的，如命令拼写错误、括号不匹配、变量未被声明和数据类型不匹配等。这类错误一般在编写程序时就会被 Access 检

查出来，只需按照提示将有问题的地方修改正确即可。编译错误示例如图 8-32 所示。

运行错误是在程序运行过程中发生的，包括企图执行非法运算，例如分母为 0 或向不存在的文件中写入数据。运行错误示例如图 8-33 所示。

图 8-32　编译错误示例

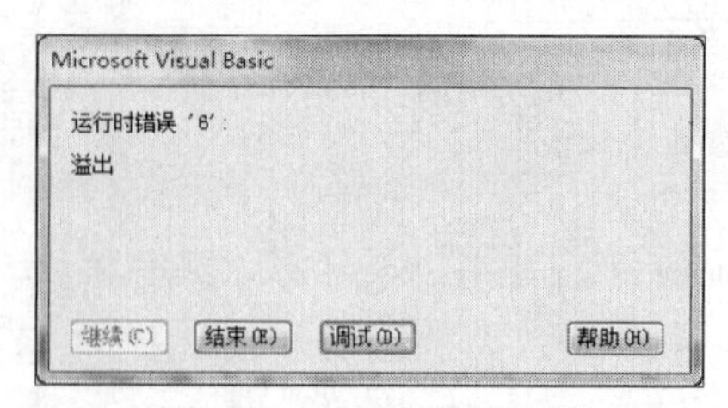

图 8-33　运行错误示例

程序逻辑错误是程序的逻辑错误引起的，是运行结果与期望不符的问题，也是最难以处理的错误，需要对程序进行具体分析。只有通过反复设计不同的运行条件来测试程序的运行状况，才能逐步改正逻辑错误。

8.9.2　调试错误

为了发现代码中的错误并及时改正，VBA 提供了调试工具。使用调试工具不仅能帮助用户处理错误，而且还可以观察无错代码的运行状况。

1. 调试工具

在 VBE 窗口中，单击“视图”→“工具栏”→“调试”命令，打开“调试”工具栏，如图 8-34 所示。

图 8-34 “调试”工具栏

2. 添加断点以挂起 Microsoft Visual Basic 代码的执行

（1）挂起 Microsoft Visual Basic 代码的执行时，代码仍在运行当中，只是在运行语句间暂停下来。当挂起代码时，可以进行调试工作，例如检查当前的变量值或单步运行每行代码。若要使 Microsoft Visual Basic 暂停代码，可以设置断点。

（2）在“Visual Basic 编辑器”中，将插入点移到一个非断点、非声明语句行。

（3）单击“调试”工具栏中的“切换断点”按钮。若要清除断点，可以将插入点移到设有断点的代码行，然后单击“调试”工具栏中的“切换断点”按钮。若要恢复运行代码，可单击“运行”→“运行子过程 / 用户窗体”命令。

3. 单步执行 Visual Basic 代码

（1）挂起代码的执行。Microsoft Access 显示挂起执行时所处的代码行。

（2）执行下列操作之一：

- 若要单步执行每一行代码，包括被调用过程中的代码，可单击“调试”工具栏中的“逐语句”按钮。
- 若要单步执行每一行代码，但将被调用的过程视为一个单元运行，可单击“调试”工具栏中的“逐过程”按钮。

- 若要运行当前代码行之前的代码，然后中断，以便后面单步执行每一行代码，可单击“调试”→“运行到光标处”命令。
- 若要运行当前过程中的剩余代码，然后返回调用树中前一个过程的下一行代码，可单击“调试”工具栏中的“跳出”按钮。

（3）在以上这些单步执行的类型中，可根据要分析哪一部分的代码进行相应的选择。

4. 调试 Visual Basic 代码的同时执行快速监视

（1）挂起 Visual Basic 代码的执行。

（2）选择要查看其值的表达式。

（3）单击“调试”工具栏中的“快速监视”按钮，Microsoft Access 将弹出“快速监视”对话框，从中可以查看表达式及表达式的当前值。单击对话框中的“添加”按钮，可以将表达式添加到“Visual Basic 编辑器”的“监视”窗口中的监视表达式列表中。

5. 在调试 Visual Basic 代码时，跟踪 Visual Basic 的过程调用

调试代码期间，当挂起 Visual Basic 代码执行时，可以使用“调用”对话框查看一系列已经开始执行但还没有完成的过程。

（1）挂起 Visual Basic 代码的执行。

（2）单击“调试”工具栏中的“调用堆栈”按钮。

（3）Microsoft Access 将在列表的顶端显示最近调用的过程，接着是倒数第二个最近调用的过程，依此类推。若要在列表中显示调用下一个过程的语句，可单击“显示”按钮。

8.10　错误处理

利用 8.9 节介绍的程序调试的方法，可以查出程序中的运行错误和逻辑错误，在程序出错时，VBA 按照所遇到的错误，停止程序执行并显示出相应的出错信息。除此之外，还可以在程序中加入专门用于错误处理的子程序，对可能出现的错误做出响应。当发生错误时，程序应能捕捉到这一错误，并知道如何处理。错误处理子程序由设置错误陷阱和处理错误两部分组成。

8.10.1　设置错误陷阱

设置错误陷阱是在代码中使用 On Error 语句，当运行错误发生时，将错误拦截下来。要实现错误捕捉，可使用 On Error 语句。其格式有如下 3 种：

（1）On Error Resume Next：从发生错误的语句的下一个语句处继续执行。

（2）On Error GoTo 语句标号：当错误发生时，直接跳转到语句标号位置所示的错误代码。

（3）On Error GoTo 0：当错误发生时，不使用错误处理程序块。

8.10.2　编写错误处理代码

错误处理代码是由程序设计者编写的，根据可预知的错误类型决定采取哪种措施。

【例 8.42】窗体中“报表输出”（名称为 bt1）和“退出”（名称为 bt2）按钮的功能是：单击“报表输出”按钮后，首先将“退出”按钮标题变为红色（255），然后以打印预览方式打开报表 rEmp。考虑适当的错误处理。

注意： 本例窗体请读者自行创建。

bt1 命令按钮的单击事件代码如下：

```
Private Sub bt1_Click()
    On Error GoTo ErrHanle                    '设置错误陷阱

    bt2.ForeColor=255                         '设置窗体“退出”命令按钮标题为红色显示
    DoCmd.OpenReport "rEmp",acViewPreview      '预览方式输出报表 rEmp

    Exit Sub                                   '正常结束

    '错误处理
    ErrHanle:
    MsgBox Err.Description,vbCritical+vbOKOnly,"Error"
End Sub
```

习　题　8

一、选择题

1. 在 Access 数据库中，如果要处理具有复杂条件或循环结构的操作，则应该使用的对象是（　　）。

A. 窗体　　B. 模块　　C. 宏　　D. 报表

2. 能被“对象所识别的动作”和“对象可执行的活动”分别称为对象的（　　）。

A. 方法和事件　　B. 事件和方法　　C. 事件和属性　　D. 过程和方法

3. 发生在控件接收焦点之前的事件是（　　）。

A. Enter　　B. Exit　　C. GetFocus　　D. LostFocus

4. 在 VBA 中，如果没有显式声明或用符号来定义变量的数据类型，变量的默认数据类型为（　　）。

A. Boolean　　B. Int　　C. String　　D. Variant

5. 下列数据类型中，不属于 VBA 的是（　　）。

A. 长整型　　B. 布尔型　　C. 变体型　　D. 指针型

6. 下列变量名中，合法的是（　　）。

A. 4A　　B. A−1　　C. ABC_1　　D. private

7. VBA 中定义符号常量使用的关键字是（　　）。

A. Const　　B. Dim　　C. Public　　D. Static

8. 使用 Dim 语句定义数组时，在默认情况下数组下标的下限为（　　）。

A. 0　　B. 1　　C. 2　　D. 3

9. 语句 Dim S(10) As Integer 的含义是（　　）。

A. 定义了一个整型变量且初值为 10　　B. 定义了 10 个整数构成的数组
C. 定义了 11 个整数构成的数组　　D. 将数组的第 10 个元素设置为整型

10. 定义了二维数组 A(2 To 5,5)，该数组的元素个数为（　　）。
A. 20　　B. 24　　C. 25　　D. 36

11. 在模块的声明部分使用“Option Base 1”语句，然后定义二维数组 A(2 To 5,5)，则该数组的元素个数为（　　）。
A. 20　　B. 24　　C. 25　　D. 36

12. VBA 程序的多条语句可以写在一行中，其分隔符必须使用符号（　　）。
A. :　　B. ’　　C. ;　　D. ,

13. VBA 程序中，可以实现代码注释功能的是（　　）。
A. 方括号（[ ]）　　B. 冒号（:）　　C. 双引号（"）　　D. 单引号（'）

14. VBA 程序流程控制的方式有（　　）。
A. 顺序控制和分支控制　　B. 顺序控制和循环控制
C. 循环控制和分支控制　　D. 顺序、分支和循环控制

15. 假定窗体的名称为 fmTest，则把窗体的标题设置为“Access Test”的语句是（　　）。
A. Me="Access Test"　　B. Me.Caption="Access Test"
C. Me.text="Access Test"　　D. Me.Name="Access Test"

16. Access 的控件对象可以设置某个属性来控制对象是否可用（不可用时显示为灰色状态）。需要设置的属性是（　　）。
A. Default　　B. Cancel　　C. Enabled　　D. Visible

17. 在窗口中有 1 个标签 Label0 和 1 个命令按钮 Command1，Command1 的事件代码如下:

```
Private Sub Command1_Click()
   Label0.Left=Label0.Left+100
End Sub
```

打开窗口，单击命令按钮，结果是（　　）。
A. 标签向左加宽　　B. 标签向右加宽
C. 标签向左移动　　D. 标签向右移动

18. 下列不是分支结构的语句是（　　）。
A. If…Then…End If　　B. While…Wend
C. If…Then…Else…End If　　D. Select…Case…End Select

19. 下列不属于 VBA 函数的是（　　）。
A. Choose　　B. If　　C. IIf　　D. Switch

20. 在窗体中添加 1 个 Command1 的命令按钮，然后编写如下事件代码:

```
Private Sub Command1_Click()
    A=75
    If A>60 Then I=1
    If A>70 Then I=2
    If A>80 Then I=3
    If A>90 Then I=4
```

```
   MsgBox I
End Sub
```

窗体打开运行后，单击命令按钮，则消息框的输出结果是（　　）。

A. 1　　B. 2　　C. 3　　D. 4

21. 由“For I=1 To 16 Step 3”决定的循环结构被执行（　　）。

A. 4次　　B. 5次　　C. 6次　　D. 7次

22. 由“For i=1 To 9 Step -3”决定的循环结构，其循环体将被执行（　　）。

A. 0次　　B. 1次　　C. 4次　　D. 5次

23. 运行下列程序段，结果是（　　）。

```
   For m=10 To 1 Step 0
      k=k+3
   Next m
```

A. 形成死循环　　B. 循环体不执行即结束循环

C. 出现语法错误　　D. 循环体执行一次后结束循环

24. 若有以下窗体单击事件过程：

```
Private Sub Form_Click()
   result=1
   For i=1 To 6 Step 3
      result=result*i
   Next i
   MsgBox result
End Sub
```

打开窗体运行后，单击窗体，则消息框的输出内容是（　　）。

A. 1　　B. 4　　C. 15　　D. 120

25. 在窗体中有1个命令按钮Command1和1个文本框Text1，编写事件代码如下：

```
Private Sub Command1_Click()
   For i=1 To 4
      x=3
      For j=1 To 3
         For k=1 To 2
            x=x+3
         Next k
      Next j
   Next i
   Text1.Value=Str(x)
End Sub
```

打开窗体运行后，单击命令按钮，文本框Text1输出的结果是（　　）。

A. 6　　B. 12　　C. 18　　D. 21

26. 在窗体中有 1 个命令按钮 Command1 和 1 个文本框 Text1，编写事件代码如下：

```
Private Sub Command1_Click()
   x=4
   For i=1 To 4
      For j=1 To 3
         For k=1 To 2
            x=x+3
         Next k
      Next j
   Next i
   Text1.Value=Str(x)
End Sub
```

打开窗体运行后，单击命令按钮，文本框 Text1 输出的结果是（　　）。

A. 6　　B. 12　　C. 21　　D. 76

27. 在窗体上添加 1 个命令按钮（名为 Command1），然后编写如下事件过程：

```
Private Sub Command1_Click()
   For i=1 To 4
   x=4
      For j=1 To 3
         x=3
         For k=1 To 2
            x=x+6
         Next k
      Next j
   Next i
   MsgBox x
End Sub
```

打开窗体后，单击命令按钮，消息框的输出结果是（　　）。

A. 7　　B. 15　　C. 157　　D. 538

28. 以下程序段运行结束后，变量 x 的值为（　　）。

```
x=2
y=4
Do
   x=x*y
   y=y+1
Loop While y<4
```

A. 2　　B. 4　　C. 8　　D. 20

29. 下列 Case 语句中错误的是（　　）。

A. Case 0 To 10　　B. Case Is>10

C. Case Is>10 And Is<50　　D. Case 3,5,Is>10

30. 在 Access 中，如果变量定义在模块的过程内部，当程序代码执行时才可见，则这种变量的作用域为（　　）。

A. 程序范围　　B. 全局范围

C. 模块范围　　D. 局部范围

31. Sub 过程与 Function 过程最根本的区别是（　　）。

A. Sub 过程的过程名不能返回值，而 Function 过程能通过过程名返回值

B. Sub 过程可以使用 Call 语句或直接使用过程名调用，而 Function 过程不可以

C. 两种过程参数的传递方式不同

D. Function 过程可以有参数，Sub 过程不可以有参数

32. 在过程定义中有语句：

```
Private Sub GetData(ByRef f As Integer)
```

其中 ByRef 的含义是（　　）。

A. 传值调用　　B. 传址调用

C. 形式参数　　D. 实际参数

33. 在过程定义中有语句：

```
Private Sub GetData(ByVal data As Integer)
```

其中 ByVal 的含义是（　　）。

A. 传值调用　　B. 传址调用

C. 形式参数　　D. 实际参数

34. 若要在子过程 Proc1 调用后返回两个变量的结果，下列过程定义语句中有效的是（　　）。

A. Sub Proc1(n,m)　　B. Sub Proc1(ByVal n,m)

C. Sub Proc1(n,ByVal m)　　D. Sub Proc1(ByVal n,ByVal m)

35. 在 VBA 中要打开名为“学生信息录入”的窗体，应该使用的语句是（　　）。

A. DoCmd.OpenForm "学生信息录入"　　B. DoOpenForm "学生信息录入"

C. DoCmd.OpenWindows "学生信息录入"　　D. OpenWindows "学生信息录入"

36. InputBox 函数的返回值类型是（　　）。

A. 数值　　B. 字符串　　C. 变体　　D. 视输入的数据而定

37. 在 MsgBox(prompt,buttons,title,helpfile,context) 函数调用形式中必须提供的参数是（　　）。

A. prompt　　B. buttons　　C. title　　D. context

38. 在 Access 中，DAO 的含义是（　　）。

A. 开放数据库互连应用编程接口　　B. 数据库访问对象

C. Active 数据对象　　D. 数据库动态链接库

39. 在 Access 中，ADO 的含义是（　　）。

A. 开放数据库互连应用程序接口　　B. 数据访问对象

C. 动态链接库　　D. ActiveX 数据对象

40. 在 VBA 中，能自动检查出来的错误是（　　）。

A. 语法错误　　B. 逻辑错误

C. 运行错误　　　　D. 注释错误

41. 要显示当前过程中的所有变量及对象的取值，可以利用的调试窗口是（　　）。

A. 监视窗口　　　　B. 调用堆栈

C. 立即窗口　　　　D. 本地窗口

42. 不属于 VBA 提供的程序运行错误处理的语句结构是（　　）。

A. On Error Then 标号　　　　B. On Error Goto 标号

C. On Error Resume Next　　　　D. On Error Goto 0

二、填空题

1. 执行下面的程序段后，a 的值为________，b 的值为________。

```
a=5
b=7
a=a+b
b=a-b
a=a-b
```

2. 在 VBA 编程中检测字符串长度的函数名是________。

3. 在 VBA 中，没有显式声明或使用符号来定义的变量，其数据类型默认是________。

4. 在窗体中使用 1 个文本框（名为 num1）接收输入值，还有 1 个命令按钮 run13，事件代码如下：

```
Private Sub run13_Click()
    If Me!num1>=60 Then
        result="及格"
    ElseIf Me!num1>=70 Then
        result="通过"
    ElseIf Me!num1>=80 Then
        result="合格"
    End If
    MsgBox result
End Sub
```

打开窗体后，若通过文本框输入的值为 85，单击命令按钮，输出结果是________。

5. 在窗体中添加 1 个命令按钮，名称为 Command1，然后编写如下程序：

```
Private Sub Command1_Click()
    Dim s,i
    For i=1 To 10
        s=s+i
    Next i
    MsgBox s
End Sub
```

窗体打开运行后，单击命令按钮，则消息框的输出结果为________。

6. 在窗体上添加 1 个命令按钮（名为 Command1），然后编写如下事件过程：

```
Private Sub Command1_Click()
    Dim b,k
    For k=1 To 6
       b=23+k
    Next k
    MsgBox b+k
End Sub
```

打开窗体后，单击命令按钮，消息框的输出结果是________。

7. 在窗体中使用 1 个文本框（名为 x）接收输入值，还有 1 个命令按钮 test，事件代码如下：

```
Private Sub test_Click()
    y=0
    For i=0 To Me!x
        y=y+2*i+1
    Next i
    MsgBox y
End Sub
```

打开窗体后，若通过文本框输入值为 3，单击命令按钮，输出的结果是________。

8. 下面 VBA 程序段运行时，内层循环的循环总次数是________。

```
For m=0 To 7 Step 3
   For n=m-1 To m+1
   Next n
Next m
```

9. 在窗体上添加 1 个命令按钮（名为 Command1），然后编写如下程序：

```
Function m(x As Integer,y As Integer) As Integer
    m=IIf(x>y,x,y)
End Function
Private Sub Command1_Click()
    Dim a As Integer,b As Integer
    a=1
    b=2
    MsgBox m(a,b)
End Sub
```

打开窗体运行后，单击命令按钮，消息框的输出结果为________。

10. 下列子过程的功能是：当前数据库文件中的“学生表”的学生“年龄”都加 1，请在程序空白处填写适当的语句，使程序实现所需的功能。

```
Private Sub SetAgePlus1_Click()
```

```
    Dim a As DAO.Database
    Dim rs As DAO.Recordset
    Dim fd As DAO.Field
    Set db=CurrentDb()
    Set rs=db.OpenRecordset("学生表")
    Set fd=rs.Fields("年龄")
    Do While Not rs.EOF
       rs.Edit
       fd=________
       rs.Update
       ____________
    Loop
    rs.Close
    db.Close
    Set rs=Nothing
    Set db=Nothing
End Sub
```

三、操作题

依次完成例 8.1 至例 8.42 中的所有操作。

第 2 篇 操作实训

第 9 章 表操作实训

表是数据库的基础，所有的数据都存放在表里，一个数据库中包括一个或多个表。

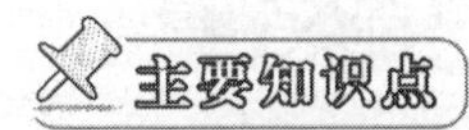

主要知识点

知识点 1 设计视图

（1）使用设计视图设计表结构。

（2）数据类型的设置。

（3）设置主键。

（4）设置字段属性：字段大小、格式、输入掩码、默认值、有效性规则、有效性文本、标题、索引、必需、说明等。

（5）修改结构：添加字段、修改字段、删除字段、调整字段的顺序。

（6）设置表的属性：表的有效性规则、表的有效性文本。

知识点 2 数据表视图

（1）输入数据。数字类型数据的输入、文本类型数据的输入、OLE 对象的输入（如插入图片）、是 / 否型数据的输入、日期 / 时间类型数据的输入。

（2）设置数据表的格式。改变字段的显示顺序、设置字体、调整行高、调整列宽、隐藏 / 取消隐藏字段、冻结 / 取消冻结字段、设置数据表格式。

（3）查找 / 替换命令。

（4）筛选 / 取消筛选：按窗体筛选、筛选器、高级筛选 / 排序。

知识点 3 建立表间关系，实施参照完整性

（1）创建表间关系。

（2）修改表关系。

（3）实施参照完整性。

（4）删除关系。

知识点 4 表的维护

（1）表的重命名。

（2）备份表。

（3）导入表。

（4）链接表。

（5）导出表。

（6）删除表。

【实训 9-1】

涉及的知识点

创建表结构，设置主键、有效性规则、默认值，输入掩码，创建查阅列表，输入记录。

微视频 9-1

操作要求

（1）在“实训 9-1”文件夹下的 samp1.accdb 数据库文件中建立表 tTeacher，其结构如表 9-1 所示。

表 9-1　tTeacher 表结构

字段名称	数据类型	字段大小	格式
编号	文本	5	
姓名	文本	4	
性别	文本	1	
年龄	数字	整型	
工作时间	日期 / 时间		短日期
学历	文本	5	
职称	文本	5	
邮箱密码	文本	6	
联系电话	文本	8	
在职否	是 / 否		是 / 否

（2）根据 tTeacher 表的结构，判断并设置主键。

（3）设置“工作时间”字段的有效性规则属性为只能输入上一年度 5 月 1 日（含）以前的日期（规定：本年度年号必须用函数获取）。

（4）将“在职否”字段的默认值设置为真值；设置“联系电话”字段的输入掩码，要求前 4 位为“010–”，后 8 位为数字；设置“邮箱密码”字段的输入掩码为将输入的密码显示为 6 位星号。

（5）将“性别”字段值的输入设置为“男”“女”下拉列表选择。

（6）在 tTeacher 表中输入两条记录，内容如表 9-2 所示。

表 9-2　tTeacher 表中的记录

编号	姓名	性别	年龄	工作时间	学历	职称	邮箱密码	联系电话	在职否
77012	郝海为	男	67	1962-12-8	大本	教授	621208	65976670	
92016	李丽	女	32	1962-9-3	研究生	讲师	920903	65976444	√

【实训9-2】

涉及的知识点

创建表结构，设置主键、默认值，输入记录，输入掩码及隐藏字段。

微视频　9-2

操作要求

（1）在“实训9-2”文件夹下的samp1.accdb数据库文件中建立tBook表，其结构如表9-3所示。

表9-3　tBook表结构

字段名称	数据类型	字段大小	格式
编号	文本	8	
教材名称	文本	30	
单价	数字	单精度	小数位数2位
库存数量	数字	整型	
入库日期	日期/时间		短日期
需要重印否	是/否		是/否
简介	备注		

（2）判断并设置tBook表的主键。

（3）设置“入库日期”字段的默认值为系统当前日期的前一天。

（4）在tBook表中输入两条记录，内容如表9-4所示。

表9-4　tBook表的新添记录

编号	教材名称	单价	库存数量	入库日期	需要重印否	简介
20140001	VB入门	37.50	0	2014-4-1	√	考试用书
20140002	英语六级强化	20.00	1000	2014-4-3	√	辅导用书

注意：“单价”字段为两位小数显示。

（5）设置“编号”字段的输入掩码为只能输入8位数字或字母。

（6）在数据表视图中将“简介”字段隐藏起来。

【实训9-3】

涉及的知识点

删除记录、字段，设置默认值，创建表结构，输入记录，设置有效性规则、有效性文本及表间关系。

操作要求

微视频 9-3

在“实训 9-3”文件夹下 samp1.accdb 数据库文件中已完成表 tEmployee 的建立。试按以下操作要求完成表的建立和修改：

（1）删除 tEmployee 表中 1949 年以前出生的雇员记录。

（2）删除“简历”字段。

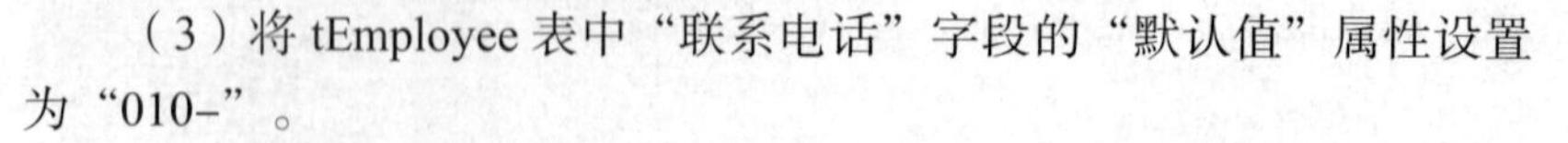

（3）将 tEmployee 表中“联系电话”字段的“默认值”属性设置为“010-”。

（4）建立一个新表，其结构如表 9-5 所示。主关键字为 ID，表名为 tSell，将表 9-6 所示的数据输入到 tSell 表的相应字段中。

表 9-5　tSell 表结构

字 段 名 称	数 据 类 型
ID	自动编号
雇员 ID	文本
图书 ID	数字
数量	数字
售出日期	日期 / 时间

表 9-6　tSell 表新记录

ID	雇员 ID	图书 ID	数　量	售 出 日 期
1	1	1	23	2014-1-4
2	1	1	45	2014-2-4
3	2	2	65	2014-1-5
4	4	3	12	2014-3-1
5	2	4	1	2014-3-4

（5）将 tSell 表中“数量”字段的“有效性规则”属性设置为大于等于 0，并在输入数据出现错误时，提示“数据输入有误，请重新输入”。

（6）建立 tEmployee 和 tSell 两表之间的关系，并设置实施参照完整性。

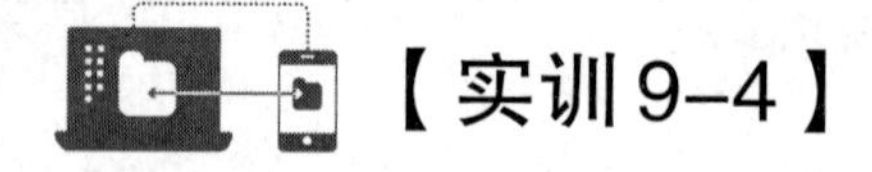

【实训 9-4】

涉及的知识点

设置主键、显示属性、默认值、格式属性、有效性规则、有效性文本、输入 OLE 对象（插入图片），创建查阅列表、导入表。

操作要求

微视频 9-4

在“实训 9-4”文件夹下存在一个数据库文件 samp1.accdb、一个 Excel 文件 Test.xlsx 和一个图像文件 photo.bmp。在数据库文件中已经建立了一个表对象 tStud。按以下操作要求完成各种操作：

（1）设置 ID 字段为主键，并设置其相应属性，使该字段在数据表视图中的显示标题为“学号”。

（2）将“性别”字段的默认值属性设置为“男”，“入校时间”字段的格式属性设置为“长日期”。

（3）设置“入校时间”字段的有效性规则和有效性文本属性。将“有效性规则”属性设置为输入的入校时间必须为 9 月，“有效性文本”内容为“输入的月份有误，请重新输入”。

（4）将学号为 20131002 学生的“照片”字段设置为“实训 9–4”文件夹下的 photo.bmp 图像文件（要求使用“由文件创建”方式）。

（5）为“政治面目”字段创建查阅列表，列表中显示“团员”“党员”和“其他”3 个值。

（6）将“实训 9–4”文件夹下 Excel 文件 Test.xlsx 中的数据导入到当前数据库的新表中。要求第 1 行包含列标题，导入其中的“编号”“姓名”“性别”“年龄”和“职务”5 个字段，选择“编号”字段为主键，并将新表命名为 tmp。

【实训 9–5】

涉及的知识点

链接表，显示隐藏列，设置默认值、标题属性、数据表格式、字体及表间关系。

微视频　9–5

操作要求

在“实训 9–5”文件夹下有一个数据库文件 samp1.accdb，该数据库文件已建立两个表对象 tGrade 和 tStudent；并且还有一个 Excel 文件 tCourse.xlsx。按以下操作要求完成表的编辑：

（1）将 Excel 文件 tCourse.xlsx 链接到 samp1.accdb 数据库文件中，链接表的名称不变并将数据中的第 1 行作为字段名。

（2）将 tGrade 表中隐藏的列显示出来。

（3）将 tStudent 表中“政治面貌”字段的默认值属性设置为“团员”，并将该字段在数据表视图中的显示标题属性改为“政治面目”。

（4）设置 tStudent 表的显示格式，将表的背景色设置为“水蓝 3”，可选行颜色设置为“白色”，文字字号设置为 16 磅。

（5）建立 tGrade 和 tStudent 两表之间的关系。

【实训 9-6】

涉及的知识点

设置主键、有效性文本，删除字段，设置有效性规则、行高及链接表。

微视频 9-6

操作要求

在“实训 9-6”文件夹下已存在 tTest.txt 文本文件和 samp1.accdb 数据库文件，并且在数据库文件 samp1.accdb 中已建立表对象 tStud 和 tScore。按以下要求完成表的各种操作：

（1）将 tScore 表的“学号”和“课程号”两字段设置为复合主键。

（2）设置 tStud 表中的“年龄”字段的“有效性文本”属性为“年龄值应大于 16”，然后删除 tStud 表结构中的“照片”字段。

（3）设置 tStud 表的“入校时间”字段的“有效性规则”属性为只能输入 1 月（含）到 10 月（含）的日期。

（4）设置表对象 tStud 的记录行显示高度为 20 磅。

（5）完成上述操作后，建立 tStud 和 tScore 表的表间一对多关系，并设置实施参照完整性。

（6）将“实训 9-6”文件夹下文本文件 tTest.txt 中的数据链接到当前数据库中，并将数据中的第 1 行作为字段名，链接表对象命名为 tTemp。

【实训 9-7】

涉及的知识点

设置主键、默认值、字段属性，删除字段、记录，设置有效性规则、有效性文本、格式属性、输入掩码及隐藏字段。

微视频 9-7

操作要求

在“实训 9-7”文件夹下 samp1.accdb 数据库文件中已建立表对象 tNorm。试按以下操作要求完成表的编辑：

（1）根据 tNorm 表的结构，判断并设置主键。

（2）将“单位”字段的默认值属性设置为“只”、字段大小设置为 1；将“最高储备”字段设置为长整型，“最低储备”字段设置为整型；删除“备注”字段；删除“规格”字段值为“220V-4W”的记录。

（3）设置 tNorm 表的“有效性规则”和“有效性文本”属性，“有效性规则”属性设置为“最低储备”字段的值必须小于“最高储备”字段的值，“有效性文本”属性设置为“请输入有效数据”。

（4）将“出厂价”字段的格式属性设置为货币。

（5）设置“规格”字段的输入掩码属性为 9 位字母、数字和字符的组合。其中，前 3 位只能是数字，第 4 位为大写字母 V，第 5 位为字符“–”，最后一位为大写字母 W，其他位均为数字。

（6）在数据表视图中隐藏“出厂价”字段。

【实训 9–8】

涉及的知识点

设置表属性，修改、删除记录，导入表，设置输入掩码及表间关系。

微视频　9–8

操作要求

在“实训 9–8”文件夹下 samp1.accdb 数据库文件中已建立两个表对象（名为“员工表”和“部门表”）。按以下要求完成表的各种操作：

（1）分析两个表对象“员工表”和“部门表”的构成，判断其各自的外部属性，将其属性名称设置为“员工表”的对象说明内容。

（2）将“员工表”中有摄影爱好的员工的“备注”字段的值设为 True（即选中复选框）。

（3）删除“员工表”中年龄超过 55（不含）岁的员工记录。

（4）将“实训 9–8”文件夹下文本文件 Test.txt 中的数据导入到当前数据库的“员工表”的相应字段中。

（5）设置相关属性，使表对象“员工表”中“密码”字段只能输入 5 位 0 ~ 9 的数字。

（6）建立“员工表”和“部门表”的表间关系，并设置实施参照完整性。

【实训 9–9】

涉及的知识点

设置主键、输入掩码、默认值，创建查阅列表，删除字段，设置有效性规则、有效性文本，取消隐藏列，设置数据表格式及表间关系。

微视频　9–9

操作要求

在“实训 9–9”文件夹下，存在一个数据库文件 samp1.accdb，且已建立了表对象 tDoctor、tOffice、tPatient 和 tSubscribe。按以下操作要求完成各种操作：

（1）分析 tSubscribe 表的字段构成，判断并设置其主键。

（2）设置 tSubscribe 表中“医生 ID”字段的相关属性，使其接收的数据只能为第 1 个字符为“A”，第 2 个字符开始的 3 位只能是 0 ~ 9 之间的数字；并将该字段设置为必需字段；设置“科室 ID”字段的字段大小，使其与 tOffice 表中相关字段的字段大小一致。

（3）设置 tDoctor 表中“性别”字段的默认值属性为“男”；并为该字段创建查阅列表，列表中显示“男”和“女”两个值。

（4）删除 tDoctor 表中的“专长”字段，并设置“年龄”字段的“有效性规则”和“有效性文本”属性。将“有效性规则”属性设置为输入年龄必须在 18 ~ 60 岁（含 18 岁和 60 岁）之间，“有效性文本”属性设置为“年龄应在 18 岁到 60 岁之间”；取消对“年龄”字段值的隐藏。

（5）设置 tDoctor 表的单元格效果为“凹陷”，背景色为“蓝色”，网格线颜色为“白色”。

（6）通过相关字段建立 tDoctor、tOffice、tPatient 和 tSubscribe 四个表之间的关系，并设置实施参照完整性。

【实训 9–10】

涉及的知识点

设置行高、有效性规则、有效性文本、添加字段、冻结列、导出表及创建表间关系。

微视频　9–10

操作要求

在“实训 9–10”文件夹下 samp1.accdb 数据库文件中已建立两个表对象（名为“员工表”和“部门表”）。按以下要求顺序完成表的各种操作：

（1）将“员工表”的行高设为 15。

（2）将“员工表”的“年龄”字段的“有效性规则”属性设置为大于 17 且小于 65（不含 17 和 65）；“有效性文本”属性设置为“请输入有效年龄”。

（3）在表对象“员工表”的“年龄”和“职务”两字段之间新增一个字段，字段名称为“密码”，数据类型为文本，字段大小为 6，同时要求输入掩码属性以星号方式显示。

（4）冻结员工表中的“姓名”字段。

（5）将表对象“员工表”中的数据导出到“实训 9–10”文件夹下，以文本文件形式保存，命名为 Test.txt。要求第 1 行包含字段名称，各数据项间以分号分隔。

（6）建立表对象“员工表”和“部门表”的表间关系，并设置实施参照完整性。

第 10 章 查询操作实训

查询是数据库设计目的的体现。数据库建完以后，数据只有被使用者查询，才能真正体现它的价值。查询包括选择查询、参数查询、交叉表查询、操作查询（生成表查询、更新查询、追加查询和删除查询）和 SQL 查询。

主要知识点

知识点 1　选择查询

（1）单表查询。

（2）多表查询。

（3）带条件的单表查询。

（4）带条件的多表查询。

知识点 2　条件的写法

（1）文本数据类型条件的写法：用双引号引上，比如 " 男 "、" 汉族 " 等；通配符 *、?、# 的使用；Left() 函数；Right() 函数；Mid() 函数；Len() 函数；Instr() 函数。

（2）数字数据类型条件的写法：直接写，比如 >=19，>=30 And <=50，Between 30 And 50。

（3）日期 / 时间数据类型条件的写法：用两个 "#" 号括上，比如 #2014-3-1#；Year() 函数；Month() 函数；Day() 函数。

（4）是 / 否数据类型条件的写法：真值为 True，假值为 False。

（5）逻辑运算符的使用：Not、And 和 Or。

（6）Null 的使用：Is Null、Is Not Null。

知识点 3　联接属性的设置

（1）内部联接。

（2）外部联接。

知识点 4　参数查询

（1）单参数查询。

（2）多参数查询。

知识点 5 在查询中进行计算

（1）分组统计。

（2）添加计算字段。

知识点 6 交叉表查询

（1）行标题。

（2）列标题。

（3）值。

知识点 7 操作查询

（1）生成表查询。

（2）更新查询。

（3）追加查询。

（4）删除查询。

知识点 8 SQL 查询

（1）数据定义查询。

（2）子查询。

【实训 10–1】

涉及的知识点

选择查询、SQL 查询、交叉表查询及追加查询。

操作要求

微视频 10–1

在“实训 10–1”文件夹下有一个数据库文件 samp2.accdb，该数据库文件已经建立了 3 个关联表对象 tStud、tCourse、tScore 和一个空表 tTemp。按以下要求完成设计：

（1）创建一个查询，查找并显示有书法或绘画爱好学生的“学号”“姓名”“性别”和“年龄”4 个字段的内容，所建查询命名为 qT1。

（2）创建一个查询，查找成绩低于所有课程总平均分的学生信息，并显示“姓名”“课程名”和“成绩”3 个字段的内容，所建查询命名为 qT2。

（3）以表对象 tScore 和 tCourse 为基础，创建一个交叉表查询。要求：选择学生的“学号”为行标题、“课程号”为列标题来统计输出学分小于 3 分的学生平均成绩，所建查询命名为 qT3。

注意：交叉表查询不做各行小计。

（4）创建追加查询，将表对象 tStud 中“学号”“姓名”“性别”和“年龄”4 个字段的内容追加到目标表 tTemp 的对应字段内，所建的查询命名为 qT4，并运行一次（规定：“姓名”字段的第 1 个字符为姓，剩余字符为名。将姓名分解为姓和名两部分，分别追加到目标表的“姓”“名”2 个字段中）。

【实训 10-2】

涉及的知识点

选择查询、选择查询、总计查询及追加查询。

微视频 10-2

操作要求

在“实训 10-2”文件夹下有一个数据库文件 samp2.accdb，该数据库文件已经建立了 3 个关联表 tStud、tCourse、tScore 和一个空表 tTemp。按以下要求完成查询设计：

（1）创建一个选择查询，查找并显示简历信息为空的学生的“学号”“姓名”“性别”和“年龄”4 个字段的内容，所建查询命名为 qT1。

（2）创建一个选择查询，查找选课学生的“姓名”“课程名”和“成绩”3 个字段的内容，所建查询命名为 qT2。

（3）创建一个选择查询，按系别统计各自男女学生的平均年龄，显示字段标题为“所属院系”“性别”和“平均年龄”，所建查询命名为 qT3。

（4）创建一个操作查询，将表对象 tStud 中没有书法爱好的学生的“学号”、“姓名”和“年龄”3 个字段的内容追加到目标表 tTemp 的对应字段内，所建查询命名为 qT4，并运行一次。

【实训 10-3】

涉及的知识点

添加计算字段、选择查询、参数查询及总计查询。

微视频 10-3

操作要求

在“实训 10-3”文件夹下有一个数据库文件 samp2.accdb，该数据库文件已经建立了一个表对象 tBook。按以下要求完成设计：

（1）创建一个查询，查找图书按“类别”字段分类的最高单价信息并输出，显示标题为“类别”和“最高单价”，所建查询命名为 qT1。

（2）创建一个查询，查找并显示图书单价大于或等于 15 且小于或等于 20 的图书，并显示“书名”“单价”“作者名”和“出版社名称”4 个字段的内容，所建查询命名为 qT2。

（3）创建一个查询，按“出版社名称”查找某出版社的图书信息，并显示图书的“书名”“类别”“作者名”和“出版社名称”4 个字段的内容。当运行该查询时，应显示参数提示信息“请输入出版社名称：”，所建查询命名为 qT3。

（4）创建一个查询，按“类别”字段分组查找，计算每类图书数量在5种（含）以上的图书的平均单价，显示为“类别”和“平均单价”2个字段的信息，所建查询命名为qT4。规定统计每类图书数量必须用“图书编号”字段计数。

【实训10-4】

涉及的知识点

选择查询、总计查询、参数查询及生成表查询。

操作要求

微视频 10-4

在“实训10-4”文件夹下有一个数据库文件samp2.accdb，该数据库文件已经建立了表对象tCourse、tGrade和tStudent。按以下要求完成设计：

（1）创建一个查询，查找并显示“姓名”“政治面貌”和“毕业学校”3个字段的内容，所建查询名为qT1。

（2）创建一个查询，计算每名学生的平均成绩，并按平均成绩降序依次显示“姓名”和“平均成绩”两列内容，其中“平均成绩”数据由统计计算得到，所建查询名为qT2。假设所用表中无重名。

（3）创建一个查询，按输入的班级编号查找并显示“班级编号”“姓名”“课程名”和“成绩”的内容。其中“班级编号”的数据由计算得到，其值为tStudent表中“学号”字段的前6位，所建查询名为qT3。当运行该查询时，应显示提示信息“请输入班级编号：”。

（4）创建一个查询，运行该查询后生成一个新表，表名为“90分以上”，表结构包括“姓名”“课程名”和“成绩”3个字段，表内容为90分（含）以上的所有学生记录，所建查询名为qT4。要求创建此查询后，运行该查询，并查看运行结果。

【实训10-5】

涉及的知识点

总计查询、选择查询、联接属性设置及追加查询。

操作要求

微视频 10-5

在“实训10-5”文件夹下有一个数据库文件samp2.accdb，该数据库文件已经建立了3个关联表对象tStud、tCourse、tScore和一个空表tTemp。按以下要求完成设计：

（1）创建一个查询，统计人数在 5 人（不含）以上的院系人数，字段显示标题为“院系号”和“人数”，所建查询命名为 qT1。要求按照学号来统计人数。

（2）创建一个查询，查找非 04 院系的选课学生信息，输出其“姓名”“课程名”和“成绩”3 个字段的内容，所建查询命名为 qT2。

（3）创建一个查询，查找还没有选课的学生的姓名，所建查询命名为 qT3。

（4）创建追加查询，将前 5 条记录的学生信息追加到表 tTemp 对应的字段中，所建查询命名为 qT4。

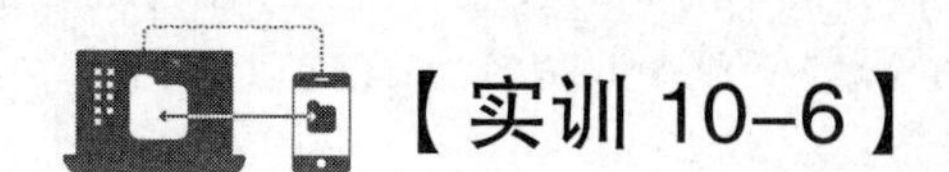

【实训 10-6】

涉及的知识点

选择查询、更新查询及查询条件的使用。

操作要求

微视频　10-6

在“实训 10-6”文件夹下有一个数据库文件 samp2.accdb，该数据库文件已经建立了表对象 tStud、tCourse、tScore 和 tTemp。按以下要求完成设计：

（1）创建一个查询，查找没有先修课程的课程，显示与该课程有关的学生的“姓名”“性别”“课程号”和“成绩”4 个字段的内容，所建查询命名为 qT1。

（2）创建一个查询，查找“先修课程”中含有 101 或 102 信息的课程，并显示其“课程号”“课程名”及“学分”3 个字段内容，所建查询命名为 qT2。

（3）创建一个查询，查找并显示姓名为 2 个字符的学生的“学号”“姓名”“性别”和“年龄”4 个字段的内容，所建查询命名为 qT3。

（4）创建一个查询，将 tTemp 表中“学分”字段的记录值都上调 10%，所建查询命名为 qT4。

【实训 10-7】

涉及的知识点

选择查询，参数查询，交叉表查询及总计查询。

操作要求

微视频　10-7

在“实训 10-7”文件夹下有一个数据库文件 samp2.accdb，该数据库文件已经建立了 2 个表对象住宿登记表 tA 和住房信息表 tB。按以下要求完成设计：

（1）创建一个查询，查找并显示客人的“姓名”“入住日期”和“价格”3个字段的内容，所建查询命名为qT1。

（2）创建一个参数查询，显示客人的“姓名”“房间号”和“入住日期”3个字段信息。将“姓名”字段作为参数，设置提示文本为“请输入姓名”，所建查询命名为qT2。

（3）以表对象tB为基础，创建一个交叉表查询。要求：选择“楼号”为行标题，列名称显示为“楼号”，将“房间类别”作为列标题来统计输出每座楼房的各类房间的平均房价信息，所建查询命名为qT3。注：房间号的前2位为楼号。交叉表查询不做各行小计。

（4）创建一个查询，统计各种类别房屋的数量（房间号作为统计字段）。所建查询显示两列内容，列名称分别为type和num，所建查询命名为qT4。

【实训10–8】

涉及的知识点

选择查询，添加计算字段，SQL查询及更新查询。

操作要求

微视频 10–8

在“实训10–8”文件夹下有一个数据库文件samp2.accdb，该数据库文件已经建立了表对象tQuota和tStock。按以下要求完成设计：

（1）创建一个查询，在tStock表中查找“产品ID”第1个字符为2的产品，并显示“产品名称”“库存数量”“最高储备”和“最低储备”字段的内容，所建查询命名为qT1。

（2）创建一个查询，计算每类产品的库存金额，并显示“产品名称”和“库存金额”2列数据，要求：“库存金额”只显示整数部分，所建查询命名为qT2。（说明：库存金额=单价×库存数量）

（3）创建一个查询，查找单价低于平均单价的产品，并按“产品名称”升序和“单价”降序显示“产品名称”“规格”“单价”和“库存数量”4个字段的内容，所建查询命名为qT3。

（4）创建一个查询，运行该查询后可将tStock表中所有记录的“单位”字段值设为“只”，所建查询命名为qT4。要求创建此查询后，运行该查询，并查看运行结果。

【实训10–9】

涉及的知识点

选择查询，设置联接属性，参数查询及删除查询。

操作要求

在“实训 10-9”文件夹下有一个数据库文件 samp2.accdb，该数据库文件已经建立了 3 个关联表对象 tStud、tCourse、tScore 和一个临时表 tTemp。按以下要求完成设计：

微视频　10-9

（1）创建一个查询，查找并显示没有运动爱好学生的“学号”“姓名”“性别”和“年龄”4 个字段的内容，所建查询命名为 qT1。

（2）创建一个查询，查找并显示所有学生的“姓名”“课程号”和“成绩”3 个字段的内容，所建查询命名为 qT2。（注：这里涉及的所有选课和未选课学生的信息，要考虑选择合适的查询联接属性）

（3）创建一个参数查询，查找并显示学生的“学号”“姓名”“性别”和“年龄”4 个字段的内容。其中“性别”字段设置为参数，运行时提示信息“请输入性别：”，所建查询命名为 qT3。

（4）创建一个查询，删除临时表对象 tTemp 中年龄为奇数的记录，所建查询命名为 qT4。

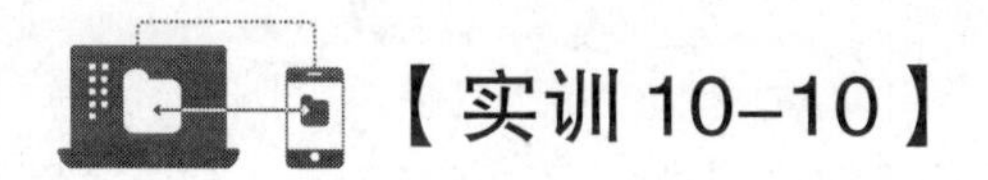

【实训 10-10】

涉及的知识点

选择查询、总计查询、SQL 查询及追加查询。

操作要求

微视频　10-10

在“实训 10-10”文件夹下有一个数据库文件 samp2.accdb，该数据库文件已经建立了 3 个关联表对象 tCourse、tGrade、tStudent 和一个空表 tSinfo。按以下要求完成设计：

（1）创建一个查询，查找并显示“姓名”“政治面貌”“课程名”和“成绩”4 个字段的内容，所建查询命名为 qT1。

（2）创建一个查询，计算每名选课学生所选课程的学分总和，并依次显示“姓名”和“学分”字段的内容，其中“学分”为计算出的学分总和，所建查询命名为 qT2。

（3）创建一个查询，查找年龄小于平均年龄的学生，并显示其“姓名”，所建查询名为 qT3。

（4）创建一个查询，将所有学生的“班级编号”“学号”“课程名”和“成绩”4 个字段的内容填入 tSinfo 表的相应字段中，其中“班级编号”字段的内容是 tStudent 表中“学号”字段的前 6 位，所建查询命名为 qT4。

第11章 窗体操作实训

窗体作为 Access 数据库的重要组成部分，起着联系数据库与用户的桥梁作用。以窗体作为输入界面时，它可以接收用户的输入，判定其有效性、合理性，并能够响应消息执行一定的功能。以窗体作为输出界面时，它可以输出一些记录集中的文字、图形图像，还可以播放声音、视频动画，实现数据库中的多媒体数据处理。

知识点 1　创建窗体

（1）自动创建窗体。

（2）使用向导创建窗体。

（3）使用设计视图创建窗体。

知识点 2　窗体的组成

窗体页眉、页面页眉、主体、页面页脚和窗体页脚。

知识点 3　窗体属性的设置

（1）设置“格式”属性：标题、记录选择器、分隔线、导航按钮、对话框样式、水平和垂直滚动条、分隔线、最大化和最小化按钮、关闭按钮等。

（2）设置“数据”属性：记录源、允许编辑、允许删除、允许添加。

（3）设置“事件”属性：加载。

知识点 4　常用控件的使用

（1）添加标签控件。

（2）添加文本框控件。

（3）添加选项组按钮。

（4）添加复选框、选项按钮控件。

（5）添加绑定型组合框控件。

（6）添加命令按钮。

（7）添加直线、矩形控件。

知识点 5　常用控件属性的设置

（1）设置“格式”属性：标题、左边距、上边距、宽度、高度、前景色、特殊效果、字体名称、字号、字体粗细、倾斜字体、文本对齐方式等。

（2）设置“数据”属性：控件来源、输入掩码、默认值、有效性规则、有效性文本、是否可见等。

（3）设置“事件”属性：单击事件、事件过程等。

（4）设置“全部”属性：名称等。

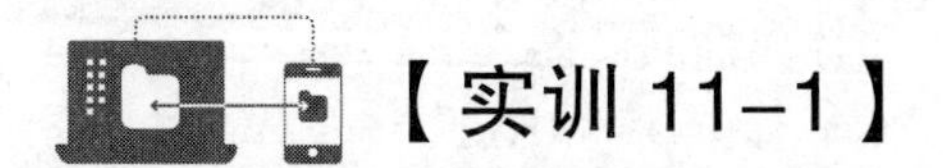

【实训 11-1】

涉及的知识点

控件的使用及其属性设置、窗体属性的设置。

操作要求

微视频　11-1

在“实训 11-1”文件夹下有一个数据库文件 samp3.accdb，该数据库文件已经建立了窗体对象 fStaff。在此基础上按照以下要求补充窗体设计：

（1）在窗体的窗体页眉区位置添加一个标签控件，其名称为 bTitle，标题显示为“员工信息输出”。

（2）在主体区位置添加一个选项组控件，将其命名为 opt，选项组标签显示的内容为“性别”，名称为 bopt。

（3）在选项组内放置两个选项按钮控件，分别命名为 opt1 和 opt2，选项按钮标签显示的内容分别为“男”和“女”，名称分别为 bopt1 和 bopt2。

（4）在窗体页脚区添加两个命令按钮，分别命名为 bOk 和 bQuit，按钮标题分别为“确定”和“退出”。

（5）将窗体标题设置为“员工信息输出”。

注意： 不允许修改窗体对象 fStaff 中已设置好的属性。fStaff 的窗体视图如图 11-1 所示。

员工信息输出

员工信息输出

性别

男

女

确定　　退出

图 11-1　tStaff 的窗体视图

【实训 11-2】

涉及的知识点

微视频　11-2

控件的使用及其属性设置，窗体属性的设置。

操作要求

在“实训 11-2”文件夹下有一个数据库文件 samp3.accdb，该数据库文件已经建立了窗体对象 fTest。在此基础上按照以下要求补充窗体设计：

（1）在窗体的窗体页眉区添加一个标签控件，其名称为 bTitle，标题显示为“窗体测试样例”。

（2）在窗体主体区内添加两个复选框控件，复选框分别命名为 opt1 和 opt2，对应的复选框标签显示内容分别为“类型 a”和“类型 b”，标签名称分别为 bopt1 和 bopt2。

（3）分别设置复选框 opt1 和 opt2 的“默认值”属性为假值。

（4）在窗体页脚区添加一个命令按钮，命名为 bTest，按钮标题为“测试”。

（5）将窗体标题设置为“测试窗体”。

注意： 不允许修改窗体对象 fTest 中未涉及的属性。fTest 的窗体视图如图 11-2 所示。

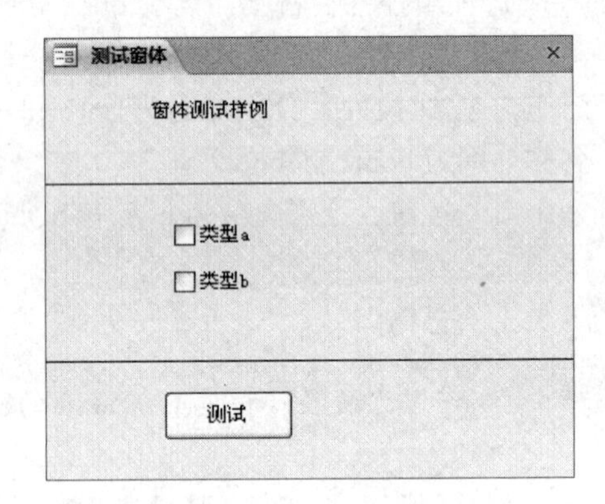

图 11-2　fTest 的窗体视图

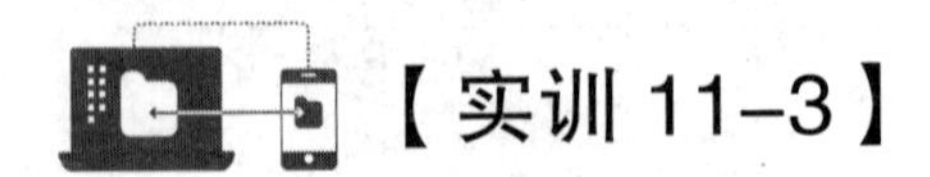

【实训 11-3】

涉及的知识点

控件的使用及其属性设置、窗体属性的设置及宏的使用。

操作要求

在“实训 11-3”文件夹下有一个数据库文件 samp3.accdb，该数据库文件已经建立了表对象 tStud、窗体对象 fStud 和子窗体对象 fDetail。在此基础上按照以下要求完成 fStud 窗体的设计：

（1）将窗体标题改为“学生查询”。

（2）将窗体的边框样式改为“细边框”，取消窗体中的水平和垂直滚动条、记录选择器、导航按钮和分隔线；将子窗体边框样式改为“细边框”，取消子窗体中的记录选择器、导航按钮和分隔线。

微视频 11-3

（3）在窗体中有两个标签控件，名称分别为 Label1 和 Label2，将这两个标签上的文字颜色改为白色，背景颜色改为棕色（棕色代码为 #800000）。

（4）将窗体主体区控件的 Tab 键次序改为 CItem → TxtDetail → CmdRefer → CmdList → CmdClear → fDetail →简单查询→ Frame18。

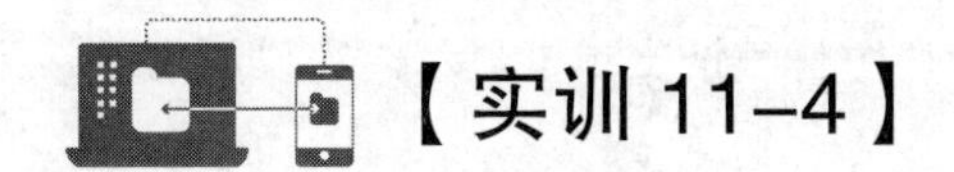

【实训 11-4】

涉及的知识点

控件的使用及其属性设置、窗体属性的设置及宏的使用。

操作要求

微视频 11-4

在“实训 11-4”文件夹下有一个数据库文件 samp3.accdb，该数据库文件已经建立了表对象 tNorm、tStock、查询对象 qStock 和宏对象 m1，同时还设计出以 tNorm 和 tStock 为数据源的窗体对象 fStock 和 fNorm。在此基础上按照以下要求补充窗体设计：

（1）在 fStock 窗体对象的窗体页眉区添加一个标签控件，其名称为 bTitle，初始化标题显示为“库存浏览”，字体名称为“黑体”，字号大小为 18 磅，字体粗细为“加粗”。

（2）在 fStock 窗体对象的窗体页脚区添加一个命令按钮，命名为 bList，按钮标题为“显示信息”。

（3）将 fStock 窗体的标题设置为“库存浏览”。

（4）将 fStock 窗体对象中的 tNorm 子窗体的导航按钮设置为不显示。

注意：不允许修改窗体对象中未涉及的控件和属性。不允许修改表对象 tNorm、tStock 和宏对象 m1。

【实训 11–5】

涉及的知识点

控件的使用及其属性设置、窗体属性的设置。

微视频 11–5

操作要求

在“实训 11–5”文件夹下有一个数据库文件 samp3.accdb，该数据库文件已经建立了表对象 tTeacher、窗体对象 fTest。在此基础上按照以下要求补充窗体设计：

（1）在窗体的窗体页眉区添加一个标签控件，其名称为 bTitle，标题显示为“教师基本信息输出”。

（2）将窗体主体区中“学历”标签的文本框显示内容设置为“学历”字段值，并将该文本框名称改为 tBG。

（3）在窗体页脚区添加一个命令按钮，命名为 bOk，按钮标题为“刷新标题”。

（4）将窗体标题设置为“教师基本信息”。

注意：不允许修改窗体对象 fTest 中未涉及的控件和属性。不允许修改表对象 tTeacher。窗体视图如图 11-3 所示。

图 11–3　fTest 窗体视图

第 12 章 报表操作实训

在 Access 中，报表是用于格式化、计算、打印和汇总选定数据的对象，可以把数据库中的数据以纸张的形式打印输出。

知识点 1　创建报表

（1）使用向导创建报表。

（2）使用设计视图创建报表。

知识点 2　报表的组成

报表页眉、页面页眉、组页眉、主体、组页脚、页面页脚和报表页脚。

知识点 3　报表属性的设置

（1）设置“格式”属性：标题等。

（2）设置“数据”属性：记录源等。

知识点 4　常用控件的使用

（1）添加标签控件。

（2）添加文本框控件。

（3）添加直线、矩形控件。

知识点 5　常用控件属性的设置

（1）设置“格式”属性：标题、左边距、上边距、宽度、高度、前景色、特殊效果、字体名称、字号、字体粗细、倾斜字体、文本对齐方式等。

（2）设置“数据”属性：控件来源等。

（3）设置“全部”属性：名称等。

知识点 6　报表的排序与分组

（1）记录排序。

（2）记录分组。

知识点 7　使用计算控件

（1）主体节内添加计算控件。

（2）组页眉 / 组页脚区内或报表页眉 / 报表页脚区内添加计算控件。

（3）统计函数：求和，Sum() 函数；求平均值，Avg() 函数；求最大值，Max() 函数；求最小值，Min() 函数；计数，Count() 函数。

知识点 8　在报表页面页脚区添加页码

（1）当前页：用 [page] 表示。

（2）总页数：用 [pages] 表示。

【实训 12-1】

涉及的知识点

标签控件的使用及其属性设置，绑定控件和计算控件的使用。

微视频　12-1

操作要求

在“实训 12-1”文件夹下有一个数据库文件 samp3.accdb，该数据库文件已经建立了表对象 tEmployee 和查询对象 qEmployee，同时还设计出以 qEmployee 为数据源的报表对象 rEmployee。在此基础上按照以下要求补充报表设计：

（1）在报表的报表页眉区添加一个标签控件，其标题显示为“职员基本信息表”，并命名为 bTitle。

（2）将报表主体区中名为 tDate 的文本框显示内容设置为“聘用时间”字段。

（3）在报表的页面页脚区添加一个计算控件，用来输出页码。计算控件放置在距上边 0.25 cm、距左侧 14 cm 位置，并命名为 tPage。规定页码显示格式为“当前页 / 总页数”，如 1/20、2/20、……、20/20 等。

注意：不允许修改数据库中的表对象 tEmployee 和查询对象 qEmployee。不允许修改报表对象 rEmployee 中未涉及的控件和属性。

【实训 12-2】

涉及的知识点

创建报表，报表属性的设置，分组统计及计算控件的使用。

微视频　12-2

操作要求

在“实训 12-2”文件夹下有一个数据库文件 samp3.accdb，该数据库文件已建立两个关联表对象（“档案表”和“工资表”）和一个查询对象（qT)。按以下要求完成报表的各种操作：

（1）创建一个名为 eSalary 的报表，按表格布局显示查询 qT 的所有信息。

（2）设置报表的标题属性为“工资汇总表”。

（3）按职称汇总出“基本工资”的平均值和总和。“基本工资”的平均值计算控件名称为 savg，“总和”计算控件名称为 ssum。（注：请在组页脚处添加计算控件）

（4）在 eSalary 报表的“主体”区上添加两个计算控件：名为 ySalary 的控件用于计算输出应发工资；名为 sSalary 的控件用于计算输出实发工资。计算公式：应发工资 = 基本工资 + 津贴 + 补贴；实发工资 = 基本工资 + 津贴 + 补贴 – 住房基金 – 失业保险。

【实训 12–3】

涉及的知识点

标签控件的使用，绑定控件，计算控件的使用及报表的属性设置。

微视频 12–3

操作要求

在“实训 12–3”文件夹下有一个数据库文件 samp3.accdb，该数据库文件已经建立了表对象 tBand 和 tLine，同时还设计出以 tBand 和 tLine 为数据源的报表对象 rBand。在此基础上按照以下要求补充报表设计：

（1）在报表的报表页眉区添加一个标签控件，其名称为 bTitle，标题显示为“团队旅游信息表”，字体名称为“宋体”，字体大小为 22 磅，字体粗细为“加粗”，倾斜字体为“是”。

（2）在“导游姓名”字段标题对应的报表“主体”区添加一个控件，显示“导游姓名”字段值，并命名为 tName。

（3）在报表的报表页脚区添加一个计算控件，要求依据“团队 ID”来计算并显示团队的个数。计算控件放置在“团队数 :”标签的右侧，计算控件命名为 bCount。

（4）将报表标题设置为“团队旅游信息表”。

注意：不允许改动数据库文件中的表对象 tBand 和 tLine，也不允许修改报表对象 rBand 中已有的控件和属性。报表如图 12–1 所示。

团队旅游信息表

团队旅游信息表

团队ID	线路ID	导游姓名	出发时间	线路名	天数	费用
A001	001	王方	2014/10/12	桂林	7	￥3,000.00
A002	001	刘河	2014/11/13	桂林	7	￥3,000.00
A003	001	王选	2014/11/18	桂林	7	￥3,000.00
A004	002	王选	2014/10/1	上海	1	￥2,000.00
A005	002	吴淞	2014/10/13	上海	1	￥2,000.00
A006	002	刘洪	2014/10/30	上海	1	￥2,000.00
A007	003	王方	2014/10/1	香港	5	￥4,000.00
A008	003	钱游	2014/10/10	香港	5	￥4,000.00
A009	004	刘河	2014/12/1	韩国	9	￥5,000.00
A010	004	吴淞	2014/12/5	韩国	9	￥5,000.00
A011	005	李丽	2014/12/1	庐山	5	￥3,000.00
A012	005	王选	2014/12/10	庐山	5	￥3,000.00
A013	006	孙永	2014/12/2	黄山	8	￥5,000.00
A014	006	李丽	2014/12/8	黄山	8	￥5,000.00

团队数：　14

图 12-1　rBand 报表

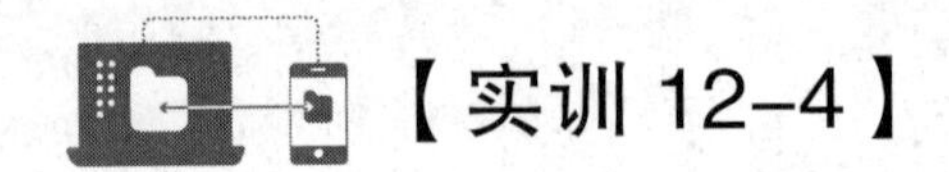

【实训 12-4】

涉及的知识点

标签控件的使用，绑定控件，计算控件的使用及分组统计。

操作要求

微视频　12-4

在“实训 12-4”文件夹下有一个数据库文件 samp3.accdb，该数据库文件已经建立了表对象 tStud 和查询对象 qStud，同时还设计出以 qStud 为数据源的报表对象 rStud。在此基础上按照以下要求补充报表设计：

（1）在报表的报表页眉区添加一个标签控件，其名称为 bTitle，标题显示为“97 年入学学生信息表”。

（2）在报表的主体区添加一个文本框控件，显示“姓名”字段。该控件放置在距上边 0.1 cm、距左边 3.2 cm，并命名为 tName。

（3）在报表的页面页脚区添加一个计算控件，显示系统年、月，显示格式为：××××年××月（注：不允许使用格式属性）。计算控件放置在距上边 0.3 cm、距左边 10.5 cm，并命名为 tDa。

（4）按“编号”字段的前 4 位分组统计每组记录的平均年龄，并将统计结果显示在组页脚区。计算控件命名为 tAvg。

注意： 不允许改动数据库中的表对象 tStud 和查询对象 qStud，也不允许修改报表对象 rStud 中已有的控件和属性。

【实训 12–5】

涉及的知识点

标签控件的使用，绑定控件，计算控件的使用及 Dlookup() 函数的使用。

微视频　12–5

操作要求

在“实训 12–5”文件夹下有一个数据库文件 samp3.accdb，该数据库文件已经建立了表对象 tEmployee、tGroup 及查询对象 qEmployee，同时还设计出以 qEmployee 为数据源的报表对象 rEmployee。在此基础上按照以下要求补充报表设计：

（1）在报表的页眉区位置添加一个标签控件，其名称为 bTitle，标题显示为“职工基本信息表”。

（2）在“性别”字段标题对应的报表主体区距上边 0.1 cm、距左侧 5.2 cm 位置添加一个文本框，显示“性别”字段，并命名为 tSex。

（3）设置报表主体区文本框 tDept 的控件来源属性为计算控件。要求该控件可以根据报表数据源中的“所属部门”字段，从非数据源表对象 tGroup 中检索对应的部门名称并显示输出。（提示：考虑 DLookup() 函数的使用）

注意：不允许修改数据库中的表对象 tEmployee 和 tGroup 及查询对象 qEmployee，也不允许修改报表对象 qEmployee 中未涉及的控件和属性。

第13章 宏操作实训

宏是一个或多个操作的集合，其中每个操作能够完成一个指定的动作，例如打开或关闭某个窗体。在 Access 中，宏可以是包含一系列操作的一个宏，也可以是由一些相关宏组成的宏组，使用条件表达式还可以确定在什么情况下运行宏，以及是否执行某个操作。

主要知识点

知识点 1 宏的种类

操作序列宏、宏组和条件宏。

知识点 2 宏的运行

触发事件：某个窗体上某个命令按钮的“单击”事件。

知识点 3 宏的重命名

（1）重命名。

（2）自动运行的宏：autoexec。

【实训 13】

涉及的知识点

窗体属性的设置和宏的使用。

操作要求

微视频 13-1

在“实训 13”文件夹下有一个数据库文件 samp3.accdb，其中已经设计好表对象“产品”“供应商”，查询对象“按供应商查询”和宏对象“打开产品表”“运行查询”“关闭窗口”和 mTest。按以下要求完成设计。

创建一个空白的窗体，命名为 menu，然后对窗体进行如下设置：

（1）在主体节区距左边 1 cm，距上边 0.6 cm 处依次水平放置 3 个命令按钮“显示修改产品表”（名为 bt1）、“查询”（名为 bt2）和“退出”（名为 bt3），命令按钮的宽度均为 2 cm，高度为 1.5 cm，每个命令按钮相隔 1 cm。

（2）设置窗体标题为“主菜单”。

（3）当单击“显示修改产品表”命令按钮时，运行宏对象“打开产品表”。

（4）当单击“查询”命令按钮时，运行宏对象“运行查询”。

（5）当单击“退出”命令按钮时，运行宏对象“关闭窗口”。

（6）将宏对象 mTest 重命名保存为自动执行的宏。

menu 窗体的窗体视图效果如图 13-1 所示。

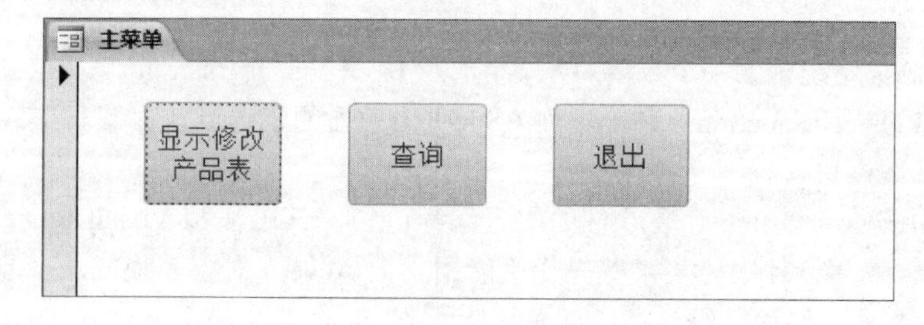

图 13-1　menu 窗体的窗体视图效果

第14章 模块与VBA编程操作实训

模块是Access系统中的一个重要对象，它以VBA（Visual Basic for Application）语言为基础编写，以函数过程（Function）和子过程（Sub）为单元的集合方式存储。在Access中，模块分为类模块和标准模块。

VBA是Microsoft Office套装软件的内置编程语言，其语法与Visual Basic编程语言互相兼容。在Access程序设计中，当某些操作不能用其他Access对象实现或实现起来很困难时，就可以利用VBA语言编写代码，完成这些复杂任务。

主要知识点

知识点1 编写事件过程

键盘事件、鼠标事件、窗口事件、操作事件和其他事件。

知识点2 VBA编程环境

进入VBE、VBE界面。

知识点3 VBA编程基础

常量、变量、表达式、数组、函数。

知识点4 VBA程序流程控制

顺序控制、选择控制、循环控制。

知识点5 VBA常见操作

（1）打开和关闭窗体/报表。
（2）输入框函数InputBox()。
（3）消息框函数MsgBox()。

知识点6 Access中窗体与报表对象的引用格式

Forms!窗体名称!控件名称[.属性名称]
Reports!报表名称!控件名称[.属性名称]

知识点 7　VBA 的数据库编程

【实训 14-1】

涉及的知识点

窗体及控件属性的设置，IIF() 函数的使用和 VBA 代码的编写。

操作要求

微视频 14-1

在“实训 14-1”文件夹下有一个数据库文件 samp3.accdb，该数据库文件已经建立了表对象 tStud 和窗体对象 fStud。在此基础上按照以下要求完成 fStud 窗体的设计：

（1）在窗体的窗体页眉中距左边 0.4 cm、距上边 1.2 cm 处添加一个直线控件，控件宽度为 10.5 cm，控件命名为 tLine。

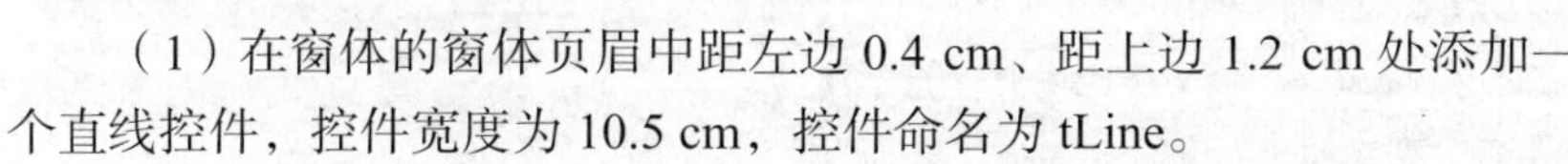

（2）将窗体中名为 lTalbel 的标签控件上的文字颜色改为“蓝色”（蓝色代码为 #0000FF），字体名称改为“华文行楷”，字体大小改为“22 磅”。

（3）将窗体边框改为“细边框”样式，取消窗体中的水平和垂直滚动条、记录选择器、导航按钮和分隔线，并且只保留窗体的关闭按钮。

（4）假设 tStud 表中“学号”字段的第 5 位和第 6 位编码代表该生的专业信息。当这两位编码为 10 时表示“信息”专业，为其他值时表示“管理”专业。设置窗体中名称为 tSub 的文本框控件的相应属性，使其根据“学号”字段的第 5 位和第 6 位编码显示对应的专业名称。

（5）在窗体中有一个“退出”命令按钮，名称为 CmdQuit，其功能为关闭 fStud 窗体。按照 VBA 代码中的指示将实现此功能的代码填入指定的位置中。

注意： 不允许修改窗体对象 fStud 中未涉及的控件、属性和任何 VBA 代码；不允许修改表对象 tStud; 程序代码只允许在 *****Add***** 与 *****Add***** 之间的空行内补充一行语句来完成设计，不允许增删和修改其他位置已存在的语句。

【实训 14-2】

涉及的知识点

窗体及控件属性的设置、VBA 代码的编写。

操作要求

微视频 14-2

在“实训 14-2”文件夹下有一个数据库文件 samp3.accdb，该数据库文件已经建立了表对象 tStudent、窗体对象 fQuery 和 fStudent。在此基础上按照以下要求完成 fQuery 窗体的设计：

（1）在距主体区左边 0.4 cm、上边 0.4 cm 的位置添加一个矩形控件，其名称为 rRim。矩形宽度为 16.6 cm，高度为 1.2 cm，特殊效果为“凿痕”。

（2）将窗体中“退出”命令按钮上的文字颜色改为“棕色”（棕色代码为 #800000），字体粗细改为“加粗”。

（3）将窗体标题改为“显示查询信息”。

（4）将窗体边框改为“对话框边框”样式，取消窗体中的水平和垂直滚动条、记录选择器、导航按钮和分隔线。

（5）在窗体中有一个“显示全部记录”命令按钮（名称为 bList），单击该按钮后，应实现显示 tStudent 表中的全部记录的功能。现已编写了部分 VBA 代码，按照 VBA 代码中的指示将代码补充完整。要求：修改后运行该窗体，并查看修改结果。

注意：不允许修改窗体对象 fQuery 和 fStudent 中未涉及的控件、属性。不允许修改表对象 tStudent；程序代码只允许在 *****Add***** 与 *****Add***** 之间的空行内补充一行语句来完成设计，不允许增删和修改其他位置已存在的语句。

【实训 14-3】

涉及的知识点

窗体及控件属性的设置，表对象字段的删除及 VBA 代码的编写。

操作要求

在“实训 14-3”文件夹下有一个数据库文件 samp3.accdb，该数据库文件已经建立了表对象 tEmp 和窗体对象 fEmp。同时，给出窗体对象 fEmp 上计算按钮（名为 bt）的单击事件代码。按以下要求完成设计：

微视频 14-3

（1）设置窗体对象 fEmp 的标题为“信息输出”。

（2）将窗体对象 fEmp 上名为 bTitle 的标签以红色显示其标题。

（3）删除表对象 tEmp 中的“照片”字段。

（4）按照以下窗体功能补充事件代码设计：打开窗体，单击“计算”按钮（名为 bt），事件过程使用 ADO 数据库技术计算表对象 tEmp 中党员职工的平均年龄，然后将结果显示在窗体的文本框 tAge 内。

注意：不允许修改数据库中表对象 tEmp 未涉及的字段和数据；不允许修改窗体对象 fEmp 中未涉及的控件和属性；程序代码只允许在 *****Add***** 与 *****Add***** 之间的空行内补充一行语句来完成设计，不允许增删和修改其他位置已存在的语句。

【实训 14-4】

涉及的知识点

报表及控件属性的设置，VBA 代码的编写。

操作要求

微视频 14-4

在“实训 14-4”文件夹下有一个数据库文件 samp3.accdb，该数据库文件已经建立了表对象 tEmp、窗体对象 fEmp、报表对象 rEmp 和宏对象 mEmp。在此基础上按照以下要求完成设计：

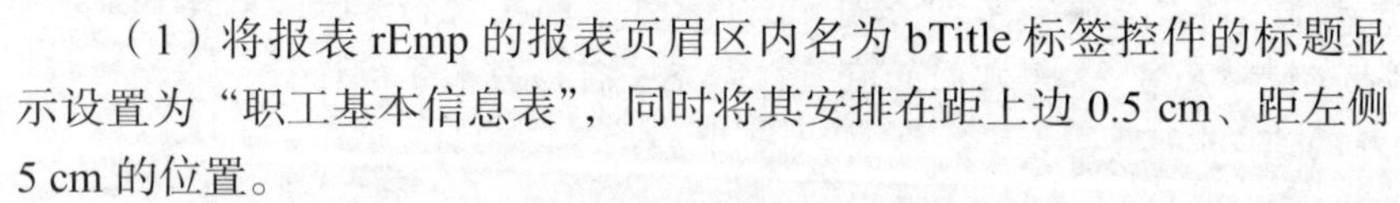

（1）将报表 rEmp 的报表页眉区内名为 bTitle 标签控件的标题显示设置为“职工基本信息表”，同时将其安排在距上边 0.5 cm、距左侧 5 cm 的位置。

（2）设置报表 rEmp 的主体区内 tSex 文本框显示“性别”字段的数据。

（3）将窗体按钮 btnP 的“单击”事件属性设置为宏 mEmp，以完成按钮单击打开报表的操作。

（4）窗体加载时将“实训 14-6”文件夹下的图片文件 test.bmp 设置为窗体 fEmp 的背景。窗体“加载”事件代码已提供，需补充完整。要求背景图像文件的当前路径必须用 CurrentProject.Path 获得。

> **注意：** 不允许修改数据库中的表对象 tEmp 和宏对象 mEmp；不允许修改窗体对象 fEmp 和报表对象 rEmp 中未涉及的控件和属性；程序代码只允许在 *****Add***** 与 *****Add***** 之间的空行内补充一行语句来完成设计，不允许增删和修改其他位置已存在的语句。

【实训 14-5】

涉及的知识点

表对象中“有效性规则”和“有效性文本”的使用，报表中排序和计算控件的使用，窗体控件属性的设置及 VBA 代码的编写。

操作要求

微视频 14-5

在“实训 14-5”文件夹下有一个数据库文件 samp3.accdb，该数据库文件已经建立了表对象 tEmp、窗体对象 fEmp、报表对象 rEmp 和宏对象 mEmp。在此基础上按照以下要求完成设计：

（1）设置表对象 tEmp 中“聘用时间”字段的“有效性规则”为 1991 年 1 月 1 日（含）以后的时间，“有效性文本”设置为“输入一九九一年以后的日期”。

（2）设置报表 rEmp 按照“性别”字段升序（先男后女）排列输出，将报表页面页脚区内名为 tPage 的文本框控件设置为以“- 页码 / 总页数 -”的形式来显示页码（如 -1/15-、-2/15-）。

（3）将 fEmp 窗体上名为 bTitle 的标签上移到距 btnP 命令按钮 1 cm 的位置（即标签的下边界距命令按钮的上边界 1 cm），并设置其标题为“职工信息输出”。

（4）根据以下窗体功能要求，对已给的命令按钮事件过程进行补充和完善。

在 fEmp 窗体上单击“输出”命令按钮（名为 btnP），弹出一个输入对话框，其提示文本为“请输入大于 0 的整数值”。输入 1 时，相关代码关闭窗体（或程序）；输入 2 时，相关代码实现预览输出报表对象 rEmp；输入 >=3 时，相关代码调用宏对象 mEmp 以打开数据表 tEmp。

注意：不允许修改数据库中的宏对象 mEmp；不允许修改窗体对象 fEmp 和报表对象 rEmp 中未涉及的控件和属性；不允许修改表对象 tEmp 中未涉及的字段和属性；程序代码只允许在 *****Add***** 与 *****Add***** 之间的空行内补充一行语句来完成设计，不允许增删和修改其他位置已存在的语句。

附录 A
课程实训说明

课程实训是以数据库应用系统的开发过程和方法为指导，以综合性的典型工作任务为载体，采用项目开发的方式，对所学的课程进行实践应用能力的训练。其目的在于使学生全面地熟悉和掌握数据库应用系统开发的一般方法和实现过程，同时，使学生具备进行简单数据库应用系统设计与开发的能力，能够对实际工作中的数据库管理系统的构成与使用有相应的规划，并进行实地开发，以提升学生分析问题、解决问题的综合能力。

一、实训目的

实训要达到以下几个层面的目的。

1. 知识层面

- 数据库的基础知识。
- 数据库设计的基本过程和方法。
- Access 2010 数据库的基本概念。
- 开发小型数据库应用系统的方法。

2. 技能层面

- 小型数据库应用系统的设计能力。
- 创建和管理数据库的能力。
- 分析和创建表的能力。
- 设计查询的能力。
- 设计并创建交互界面——窗体的能力。
- 设计并创建报表的能力。
- 设计并使用宏的能力。
- 编写程序实现复杂应用的能力。
- 小型数据库应用系统的实施与维护能力。

3. 素质层面

- 培养分析问题、解决问题的能力。
- 培养团队协作精神，增强计划协作能力。
- 培养资料检索能力，增强自学能力。

- 锻炼论文写作能力，增强文字处理能力。
- 培养总结交流能力，增强语言表达能力。

二、实训任务

课程实训的题目以选用相对比较熟悉和感兴趣的业务模型和流程为宜，要求通过本实践教学环节，能够较好地巩固数据库的基本概念、基本原理、关系数据库的设计理论、设计方法等主要相关知识点，针对实际问题设计概念模型，并应用 Access 2010 完成小型数据库的设计与实现。

1. 参考选题

- 超市进销存管理系统。
- 工资管理系统。
- 人事管理系统。
- 学生管理系统。
- 图书馆管理系统。
- 班级管理系统。
- 考勤管理系统。
- 质量管理系统。
- 仓库管理系统。
- 财务管理系统。
- 销售管理系统。

2. 自选题目

根据本人兴趣及熟悉的业务模型自拟题目。

三、实训要求及进度安排

（1）学生分组：以教学班级为单位，5 人一组。

（2）布置实训任务：根据课程进度，分组选题。

（3）完成实训任务书：围绕选定的题目进行调研、查资料、业务分析、可行性研究，进行系统分析与建模、系统设计等工作，并撰写系统分析与设计文档，提交实训任务书。

（4）系统实现：根据教学进度，逐步完成表、查询、窗体、报表等对象的设计和制作。

四、提交成果（作业）形式

实训成果主要由实训任务书、实训设计报告、实训总结和数据库应用系统软件组成。具体要求如下：

（1）实训任务书应包含实训项目基本情况、实训任务描述、计划进度等，按分组每组提交一份。

（2）实训设计报告中应包含对系统的需求分析、功能模块设计、E–R 图和表的详细设计、实训体会等内容。按分组每组提交一份。

（3）实训总结中应包含实训目的、任务、完成情况、总结、心得体会等内容，每组提交一份，每人提交一份个人总结。

（4）实习设计调试完成的数据库应用系统软件按分组每组提交一份。

五、评价与考核

课程实训主要以验收设计开发的小型数据库应用系统和过程中各类文档的完备程度并根据平时考勤等相结合的方式评判成绩。具体由指导教师按优秀、良好、及格和不及格评定成绩。实训不合格者该课程不能获得学分。

具体操作时可参考以下定量记分标准：

（1）工作态度、责任心、团队意识、协作能力、沟通能力等（20%）。

（2）实训任务书（5%）+ 实训设计报告（15%）+ 实训总结报告（10%），合计30%。

（3）数据库应用系统（合计40%）。

（4）其他（合计10%）。

六、课程实训任务书

<table>
<tr><th>班　级</th><th></th><th>组　别</th><th></th><th>指导教师</th><th></th></tr>
<tr><td rowspan="6">成　员</td><td>学　号</td><td>姓　名</td><td colspan="3">专　业</td></tr>
<tr><td></td><td></td><td colspan="3"></td></tr>
<tr><td></td><td></td><td colspan="3"></td></tr>
<tr><td></td><td></td><td colspan="3"></td></tr>
<tr><td></td><td></td><td colspan="3"></td></tr>
<tr><td></td><td></td><td colspan="3"></td></tr>
<tr><td>实训题目</td><td colspan="5"></td></tr>
<tr><td>任务描述</td><td colspan="5"></td></tr>
<tr><td>任务内容及进度安排</td><td colspan="5"></td></tr>
<tr><td>成果提交形式</td><td colspan="5"></td></tr>
<tr><td rowspan="3">考核与评价</td><td>评　价</td><td colspan="4"></td></tr>
<tr><td>考核成绩</td><td colspan="4"></td></tr>
<tr><td>教师签名</td><td></td><td>日　期</td><td colspan="2">年　月　日</td></tr>
</table>

附录B 习题参考答案

习题 1　参考答案

一、选择题

1. B	2. B	3. B	4. C	5. A	6. C	7. A	8. B	9. D
10. D	11. C	12. A	13. C	14. A	15. B	16. A	17. B	18. C
19. B	20. A	21. A	22. D	23. C	24. A	25. C	26. D	27. D
28. A	29. C	30. A	31. B	32. B	33. D	34. C	35. C	36. A
37. A	38. B	39. A	40. A	41. A	42. A	43. B	44. A	45. D
46. C								

二、填空题

1. 9　　2. 11　　3. –4　　4. 信息

习题 2　参考答案

一、选择题

1. C　　2. A　　3. C

二、填空题

1. 使用模板创建　　创建空数据库

2. 共享方式　　只读方式　　独占方式　　独占只读方式

习题 3　参考答案

一、选择题

1. A	2. D	3. C	4. A	5. B	6. A	7. C	8. C	9. A
10. A	11. D	12. D	13. C	14. A	15. C	16. D	17. B	18. C
19. C	20. C	21. C	22. D	23. A	24. A	25. B	26. C	27. C
28. A	29. A	30. C	31. D	32. C	33. B	34. D	35. A	36. C
37. D	38. A	39. C	40. A	41. C	42. D	43. C	44. A	45. D

二、填空题

1. L　　2. #

习题 4　参考答案

一、选择题

1. C　2. D　3. B　4. C　5. C　6. B　7. B　8. A　9. A
10. C　11. C　12. D　13. A　14. D　15. A　16. D　17. B　18. A
19. B　20. C　21. D　22. A　23. A　24. C　25. C　26. D　27. A
28. D　29. D　30. D　31. D　32. B　33. C　34. D　35. A　36. C

二、填空题

1. 更新查询　2. ORDER BY　3. DESC　4. GROUP BY

习题 5　参考答案

一、选择题

1. A　2. C　3. D　4. C　5. A　6. B　7. B　8. B　9. D
10. B　11. D　12. A　13. D　14. B　15. B　16. B　17. A　18. D

二、填空题

1. 节　2. 名称

习题 6　参考答案

一、选择题

1. B　2. D　3. D　4. D　5. D　6. C　7. B　8. A　9. B　10. A

二、填空题

1. 分页符　2. [page]

习题 7　参考答案

一、选择题

1. C　2. B　3. B　4. D　5. D　6. C　7. B　8. D　9. A
10. D　11. A　12. A　13. C

二、填空题

1. 操作或命令　2. OpenTable　3. RunSQL　4. GoToRecord

习题 8　参考答案

一、选择题

1. B　2. B　3. A　4. D　5. D　6. C　7. A　8. A　9. C
10. B　11. A　12. A　13. D　14. D　15. B　16. C　17. D　18. B
19. B　20. B　21. C　22. A　23. B　24. B　25. D　26. D　27. B
28. C　29. C　30. D　31. A　32. B　33. A　34. A　35. A　36. B
37. A　38. B　39. D　40. A　41. D　42. A

二、填空题

1. 7　5　2. Len　3. Variant　4. 及格　5. 55
6. 36　7. 16　8. 9　9. 2　10. fd+1　rs.MoveNext

参 考 文 献

[1] 教育部考试中心．全国计算机等级考试二级教程：公共基础知识（2017 年版）[M]. 北京：高等教育出版社，2016.

[2] 教育部考试中心．全国计算机等级考试二级教程：Access 数据库程序设计（2017 年版）[M]. 北京：高等教育出版社，2016.

[3] 赵洪帅．二级 Access 2010 数据库程序设计学习教程 [M]. 北京：中国铁道出版社，2014.

[4] [美] 西尔伯沙茨．数据库系统概念 [M]. 6 版．北京：机械工业出版社，2012.

[5] 邵敏敏．Access 2010 数据库程序设计 [M]. 北京：中国铁道出版社，2016.

[6] 曹小震．Access 2010 数据库应用案例教程 [M]. 北京：清华大学出版社，2016.

[7] 沈楠，孔令志，王立伟．Access 2010 数据库应用程序设计 [M]. 北京：机械工业出版社，2017.

[8] 李禹生．数据库技术（第二版）：Access 2010 及其应用系统开发 [M]. 北京：水利水电出版社，2015.

[9] 李双月．Access 2010 基础教程 [M]. 北京：中国铁道出版社，2017.